中 国 科 技 创 新 体 系 与 战 略 选 择

中国创新驱动发展的战略力量

国家科技战略引擎 | 新型研发机构

贾敬敦 刘忠范 · 主 编
魏 迪 米 磊 于 磊 · 副主编

中国经济出版社
CHINA ECONOMIC PUBLISHING HOUSE
· 北 京 ·

图书在版编目（CIP）数据

国家科技战略引擎：新型研发机构 / 贾敬敦，刘忠范主编 . -- 北京：中国经济出版社，2022.1

ISBN 978-7-5136-6672-5

Ⅰ . ①国… Ⅱ . ①贾… ②刘… Ⅲ . ①科学研究组织机构 – 研究 – 世界 Ⅳ . ① G321.2

中国版本图书馆 CIP 数据核字（2021）第 205805 号

责任编辑　张梦初　陈宇慧
责任印制　巢新强
封面设计　任燕飞装帧设计工作室

出版发行　中国经济出版社
印 刷 者　北京力信诚印刷有限公司
经 销 者　各地新华书店
开　　本　710mm × 1000mm　1/16
印　　张　18
字　　数　300 千字
版　　次　2022 年 1 月第 1 版
印　　次　2022 年 1 月第 1 次
定　　价　88.00 元
广告经营许可证　京西工商广字第 8179 号

中国经济出版社 **网址** www.economyph.com **社址** 北京市东城区安定门外大街 58 号 **邮编** 100011

编委会

主编： 贾敬敦　刘忠范

副主编： 魏　迪　米　磊　于　磊

编委（以姓氏拼音为序）：

陈　晴　程子玲　樊建平　侯自普　黄燕飞　李静文

李　萌　李文兴　申世飞　孙翔宇　王　舜　杨军红

于振中　袁宏永　张礼杰　张卫星　赵瑞瑞

序言

科技是国家强盛之基，创新是民族进步之魂。党的十八大以来，以习近平同志为核心的党中央准确把握世界发展大势，做出实施创新驱动发展战略的重大战略决策，把科技创新摆在整个国家发展大局中的突出位置，推动我国科技创新事业发生历史性变革、取得历史性成就。近年来，随着我国经济发展对高质量科技供给迫切需求的不断增长，新型研发机构兴起，并通过体制机制创新和研发范式创新显示出强劲的发展活力。

2021年9月，习近平总书记在中央人才工作会议上明确指出，要集中国家优质资源重点支持建设一批国家实验室和新型研发机构。《中华人民共和国国民经济和社会发展第十四个五年规划和2035年远景目标纲要》提出，要支持发展研究型大学、新型研发机构等新型创新主体。新型研发机构的诞生，是深化科技体制改革的实践成果，是科研范式变革创新的自然产物，更是适应新时代发展要求而生的一支新兴科技创新力量，为我国企业和产业转型发展的高质量技术供给和研发服务开辟了新渠道，已经成为国家创新体系的重要组成部分，为我国经济高质量发展注入了新的科技动力和创新活力。

《国家科技战略引擎——新型研发机构》一书系统介绍了当前我国新型研发机构发展的整体情况，以北京石墨烯研究院、中科院深圳先进技术研究院等典型新型研发机构为案例，深入浅出地介绍了我国新型研发机构的主要运营模式和实践经验，充分体现了管理制度现代化、投入主体多元化、运行机制市场化、用人机制灵活化等新特征新特点，对科技管理部门、高校、科研院所、广大企业，对从事新型研发机构管理服务的有关人员是有益的借鉴和启示。相信随着创新驱动发展战略的深入实施和我国经济向高质量发展的转型升级，新型研发机构一定能在顺应新时代需求的过程中，不断发展壮大，为完善国家创新体系，为实现高水平科技自立自强和建设世界科技强国作出重要贡献。

科技部火炬中心

2021年10月

前言

新型研发机构

——创新型国家发展的战略支撑

在过去的“十三五”时期，我国科技创新量质齐升，极大推动了我国建设成为创新型国家的发展进程。在基础研究领域，国家的投入从2015年的716亿元增长到2019年的1335.6亿元，年均增幅接近17%。同样在制造业领域，我国是全世界唯一拥有联合国产业分类中全部工业门类的国家，几乎拥有最为完整的工业体系和产业基础。

在我们为国家高质量发展感到骄傲与自豪的同时，还要客观冷静地看到在创新与产业之间仍然存在的一些不足。目前，我国每年有3万项通过鉴定的科技成果、100多万项专利技术，但能转化为批量生产的仅占20%，能形成产业规模的只有5%，而西方发达国家科技成果转化率的平均水准都在40%以上。

我们应该认识到科技创新是一项系统性工程，涵盖了创新链、转化链和产业链三个阶段。按照社会通常对从科研到产业这一线程的9级划分，创新链、转化链和产业链分别对应的就是1~3级的基础科研领域，3~6级的科技成果转化过程以及7~9级的规模化产业应用端，让三个阶段能够协同发展，才是科技创新得以整体性进步的关键。

在过去较长一段时间里，我国对“转化链”这一中间环节并未给予足够的重视。这也在一定程度上导致了科研与应用、科技与经济的“两层皮”问题，让我国的科研存在“顶天不够”，产业存才“大而不强”的现状。那么，如何解决“转化链”环节面临的科技成果转化问题，可以称得上是我国向创新型国家发展道路上的战略性思考。

从实际出发，让我国现有的高校院所完全以市场为导向并不现实，也并非其本业；而要让企业在短期内大幅提高研发能力也同样不可能。因此，新型研发机构应时而生，它是在时代发展的大背景下，顺应科技革命和产业变革的产物，承担起了为国家创新型发展做好科技成果转化的责任。

这本书就是对新型研发机构进行的阶段性总结，邀请了北京石墨烯研究院、陕西光电子先导院、中国科学院深圳先进技术研究院、清华大学合肥公共安全研究院、哈工大机器人（合肥）国际创新研究院，以及温州大学新材料与产业技术研究院来分享其发展历程和所得经验，为我国科技成果转化提供更多的参考借鉴案例。

习近平总书记在2014年的中国科学院第十七次院士大会、中国工程院第十二次院士大会上指出：“多年来，我国一直存在着科技成果向现实生产力转化不力、不顺、不畅的痼疾，其中一个重要症结就在于科技创新链条上存在着诸多体制机制关卡，创新和转化各个环节衔接不够紧密。就像接力赛一样，第一棒跑到了，下一棒没有人接，或者接了不知道往哪儿跑。”

新型研发机构就是当下科学技术与生产力之间“接棒者”。近年来，我国在科技成果转化上已取得了长足进步，未来我们还应从底层逻辑出发，搭建“科研与产业双循环，经济高质量发展大循环”的科技创新体系。科研与产业的双循环也是根据习近平总书记提出的“围绕创新链布局产业链，围绕产业链部署创新链”指示，设计出的双向互相驱动发展体系。

循环的一个方向是从创新链开始，大力推动以认知需求或问题导向的科学研究，为原始创新打下雄厚基础；随之产生的高质量科技供给，经由转化链上的平台、资金和人才等创新要素支持，为产业链提供市场化产品，从而推动硬科技产业发展。

循环的另一个方向则是从产业链出发，以市场端的产品技术优化进阶与产业整体升级变革的需要为导向，提出关键核心技术需求，再经由转化链

“解读”，进而整合各大创新要素协同攻关，牵引科研立项，起到推动重大原始创新突破的作用。

任何科学技术在原始创新上的突破，都遵循先发现自然规律或科学规律，然后再支撑应用领域的重大技术突破这一规律。而对基础科研来说，既要关注世界前沿的技术发展，重视创新源头；同时也要应对国家重点产业发展面临的各项需求中所析出的问题。两者缺一不可，而在驱动经济高质量发展的背景下，后者更是当务之急。这正是新型研发机构的责任所在。

当代社会生产力的几次跃迁式提高，无一不是依靠科学技术的革命性突破。科学为生产技术的进步奠定了基础、开辟了道路，决定了其发展方向。“经济高质量发展大循环”就是在科研与产业形成了良好的、互相促进发展的双向循环体系之后，能够带动生产力提高，推动经济高质量发展，进而构建出一个螺旋式上升的大循环系统。

这本书除了给出新型研发机构的“新”在哪里之外，还特别邀请了科技部火炬中心，从政府管理与指导者的视角出发，给出关于我国科技创新体系与战略选择的解读。火炬中心作为我国发展高新技术产业指导性计划的承接单位，三十余年来对我国高新技术产业发展有着巨大的贡献和深入的了解，由其为本书开篇再恰当不过了。

“不拒众流，方为江海。”虽然我国强调自主创新，但也决不是关起门来搞创新。对于新型研发机构来说，保持开放交流的心态，以全球视野谋划科技转化的发展也是十分关键的。“师夷长技以自强”，书中最后也对国外的典型研发机构进行了分析，了解并学习其运营机制和创新模式的优点，为我国新型研发机构的发展提供参考借鉴的价值。

总而言之，科技成果转化对我国经济高质量发展具有重要意义，同时也是我国在实现中华民族伟大复兴的历史进程中，推动科技创新的重要驱动性因素。新型研发机构作为推进科技成果转化的关键，希望可以为推进我国建设创新型国家添砖加瓦，助力我国高新技术产业振翼腾飞。

米　磊

中科创星创始合伙人，硬科技理念提出者

2021年11月于硬科技企业社区

目录

第一章

中国科技创新体系与战略选择[①]

科技部火炬中心

新型研发机构是国家战略创新体系的重要组成部分。《国民经济和社会发展第十个五年计划纲要》首次提出“建设国家创新体系”以来，我国基本形成了政府、企业、科研院所及高校、技术创新支撑服务体系四角相倚的创新体系，我国科技体制改革紧紧围绕促进科技与经济结合，以加强科技创新、促进科技成果转化和产业化为目标，以调整结构、转换机制为重点，取得了重要突破和实质性进展。2016年中共中央、国务院印发《国家创新驱动发展战略纲要》，提出要“发展面向市场的新型研发机构”，标志着新型研发机构正式被纳入国家创新体系。党的十九届五中全会提出，要坚持创新在我国现代化建设全局中的核心地位，把科技自立自强作为国家发展的战略支撑，深入实施创新驱动发展战略，完善国家创新体系，加快建设科技强国，阐述了国家战略科技创新体系的重要性，完善了国家创新体系的内涵和外延。“十四五”规划纲要提出整合优化科技资源配置，以国家战略性需求为导向推进创新体系优化组合，支持新型研发机构等新型创新主体，推动创新主体多元化、管理制度现代化、运行机制市场化、用人机制灵活化。新型研发机构是顺应时代发展趋势的创新产物，对于盘活创新资源、实现创新链条的有机重组、提升国家创新体系整体效能具有重要意义。

---

① 本章编写成员：贾敬敦、张卫星、许栋明、陈晴、于磊、黄燕飞、谷潇磊、孙翔宇。

时代呼唤新型研发机构

（一）传统研发体系无法满足高质量发展的需求

1. 高校和科研院所的科技成果转化效率不足

随着我国促进科技成果转化系列政策法规的逐步落实，高校、科研院所的科技成果转化取得了积极进展。但是长期以来高校、院所科研人员的目标任务更多的是教学、人才培养和单纯的科学研究，面向市场的成果转化动力不足，部分研发活动游离于产业创新体系之外，缺乏将科技成果直接转化为市场利润的有效途径，存在转化动力和效率有待提高等现实情况。此外，高校与科研院所等研究机构之间缺少分工合作，导致资源浪费，也是科技成果转化效率不高的一个原因。

2. 面向企业的高质量技术供给体系尚不健全

与其他创新型国家相比，我国尚未形成完善的、针对企业创新和产业技术供给的制度性安排，有待进一步开通面向企业的政产学研用协同创新通道。传统技术研发体系对企业和产业创新需求的关注普遍不够，缺少直接针对企业需求的技术项目，增加了科技成果供需对接的成本和难度，出现科技成果供给数量大而质量不高的现象，在一定程度上让高价值成果的筛选变成“大海捞针”。一方面，在科技源头供给上形式比较单一，除高校、科研院所外，其他社会力量参与科技活动的意识、能力和动机不够强烈；另一方面，在技术需求侧，绝大多数企业直接参与市场竞争的优势还不明显，尚未形成通过科研直接解决企业技术难题和技术需求的高效机制。

3. 企业技术创新能力有待进一步提高

企业往往存在创新有动力、缺能力的现象，研发投入是一个周期长、见效慢的过程，这成为制约企业技术创新的重要因素。一些有创新和研发意愿的企业，由于原始资金有限、短期内无法盈利等现实情况，出现想创新、想研发但缺少稳定资金的困境。此外，企业比较缺乏具有学术引领能力和产业发展带动能力的领军型科研人才，这也是造成企业技术创新能力不足的一个重要因素。引导广大企业加大研发投入力度、提升技术创新能力，是真正实现企业技术创新主体地位的关键环节。

（二）新型研发机构成为创新驱动发展的战略力量

进入21世纪，技术创新范式发生了深刻变化，基于“基础研究—应用研究—产品开发”的传统线性“三段论”模式正在被实践打破，基础研究、应用研究、产业化之间的界限越来越模糊，科学、技术与产业正在加快融合发展。世界主要创新发达国家主动适应新一轮科技革命和产业变革的新规律、新范式，正积极推动构建产学研深度融合、支撑未来产业发展的技术创新组织。

近年来，作为一种兼具科技研发与成果转化、创新创业与孵化育成、人才培养与团队引进等多种功能的创新创业组织，新型研发机构逐渐成为地区加快技术创新服务产业发展的重要力量和推动经济高质量发展的重要引擎。与传统研发机构通常只关注科学发现、技术发明、产业发展三个环节之一不同，新型研发机构可以把三者有机结合起来，以产业需求为导向，进行市场化运作，有效贯通基础应用研究、技术产品开发、工程化和产业化的科技研发创新，实行“三螺旋”模式运转，克服各自为政、信息不对称、时间滞后的问题，实现科技转化“无缝对接”。

新型研发机构通常是聚焦科技创新需求，从事科学研究、技术创新和研发服务的独立法人机构，一般具有投资主体多元化、管理制度现代化、运行机制市场化、用人机制灵活化等特点。新型研发机构的核心特征是集研发、孵化和成果转化等功能于一身，能够有效解决区域创新资源分布不均、传统高校和科研院所科技供给能力不足、企业群体研发能力弱等问题。通常来说，新型研发机构有其特定内涵：①按照市场化机制运行的独立法人机构；②主要从事基础研究、应用研究和产业技术研发，给企业提供研发服务，开展科技成果转移转化和科技创业孵化；③由政产学研多方举办，依照章程管理运行，实行董事会（理事会）决策制和院（所）长负责制；④拥有结构相对合理稳定、研发能力较强的人才团队，采用市场化用人机制和薪酬制度；⑤具有相对稳定的收入来源和严格规范的经费调配制度；⑥实行信息披露机制，通过公开渠道面向社会公开重大事项和年度报告。新型研发机构因其创新的功能属性和体制机制，在孵化源头科技、促进成果转化上的独具优势，有利于优化科研力量布局，越来越受到全社会的高度重视和广泛关注，新型研发机构的“星星之火”开始呈现燎原之势。《国家创新驱动发展战略纲要》和《“十三五”国家科技创新规划》明确提出“发展面向市场的新型研发机构”；党的十九届五中全会提出“完善国家创新体系，加快建设科技强国”；“十四五”规划和2035年远景目标纲要再次强调支持发展新型研发机构。新型研发机构成为构建国家创新体系的重要组成部分，在推动创新驱动发展中扮演着越来越重要的角色。

（三）发展新型研发机构的重要意义

（1）新型研发机构是科研成果转化的“试验田”。作为高校、科研院所、政府与企业、市场之间加强联系的科技创新平台，新型研发机构能够整合高校、科研院所、人才团队、社会资本、地方政府等资源，以市场需求为导向，推进科技成果转化，致力于解决传统研发机构在科技成果转化过程中存在的研发与生产需求相脱节等问题，成为科技成果、技术需求与产业发展实现多向互动和平向转移的重要载体和重要阵地。

（2）新型研发机构是实施先进技术的“助推剂”。新型研发机构深植于市场需求和产业发展的前沿，能够有效整合人才、技术、研发等资源，及时掌握市场、产业发展动向，以高校、科研院所储备的高端人才和科研成果为依托，形成人才、技术聚集的高地，为高等院校、科研院所和市场资本牵线，通过建立市场化运行机制和现代化管理制度，展现强大的产业组合能力，使先进技术在经济发展过程中落地开花，推动科研、产业和资本的三方对接，实现市场需求和产业升级。

（3）新型研发机构是推动政产学研融合的“加速器”。作为政产学研的连接通道，新型研发机构成为推动政产学研有效合作的重要主体，在人才、科技、产业、体制等领域被赋予了全新的意义。不仅为破解科研与市场对接“两张皮”的痼疾提供了一个全新的渠道，也为科技和经济社会发展、孕育培养“科研产业”找到了新的方向，有力地推动了政产学研的深度融合。

新型研发机构的兴起

为深入贯彻落实《中共中央关于制定国民经济和社会发展第十四个五年规划和二〇三五年远景目标的建议》关于完善国家创新体系、强化国家战略科技力量的文件精神，促进我国形成以国内市场为主体、国内国际双循环相互促进的新发展格局，加强关键核心技术攻关的决策部署，参照科技部《关于促进新型研发机构发展的指导意见》（国科发政〔2019〕313号）相关要求，科技部政体司与火炬中心于2020年10月进行了2020年全国各省市新型研发机构摸底调查工作，全国27个省（自治区、直辖市）和5个计划单列市共报送新型研发机构2050家，经数据筛选，得到有效问卷1856份。经深入分析研究，得到以下特征。

（一）缓慢起步到蓬勃发展

20世纪90年代，以深圳清华大学研究院、中国科学院深圳先进技术研究院等为代表的科研机构开始在运营管理模式方面大胆探索、改革创新，引领和带动了一批科研机构的创新发展，催生出新型研发机构这支重要的新兴科研力量，成为促进科技与经济结合的重要推力，新型研发机构开始蓬勃发展。如图1-1所示，“十一五”之前，新型研发机构的数量虽然呈现逐年上升的趋势，但是发展十分缓慢。“十三五”期间，新型研发机构数量快速增长。根据调查问卷，2016年1月至2020年4月间新注册成立的新型研发机构有1032家，占我国新型研发机构总量的50.4%。其中，2018年共注册成立了278家新型研发机构，是“十三五”期间成立数最多的一年。2017年的注册数目仅次于2018年，全年共249家；2019年新成立的新型研发机构数量也超过了200家。这种爆发式增长，主要与“十三五”以来，我国经济逐渐由高速增长阶段步入高质量发展阶段对科技创新的需求越来越强烈有关，同时也与中央和地方政府紧跟经济需求、把握时代脉络、加大对科技创新的政策引导和部署密不可分。

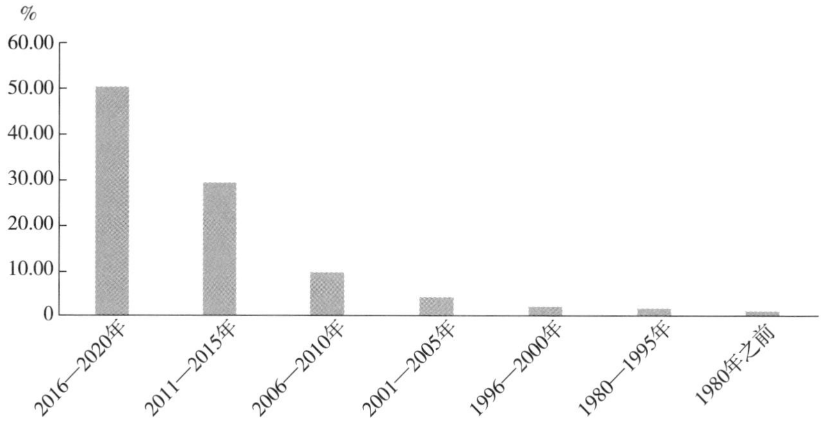

图1-1　新型研发机构数量变化

（二）东部地区率先发展

如图1-2所示，新型研发机构群体的空间分布东西部地区差距十分显著。东部地区[①]注册的新型研发机构最多，超过1500家，占我国新型研发机构总量的73.60%。其中，江苏、山东、广东、浙江、福建五个省份的新型研发机构数量均超过100家，五省新型研发机构之和超过全国总量的60%。西部地区和中部地区由于经济总量的原因，新型研发机构数量远低于东部地区，数量分别为300家和213家，占全国总量的14.60%和10.40%。重庆、河南、四川等省市近年来新型研发机构注册数量相对于中西部其他省市发展较快，总量均突破50家。东北地区新型研发机构数量最少，为28家，占全国总量的1.40%，究其原因可能与东北地区产业结构类型单一、经济发展速度放缓有关。

（三）机构类型多样

“十三五”以来，科技部以及各省（自治区、直辖市）及计划单列市高度重视新型研发机构发展，先后制定新型研发机构的认定管理办法，发布支

① 东部地区：北京、天津、河北、上海、江苏、浙江、福建、山东、广东、海南、青岛、厦门、宁波、深圳；中部地区：山西、安徽、江西、河南、湖北；西部地区：四川、重庆、贵州、云南、广西、西藏、陕西、甘肃、青海、宁夏、内蒙古；东北地区：辽宁、大连。

持措施，陆续开展认定工作。2019年9月9日，科技部发布《关于促进新型研发机构发展的指导意见》，指出新型研发机构是聚焦科技创新需求，主要从事科学研究、技术创新和研发服务，投资主体多元化、管理制度现代化、运行机制市场化、用人机制灵活的独立法人机构，可依法注册为科技类民办非企业单位（社会服务机构）、事业单位和企业。如图1-3所示，截至2020年4月，从组织属性上看，各省市报送的新型研发机构严格按照《关于促进新型研发机构发展的指导意见》中的组织属性要求设立。其中，企业性质的新型研发机构占比为57.80%，比事业单位类型（占比27.30%）和民办非企业法人类型（14.60%）的新型研发机构之和还要多。

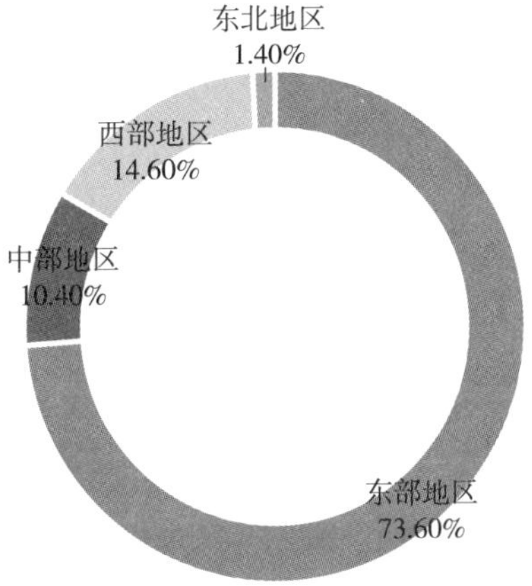

图1-2　我国新型研发机构空间分布

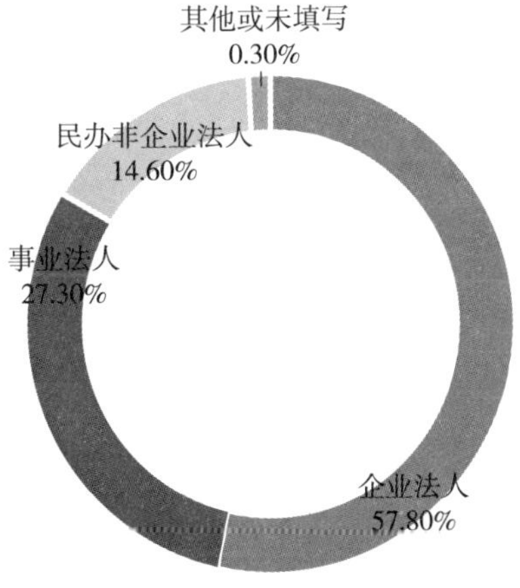

图1-3　新型研发机构法人类型构成

如图1-4所示，新型研发机构的组织结构以多元主体为主，其中政府主导、企业主导以及高校、科研院所主导的新型研发机构占多数。举办单位为2家的新型研发机构占比为36.80%，举办单位为3家的新型研发机构占比为21.70%，举办单位为4家的新型研发机构占比为8.10%，举办单位为5家的新型研发机构占比为11.70%。各类新型研发机构的目标使命和功能侧重也各不相同，有侧重开展基础研究和应用研究的新型研发机构，有以应用研发为核心开展研发转化孵化活动的新型研发机构，也有完全以盈利为目标的新型研发机构。

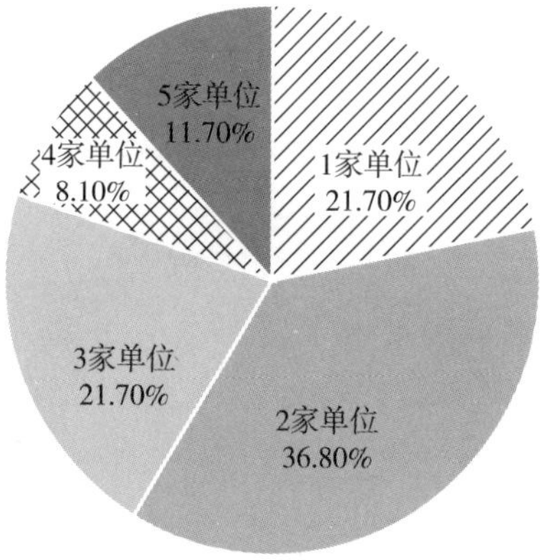

图1-4　新型研发机构举办单位数目

如图1-5所示，近70%的新型研发机构注重机构管理制度现代化，分别以理事会或董事会的形式管理运营。其中40.60%的新型研发机构以董事会形式管理运营，28.80%的新型研发机构以理事会形式管理运营，未建立理事会或董事会的新型研发机构占比为30.20%。

（四）创新资源富集

根据调查数据，我国新型研发机构基础条件良好，具有较完备的创新资源条件。

从基础条件来看，我国新型研发机构有注册资金雄厚、固定资产丰富、从业人员众多、办公条件良好等优势，有着较好的基础支撑。一是注册资金规模大。38.30%的新型研发机构注册资金在1000万~5000万元，17.70%的新型研发机构注册资金在5000万元以上，注册资金在500万元以下的新型研发机构占比为32.30%，11.70%的新型研发机构注册资本在500万~1000万元（见图1-6）。

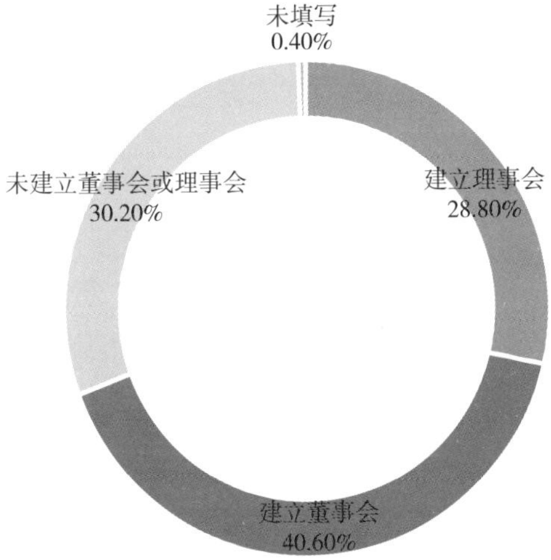

图1-5　新型研发机构建立董事会、理事会情况

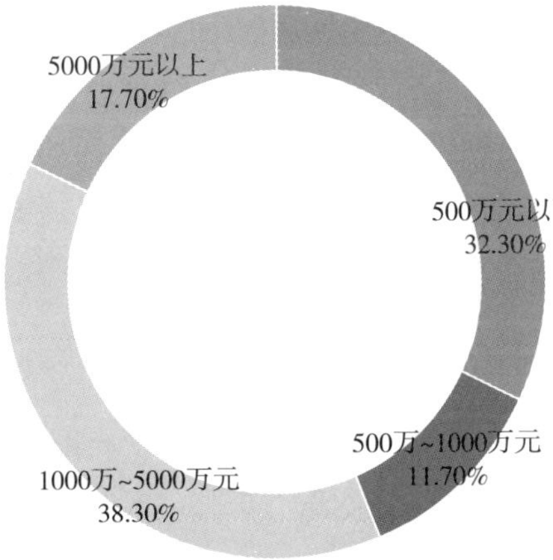

图1-6　新型研发机构注册资金规模

二是固定资产实力雄厚。调查结果显示，占比97%的新型研发机构拥有固定资产，超过40%的新型研发机构固定资产在1000万元以上。其中，固定资产在5000万元以上的新型研发机构占比为14.70%，固定资产在1000万~5000万元的新型研发机构占比为27.70%，固定资产在500万~1000万元的新型研发机构占比为13.9%，固定资产在500万元以下的新型研发机构占比为43.7%（见图1-7）。

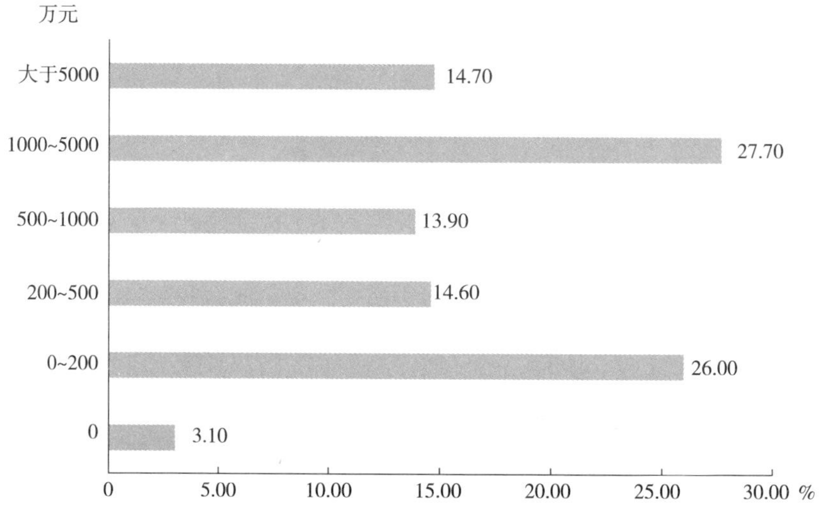

图1-7 新型研发机构拥有的固定资产

三是从业人员众多。新型研发机构新的管理模式和新的结构类型吸引着大量的优秀从业人员，人员规模在百人以上的新型研发机构占比为18.80%，其中人员规模在500人以上的新型研发机构占比为2.50%。人员规模在50~100人的新型研发机构占比为21.30%，人员规模在50人以下的新型研发机构占比为59.90%（见图1-8）。

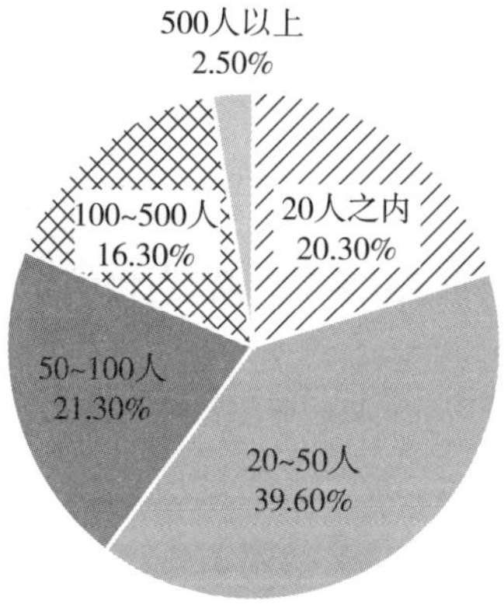

图1-8 新型研发机构从业人员规模分布

四是具有办公和科研场地条件保障。大部分新型研发机构采用自有场地与租用场地相结合的方式保证办公和科研空间用地。69.10%的新型研发机构采用租赁的方式获得办公场地，新型研发机构租用的场地面积均值为404.6

平方米。30.90%的新型研发机构拥有自有产权的场地，其中，11.40%的新型研发机构的自有场地面积在3000平方米以下，8.70%的新型研发机构的自有场地面积在3000~10000平方米，10.80%的新型研发机构自有场地面积超过10000平方米（见图1-9）。

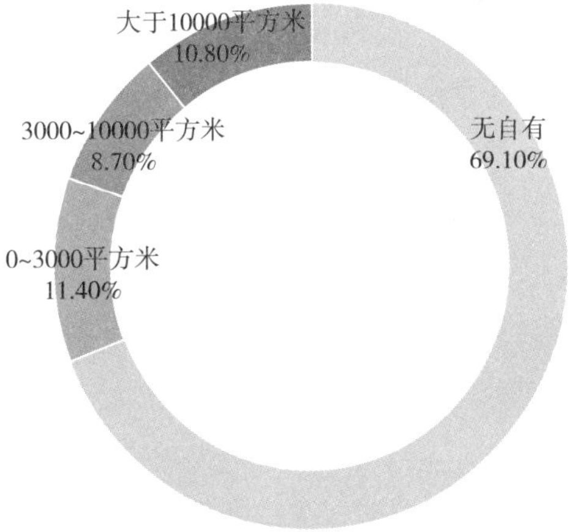

图1-9　新型研发机构自有产权办公和科研场所面积

从创新资源条件来看，新型研发机构比较重视创新表现在研发人员占比高、高学历人员占比高、创新平台数量多、研发仪器设备原值高等方面。从研发人员占比情况来看，新型研发机构研发人员占比均值为66.40%，最高达到100%，约有92%的新型研发机构研发人员占比超30%（见图1-10）。

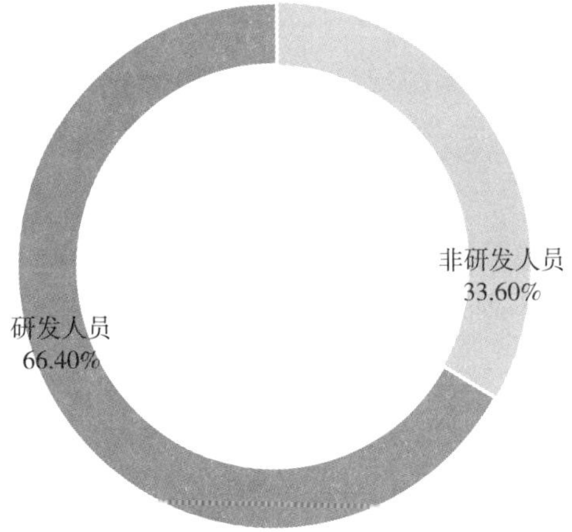

图1-10　新型研发机构研发人员占比均值

从从业人员学历水平来看，新型研发机构从业人员硕士以上学历占比41.1%。其中博士学历人员占比均值为18.80%，硕士学历人员占比均值为22.30%（见图1-11）。

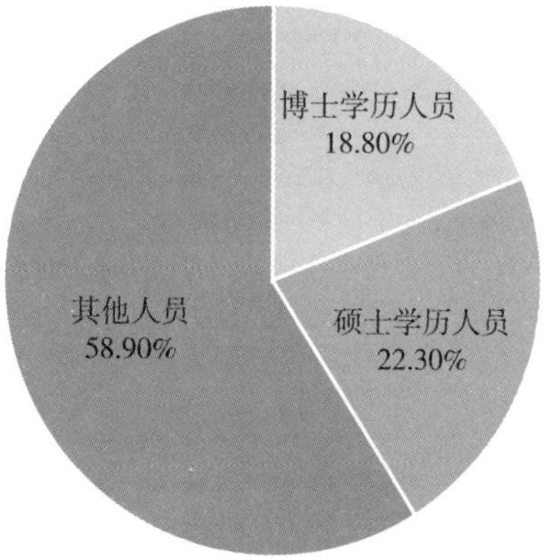

图1-11　新型研发机构硕博学历人员占比均值

从创新平台建设情况来看，67.20%的新型研发机构设立了创新平台，创新平台数最多的新型研发机构高达53个。其中，23.20%的新型研发机构设立了1个创新平台，12.40%的新型研发机构设立了2个创新平台，11.80%的新型研发机构设立了3个创新平台，12.10%的新型研发机构设立了4~8个（含4个）创新平台，5.70%的新型研发机构创新平台数量在8个以上（见图1-12）。

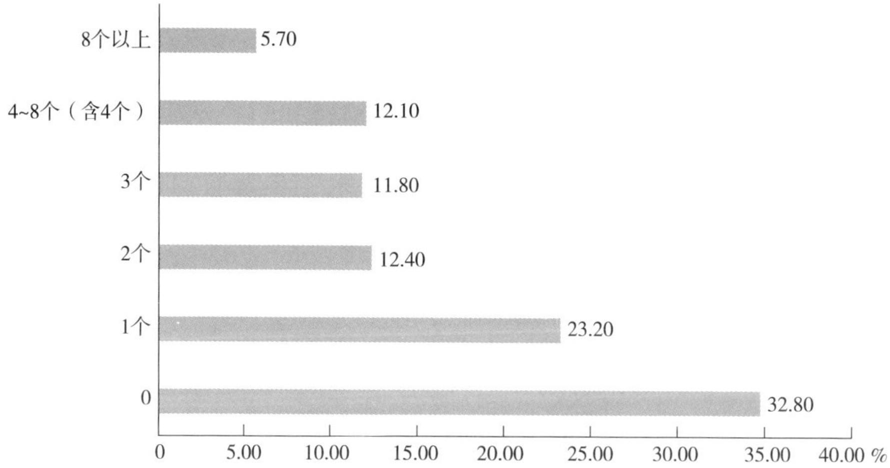

图1-12　新型研发机构拥有的创新平台数量

从研发仪器设备原值情况来看，有92.2%的新型研发机构拥有研发仪器设备，而且研发仪器设备原值在1000万元以上的新型研发机构占比为33.4%，研发仪器设备原值在500万元以下的新型研发机构占比为43.1%，研发仪器设备原值在500万~1000万元的新型研发机构占比为15.70%，研发仪器设备原值在1000万~5000万元的新型研发机构占比为25.80%，7.60%的新型研发机构研发仪器设备原值超过5000万元（见图1-13）。

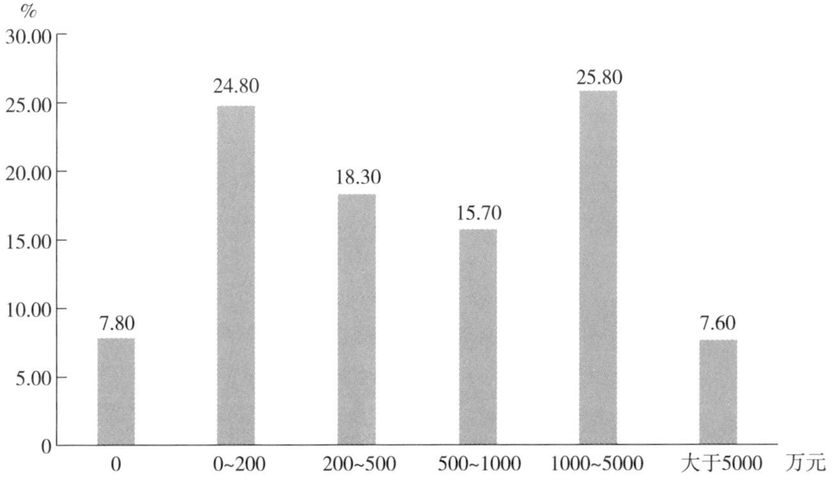

图1-13　新型研发机构拥有的研发仪器设备原值情况

（五）科技产业创新活跃

新型研发机构是顺应科技革命和产业转型升级的产物，多数新型研发机构面向产业开展研发活动，提供研发服务。新型研发机构多数以研发活动为核心业务，研发投入强度相对较高。2019年，占比45.90%的新型研发机构研发投入强度超过50%，占比26.30%的新型研发机构研发投入强度在20%~50%，占比27.80%的新型研发机构研发投入强度低于20%（见图1-14）。

新型研发机构的业务类型多种多样，包括研发服务、科技成果转移转化、产业共性关键技术研发、基础研究、应用基础研究、企业孵化和投资业务等。占比70.50%的新型研发机构从事科技成果转移转化活动，占比73.10%的新型研发机构从事研发服务活动，占比56.60%的新型研发机构从事基础研究活动，占比51.80%的新型研发机构从事应用基础研究活动，占比58.10%的新型研发机构从事产业共性关键技术研发活动，占比46.00%的新型研发机构具备企业孵化功能，至少10.7%的新型研发机构开展了投资业务[①]（见图1-15）。

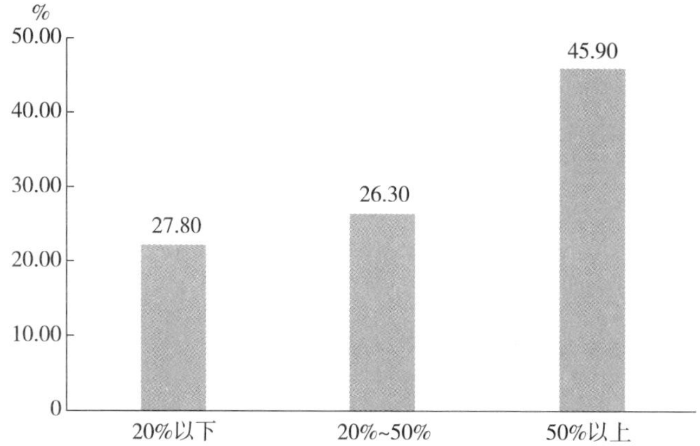

图1-14 新型研发机构研发投入强度分布

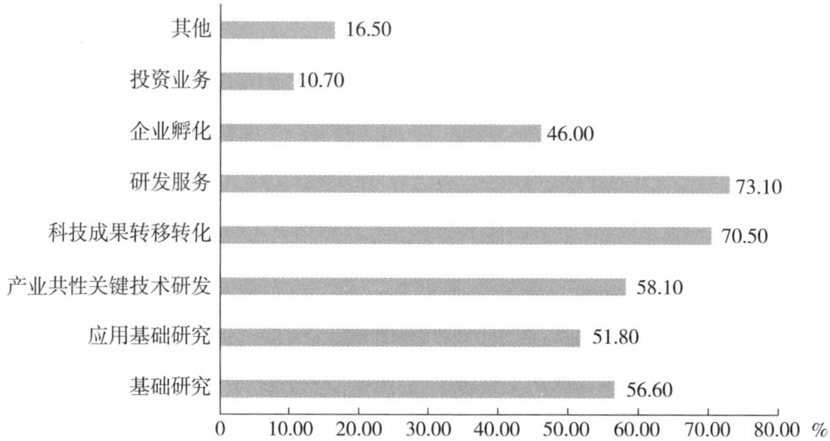

图1-15 新型研发机构业务类型

新型研发机构主要着眼于战略性新兴产业领域。其中，新材料产业领域新型研发机构数量占比最高，为33.60%；其次为新一代信息技术和高端装备制造领域，占比分别为32.20%和30.80%；生物医药及医疗健康领域占比26.50%，节能环保领域占比20.80%，新能源领域占比17.90%，航空航天领域占比7.50%（见图1-16）。

① 企业孵化和投资业务的数据分别为成功孵化过企业的新型研发机构比例和设立孵化基金的新型研发机构比例，各机构实际开展此两项业务的比例要高于这两个数据。

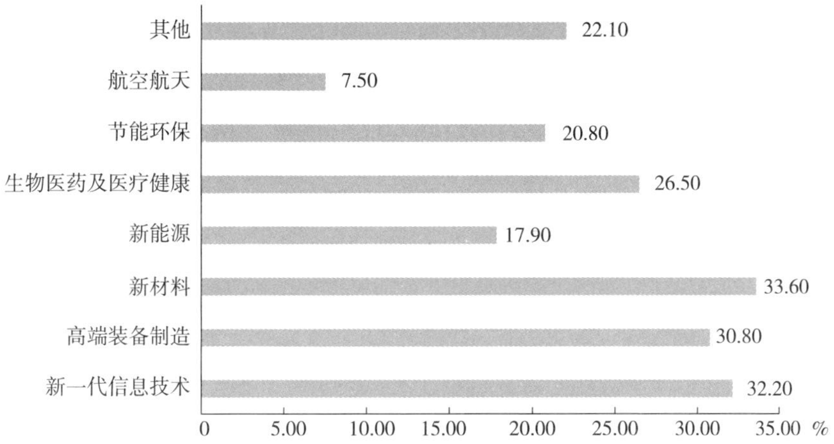

图1-16 新型研发机构产业领域分布情况

（六）政府指引成效初显

根据调查数据，截至2020年4月，共有17个省（自治区、直辖市）和计划单列市开展了备案工作[①]，共备案新型研发机构788家。在已开展备案工作的省市中，广东省备案新型研发机构数量最多，达251家，12个省市备案数量在10~110家[②]，4个省市备案数在10家以内。从政策制定情况看，全国有26个省份出台了新型研发机构相关政策支持文件，如2015年，广东省科技厅、经信委、教育厅等10部门联合出台了《关于支持新型研发机构发展的试行办法》（粤科产学研字〔2015〕69号），2017年广东省在全国率先制定出台《关于新型研发机构管理的暂行办法》，明确了新型研发机构的认定标准和办法，确定了新型研发机构在区域创新体系中的重要地位，使新型研发机构在政府项目承担、职称评审、人才引进、建设用地、投融资等方面享受国有科研机构待遇。北京、山东、浙江、上海等省市也出台了相关支持政策，鼓励当地新型研发机构发展。

新型研发机构的创新活动开展和成果产出显著。一是专利成果较为丰

---

① 17个省市为：北京、天津、辽宁、福建、广东、广西、海南、安徽、江西、河南、湖北、陕西、甘肃、四川、重庆、厦门、大连。

② 12个省市为：福建、天津、辽宁、安徽、江西、河南、湖北、广西、重庆、四川、陕西、宁波。

富。60.80%的新型研发机构拥有发明专利，其中，占比21.60%的新型研发机构拥有超过10个发明专利，12.20%的新型研发机构拥有5~10个发明专利，拥有1~5个发明专利的新型研发机构占比为27.00%（见图1–17）。80.7%的新型研发机构拥有实用新型专利，25.90%的新型研发机构拥有10个以上的实用新型专利，10.50%的新型研发机构拥有5~10个实用新型专利，44.30%的新型研发机构拥有1~5个实用新型专利（见图1–18）。

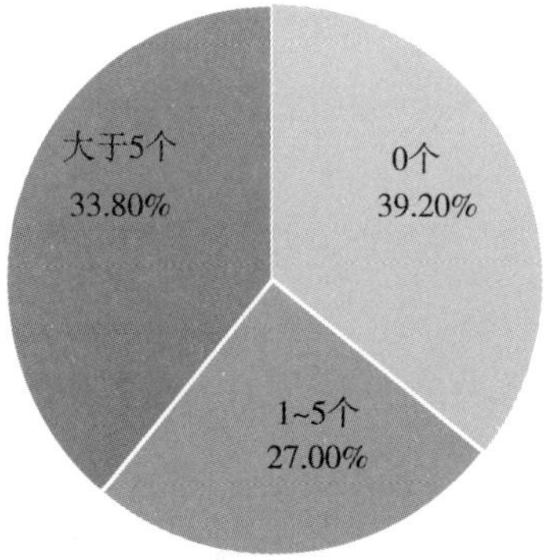

图1–17 新型研发机构拥有的发明专利授权量

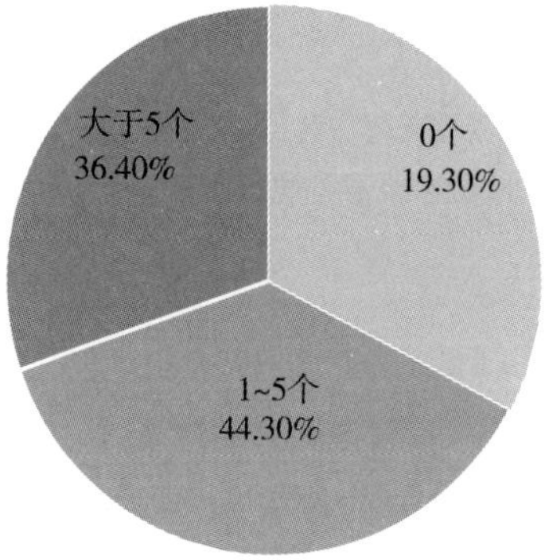

图1–18 新型研发机构拥有的实用新型专利授权量

2019年，9.00%的新型研发机构收入在亿元以上，34.30%的新型研发机构收入在1000万~10000万元，49.90%的新型研发机构收入在0~1000万元，目前仍有6.80%的新型研发机构没有收入（见图1–19）。

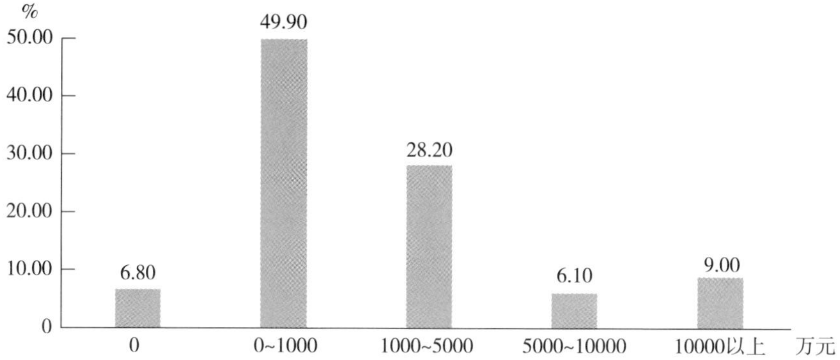

图1-19　新型研发机构的收入情况（2019年）

2019年，有47.80%的新型研发机构实现了盈利，其中19.50%的新型研发机构利润超200万元，11.70%的新型研发机构利润在50万~200万元，16.60%的新型研发机构盈利在50万元以内，但仍有超半数的新型研发机构还不能依靠自身产生盈利，30.20%的新型研发机构目前处在亏损状态（见图1-20）。

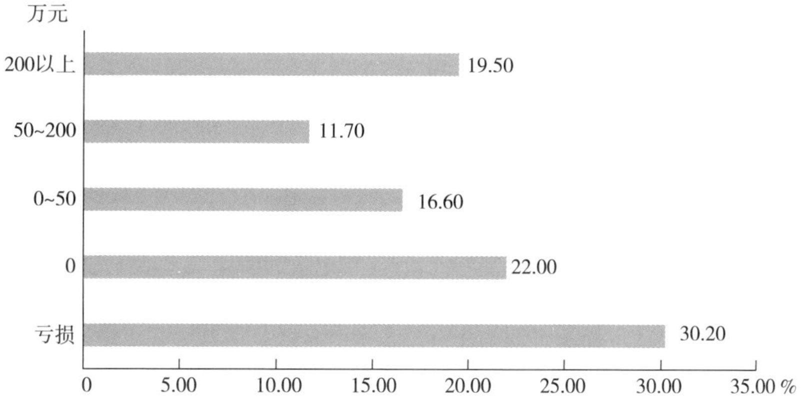

图1-20　新型研发机构的盈利情况（2019年）

新型研发机构技术开发合同成交额占比高。2019年，新型研发机构四类技术交易合同中，技术转让合同成交额占比最高（见图1-21），远高于全国技术交易合同中占33.3%的技术转让合同（见图1-22）。

新型研发机构的一大重要特色是企业孵化，26.80%的新型研发机构牵头设立了产业联盟或协会，10.70%的新型研发机构自身设立了孵化资金。已有46.00%的新型研发机构成功孵化企业，其中，54.00%的新型研发机构育成的企业数量在1~10家，29.00%的新型研发机构育成的企业数量在10~50家，13.5%的新型研发机构孵化企业超过50家（见图1-23）。从企业育成效果来看，新型研发机构平均孵化国家级高新技术企业2.7家，已培育国家级高新技术企业2000余家，部分高新技术企业已在主板或新三板上市。

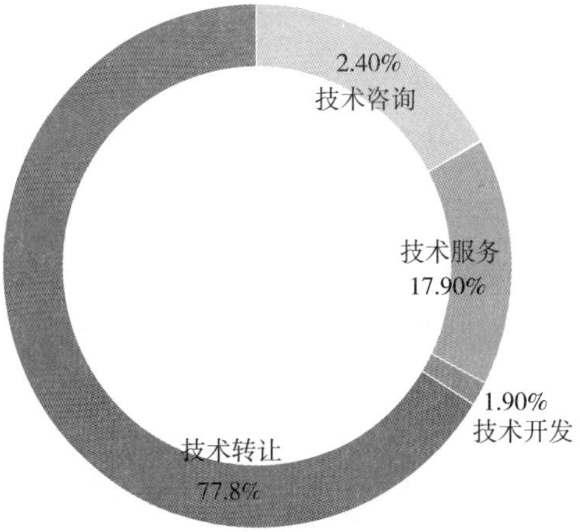

图1-21　新型研发机构技术交易合同成交情况（2019年）

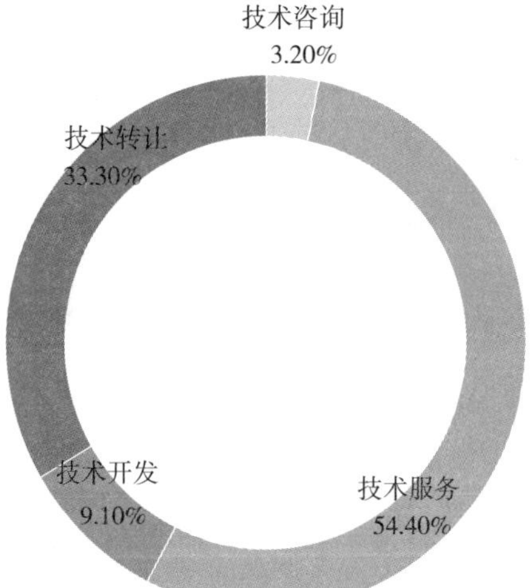

图1-22　全国技术交易合同成交情况（2019年）

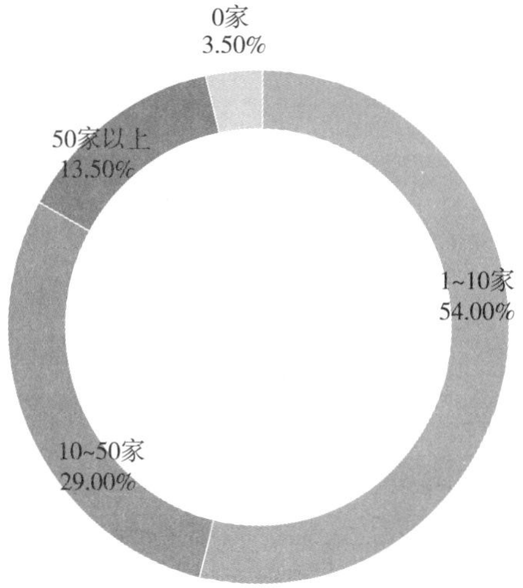

图1-23　新型研发机构累计孵化企业数量

发展环境日益完善

（一）国家层面

2015年9月25日，中共中央、国务院在《深化科技体制改革实施方案》中提出推动新型研发机构发展，形成跨区域、跨行业的研发和服务网络。制定鼓励社会化新型研发机构发展的意见，探索非营利性运行模式。

2016年5月19日，中共中央、国务院在《国家创新驱动发展战略纲要》中提出发展面向市场的新型研发机构。围绕区域性、行业性重大技术需求，实行多元化投资、多样化模式、市场化运作，发展多种形式的先进技术研发、成果转化和产业孵化机构。

2019年9月9日，科技部发布《关于促进新型研发机构发展的指导意见》，指出新型研发机构是聚焦科技创新需求，主要从事科学研究、技术创新和研发服务，投资主体多元化、管理制度现代化、运行机制市场化、用人机制灵活的独立法人机构，可依法注册为科技类民办非企业单位（社会服务机构）、事业单位和企业。促进新型研发机构发展，要突出体制机制创新，强化政策引导保障，注重激励约束并举，调动社会各方参与。通过发展新型研发机构，进一步优化科研力量布局，强化产业技术供给，促进科技成果转移转化，推动科技创新和经济社会发展深度融合。发展新型研发机构，坚持“谁举办、谁负责，谁设立、谁撤销”的原则。举办单位（业务主管单位、出资人）应当为新型研发机构的管理运行、研发创新提供保障，引导新型研发机构聚焦科学研究、技术创新和研发服务，避免功能定位泛化，防止向其他领域扩张。新型研发机构一般应符合以下条件：一是具有独立法人资格，内控制度健全完善；二是主要开展基础研究、应用基础研究、产业共性关键技术研发、科技成果转移转化以及研发服务等；三是拥有开展研发、试验、服务等所必需的条件和设施；四是拥有结构相对合理稳定、研发能力较强的人才团队；五是具有相对稳定的收入来源，主要包括出资方投入，技术开发、技术转让、技术服务、技术咨询收入，政府购买服务收入以及承接科研项目获得的经费等。

2020年4月9日，中共中央、国务院在《关于构建更加完善的要素市场化配置体制机制的意见》中提到支持科技企业与高校、科研机构合作建立技术研发中心、产业研究院、中试基地等新型研发机构。

2020年5月22日，中共中央、国务院在《2020政府工作报告》中提出加快建设国家实验室，重组国家重点实验室体系，发展社会研发机构，加强关键核心技术攻关。

2020年7月17日，中共中央、国务院在《关于促进国家高新技术产业开发区高质量发展的若干意见》中提出积极培育新型研发机构等产业技术创新组织。对符合条件纳入国家重点实验室、国家技术创新中心的，给予优先支持。

2020年10月29日，党的十九届五中全会审议通过的“十四五”规划提出整合优化科技资源配置，以国家战略性需求为导向推进创新体系优化组合，支持发展新型研究型大学、新型研发机构等新型创新主体，推动创新主体多元化、管理制度现代化、运行机制市场化、用人机制灵活化。

（二）地方层面

1. 北京市

2018年1月，北京市政府发布实施《北京市支持建设世界一流新型研发机构实施办法（试行）》（以下简称《实施办法》），明确新型研发机构的公益性定位，突出与国际接轨的体制机制创新，突出国际一流的科研水平，突出稳定的资金支持，突出“放管服”改革。《实施办法》在政府放权、财政资金支持与使用、绩效评价、知识产权和固定资产管理五个方面实现重大突破。

一是新的运行机制。深化“放管服”改革，建立与国际接轨的治理结构和运行机制，将传统院所的行政管理转变为理事会领导下的院（所）长负责制。

二是新的财政支持政策。根据新型研发机构类型和实际需求给予稳定的资金支持，探索实行负面清单管理。

三是新的评价机制。对新型研发机构开展绩效评价，将科研投入、创新产出质量、成果转化、原创价值、实际贡献、人才集聚和培养等方面情况作为绩效评价的重要参考。

四是新的知识产权激励与转化安排。市财政资金支持产生的科技成果及知识产权，由新型研发机构依法取得，对符合首都城市战略定位的科技成果在京实施转化的，由北京市设立的300亿元规模的科技创新基金提供支持。

五是新的固定资产管理方式。市财政资金支持形成的大型科研仪器设备等，由新型研发机构管理和使用，推进开放共享，提高资源利用效率。在政策的支持推动下，北京市相继组建北京量子信息科学研究院、北京脑科学与类脑研究中心、北京智源人工智能研究院等一批高水平新型研发机构。

2. 上海市

2019年4月，上海市发布《关于印发〈关于促进新型研发机构创新发展的若干规定（试行）〉的通知》，旨在促进新型研发机构创新发展，阐明新型研发机构应具备的功能、支持形式以及绩效评价方式。

（1）新型研发机构内涵。新型研发机构有别于传统科研事业单位，是具备灵活开放的体制机制，运行机制高效、管理制度健全、用人机制灵活的独立法人机构，包括科技类社会组织、研发服务类企业、实行新型运行机制的科研事业单位。一般至少应具备以下功能之一：一是开展基础与应用基础研究。聚焦国家和本市战略需求，围绕基础前沿科学、前沿引领技术、现代工程技术、颠覆性技术，开展原创性研究和前沿交叉研究。二是开展产业共性技术研发与服务。结合本市重点产业和战略性新兴产业创新发展需求，开展行业共性关键技术研发，提供公共技术服务，支撑重大产品研发和产业链创新。三是开展科技成果转化与科技企业孵化服务。以资源汇集和专业科技服务为特色，孵化培育科技型企业，加快推动科技成果转化为现实生产力，推进创新创业。

（2）新型研发机构注册程序。自然科学和工程技术领域的科技类社会组织实行直接登记，申请人可直接向市、区民政部门申请登记，市、区科技部门加强行业管理与服务。登记开办时其国有资产份额可提高到不超过总资产的2/3，发展国有资本和民间资本共同参与的非营利性新型产业技术研发组织。按照竞争中立、公平普惠原则，科技类社会组织在申报各级政府科技研发和产业创新项目、人才计划、职称评审等方面享受企事业法人同等待遇；研发服务类企业，依照相关规定享受研究开发费用税前加计扣除、高新技术企业所得税优惠政策。采用创新券等方式，支持企业向科技类社会组织和研发服务类企业等新型研发机构购买研发服务。

（3）新型研发机构支持情况。通过第三方绩效评价，对经认定符合条件的科技类社会组织和研发服务类企业等新型研发机构给予研发后补助，支持新型研发机构开展研发创新活动，对上年度非财政经费支持的研发经费支出给予不超过30%的补助，单个机构补助不超过300万元。已享受其他各级财政研发费用补助的机构不再重复补助。按照国家有关规定，符合条件的科技类社会组织，享受相关税收减免政策，进口国内不能生产或者性能不能满足需要的科研和教学用品，免征进口关税和进口环节增值税、消费税。

对于经认定的从事战略性、前瞻性、颠覆性、交叉性领域研究的战略科技力量，按一所（院）一策原则予以支持。属于事业单位性质的机构，不定行政级别，实行编制动态调整，不受岗位设置和工资总额限制，实行综合预算管理，给予研究机构长期稳定的支持，赋予研究机构充分自主权。对于社会力量兴办的机构，通过定向委托、择优委托等形式予以财政支持。

3. 广东省

广东省在新型研发机构认定、引导、扶持等方面，探索建立形式多样、机制灵活的发展模式。

（1）新型研发机构认定标准和办法。制定认定标准和办法，明确新型研发机构在创新体系中的地位。在制度上，广东省委省政府出台了《广东省人民政府关于加快科技创新的若干政策意见》（粤府〔2015〕1号）等政策文件，广东省科技厅、经信委、教育厅等10部门联合出台了《关于支持新型研发机构发展的试行办法》（粤科产学研字〔2015〕69号），2017年6月在全国率先制定出台《关于新型研发机构管理的暂行办法》。明确了新型研发机构的认定标准和办法，确定了新型研发机构在区域创新体系中的重要地位，使新型研发机构在政府项目承担、职称评审、人才引进、建设用地、投融资等方面可享受国有科研机构待遇，经省科技厅认定的省新型研发机构以省政府名义授牌。

（2）新型研发机构政策支持情况。从新型研发机构的建设到运营提供全方位的政策支持。在新型研发机构引育方面，广东省科技厅设立了每年1.5亿元的专项资金，对于创办不超过5年（以注册时间为准）的新型研发机构，择优给予一次性500万元的建设经费支持，国内外知名高校、科研机构、世界500强企业、中央企业等来粤设立新型研发机构评估优秀的，省财政最高给予1000万元奖补。同时，还从新购科研仪器设备补助、上年研发经费支出补助、创办企业补助等方面对新型研发机构给予资金支持。

（3）新型研发机构评价情况。创新建立新型研发机构动态评价标准，保证新型研发机构的持续稳定发展。广东省不断加强对新型研发机构评审认定等相关制度的建设，明确了新型研发机构的评价指标体系，从研发条件、体制机制、研发团队、创新活动和创新效益五个维度设立评价指标，在降低准入门槛的同时，完善认定机制，对新型研发机构后续发展实行跟踪问效，及时掌握其科研方向和科研力量等动态情况。对于优秀机构给予持续经费支持，对于不合格的机构及时整改甚至摘牌，这些举措推动形成了新型研发机构良性发展的工作机制。例如，2019年广东省科技厅委托第三方机构组织开展了对2016年认定的广东省新型研发机构的动态评估，只有通过评估的单位才能继续持有广东省新型研发机构牌匾，享受新型研发机构的各项扶持政策。

4. 江苏省

江苏省政府高度重视新型研发机构的发展建设，通过财政支持、绩效评价等方式促进新型研发机构发展。

（1）新型研发机构政策支持情况。江苏省政府印发的《关于加快推进产业科技创新中心和创新型省份建设的若干政策措施》提出，对于新型研发机构，最高给予1亿元的财政支持，承担国家级平台建设任务或引进的研发总部，最高可获得3000万元支持。南京市《关于开展新型研发机构服务月活动的通知》将8月定为新型研发机构服务月，持续推动新型研发机构提质增效，积极推动新型研发机构产业联盟发挥作用，线上线下广泛组织专题沙龙、圆桌会议等活动，开展政策宣讲、法务财务培训、业务交流，加快提升重点新型研发机构的技术研发、企业孵化、经营管理三大能力。

（2）新型研发机构绩效评价。不再按项目分配固定的科研经费，而是根据所服务企业的科研绩效决定支持经费，科研绩效从横向科研绩效、纵向科研绩效、衍生孵化企业绩效等方面进行综合计算。

5. 浙江省

（1）新型研发机构内涵。2020年8月浙江省发布《关于加快建设高水平新型研发机构的若干意见》指明，新型研发机构主要从事科学研究、技术创新和研发服务，具有投资主体多元化、管理制度现代化、运行机制市场化、用人机制灵活化的特征，是国家重点支持发展的创新载体，并指出了新型研发机构的标准条件、建设方式、工作任务、政策支持、保障措施等。

新型研发机构实行政府引导、高校科研机构或企业等社会资本共同参与的多元化投入机制，探索理事会（董事会）决策、院所长（总经理）负责的现代化管理机制，构建需求导向、自主运行、独立核算、不定编制、不定级别的市场化运行方式，形成人员招聘自主化、薪酬激励市场化、收益分配企业化的引人用人机制，依法注册为科技类民办非企业单位（社会服务机构）、事业单位或企业等独立法人机构。

省级新型研发机构。面向世界科技前沿，聚焦国家和省内重大发展战略需求，积极探索原始创新到产业化的新模式，开展前瞻性、引领性科学技术研究和关键共性技术攻关，具备承担国家和省级重大科研项目的能力。原则上年均科研经费投入不少于2000万元；科研人员不少于80人，具有硕士、博士学位或高级职称的比例不低于80%；办公和科研场地面积不少于3000平方米；科研仪器设备原值不低于2000万元。

地方新型研发机构。市、县（区）聚焦地方新旧动能转换、块状经济转型升级和未来产业培育发展，建设一批具备仪器、装备、场地等必要条件，实质性开展研究开发、成果转化、衍生孵化和技术服务等工作的新型研发机构。具体标准由市、县（区）制定。

（2）新型研发机构建设方式。通过发挥市场决定性作用和更好发挥政府作用，优化创新要素配置，按照引进共建一批、优化提升一批、整合组建一批、重点打造一批的方式，建设高水平新型研发机构，进一步加大对一流创新人才的吸引力，激发科研人员的创新活力，增强产业发展带动力，打通基础研究到成果转化的创新链条，支撑产业基础高级化和产业链现代化。

引进共建一批。吸引国内外一流高校、科研机构或高层次人才团队、国家级科研机构、中央企业和地方大型国有企业、世界500强企业和外资研发型企业来浙设立新型研发机构，或与省内高校、科研机构等联合组建新型研发机构。到2022年引进共建新型研发机构100家，到2025年达到150家。

优化提升一批。支持高校、科研机构、重点实验室、工程研究中心等开展体制机制和治理模式创新，向新型研发机构转型。推动省级重点企业研究院、产业创新服务综合体等向高水平新型研发机构提升。到2022年优化提升新型研发机构180家，2025年达到300家。

整合组建一批。以学科融合发展、产业链补链强链、区域协同联动为着力点，以重大科研项目为牵引，对全省研究方向相近、关联度较大、资源相对集中的研发机构进行优化整合，形成一批创新资源和科研优势叠加的新型研发机构。支持优势企业或科研机构牵头，整合相关领域的高校、科研机构和企业创新资源，联合建设新型研发机构，打造创新联合体。到2022年整合组建新型研发机构20家，2025年达到50家。

重点打造一批。围绕浙江省重大战略性新兴产业发展和传统产业转型升级重点领域的技术需求，在省级新型研发机构中择优打造一批国内一流、国际领先的标杆型新型研发机构，建设世界一流的科研平台，集聚战略性科技创新领军人才和高水平创新团队，抢占全球科技创新制高点。到2022年打造标杆型新型研发机构10家，2025年达到20家。

（3）新型研发机构工作任务。构建多元创新投入体系。坚持市场导向，完善多元化投入和产权组合机制，在创办方投入的基础上，吸引企业、金融与社会资本、高校、科研机构等共同投入，通过建立基金会、接受社会捐赠、设立联合基金、探索技术入股、开展成果交易等方式拓宽资金来源渠道，通过技术开发、技术转让、技术服务、技术咨询、承接科研项目等扩大收入来源。

集聚一流创新人才团队。坚持人才导向，充分发挥市场机制在人才流动配置中的决定性作用，建立与创新能力和绩效相结合的收入分配机制，通过全职聘用、“双聘双挂”、合作研究等多种形式集聚全球顶尖人才、科技领军人才和青年人才，完善人才考核评价机制，营造人尽其才、才尽其用的良好氛围。

承担重大科研攻关任务。坚持需求导向，紧扣浙江省万亿产业培育发展、先进制造业十大标志性产业链和“415”产业集群培育及传统产业升级的创新需求，强化原始创新能力，承担各级各类重大科研任务，开展关键共性技术、前沿引领技术、现代工程技术、颠覆性技术攻关，努力实现关键核心技术自主可控，掌握创新和发展的主动权。

打造协同联动创新体系。坚持协同导向，强化与高校、科研机构、企业等创新主体的交流合作、协同攻关，跨领域、跨单位整合创新资源，探索相近领域的新型研发机构组建科创联盟，推动多部门、多单位、全链条协同创新，打造优势互补的创新共同体，支持新产业、新业态、新模式发展。

畅通科技成果转化通道。坚持成果导向，开展以应用为导向的基础研究，取得重大标志性成果和原创性技术突破。建立科技成果转化激励机制，全面落实科技成果转化奖励、股权分红激励、所得税延期缴纳等政策措施，健全职务科技成果产权制度，推动科技成果转移转化。

深度融入全球创新网络。坚持开放导向，与国内外知名高校、科研机构、优势企业通过人才交流、合作攻关、共建平台等方式开展合作交流和资源对接。探索在创新大国、关键小国设立国际联合实验室、海外研发机构和创新孵化中心，引进转化一批重大科研成果。积极参与大科学计划与工程，共建“一带一路”国际合作平台，构建开放共享的创新创业生态。

（4）新型研发机构政策支持情况。深化管理创新。将省级新型研发机构纳入省属科研院所管理序列，享受各类科技计划、科技成果转化收入分配、进口科教用品免税等政策。省级新型研发机构由省级有关单位和市、县

（区）政府组织建设，经省科技厅委托第三方专业机构评估，符合条件的予以公布。省政府重点引进和建设的，可按省级新型研发机构管理。

加大财政支持。省政府重点引进和建设的省级新型研发机构，通过专题研究的方式，由省、市、县联动支持。鼓励省外中央企业、地方大型国有企业、世界500强企业来浙江省设立研发总部和研发机构，从事竞争前技术研发的，省财政给予最高3000万元的支持。对第三方绩效评价优秀的省级新型研发机构，省财政根据上年度非财政经费支持的研发经费支出给予适当补助，已有专门支持政策的不再享受。鼓励重点产业集群龙头企业牵头组建新型研发机构，市、县（区）政府给予适当支持。

加强科研支持。支持新型研发机构申报各类国家和省级创新平台、科研项目和人才团队。省科技厅对省级新型研发机构定向征集重大科技项目需求，符合条件的可择优通过委托方式支持其牵头承担省级重点研发计划项目；对承接国家重大科研项目的，按规定给予相应补助。支持各类创新平台向新型研发机构开放共享科研仪器设备、数据资料等科技资源。鼓励高校、科研机构与新型研发机构开展协同创新和研究生联合招生、培养。

激发创新活力。赋予符合条件的省级新型研发机构相应级别职称评审权。支持高校、科研机构科研人员到省级新型研发机构兼职开展研发和成果转化，获得的职务科技成果转化现金奖励不计入本单位绩效工资总量。按规定带项目或成果离岗到省级新型研发机构工作的，返回原单位时工龄连续计算，待遇和聘任岗位等级不降低。省级新型研发机构聘用的海外高端人才可不受年龄、学历和工作经历限制。各地应为当地新型研发机构高层次人才提供停居留、落户、医疗、社会保险、人才安居、子女入学等方面的便利，形成政策叠加效应。

扩大基金支持。各类政府基金优先支持新型研发机构成果产业化或孵化的科技型企业创新发展。省创新引领基金设立子基金或通过已设基金采取市场化方式投资新型研发机构创新创业项目。省级新型研发机构项目纳入省创新引领基金项目库。

强化要素保障。新型研发机构自建科研用地，由市、县（区）优先安排土地利用计划指标，对符合条件的优先列入省重大产业项目、省（市县）长项目，优先保障用地需求；对符合划拨用地目录的，可采用划拨方式供地。在符合规划的前提下，鼓励企业利用自有存量工业用地或厂房创办科研机构，经批准后可暂保留其工业用地用途，但应按规定缴纳国有土地收益金。对购置、租用办公场地的研发总部，有条件的市、县（区）可按规定给予购置、租房、装修补助。

（5）新型研发机构保障措施。加强组织领导。省科技厅统筹指导全省新型研发机构建设工作，省级有关单位和市、县（区）政府要积极引进国内外一流高校、科研机构、企业或高层次人才团队，大力推进新型研发机构建设，协调解决发展过程中遇到的问题。发挥相关地方和部门优势，统筹布局、汇聚资源，指导推动有优势、有条件的科研力量参与新型研发机构建设。

加强绩效管理。建立优胜劣汰、有序进出的动态管理机制。省科技厅以3年为周期，委托第三方专业机构对省级新型研发机构开展绩效评价，按照不超过10%的比例确定绩效评价优秀等级，给予相应政策支持；绩效评价等级为不合格的，第一年给予警告并限期整改，整改未通过或连续2年不合格的予以注销。各地政府负责本级新型研发机构的绩效评价和管理。

加强诚信建设。按照“谁举办、谁负责”的原则，落实新型研发机构科研诚信建设主体责任，进一步加强科研诚信建设。对严重违背科研诚信、科研伦理要求的坚决予以注销，由科技部门记入科研失信记录，3年内不得再次申报，并按规定视情追回责任单位和责任人所获利益。

6. 山西省

（1）新型研发机构内涵。山西省发布的《关于促进新型研发机构发展的实施办法（试行）》意见指出，新型研发机构是聚焦科技创新需求，主要从事科学研究、技术创新和研发服务，投资主体多元化、管理制度现代化、运行机制市场化、用人机制灵活的独立法人机构，可依法注册为科技类民办非企业单位（社会服务机构）、事业单位和企业。新型研发机构发展要坚持“四为四高两同步”总体思路，聚焦2025年转型雏形总要求，重点围绕实施“111”创新工程和“14+N”战略性新兴产业集群的打造，开展基础研究、应用基础研究、产业关键共性技术研发、科技成果转化、科技企业孵化培育、高端人才集聚等活动。省科技厅负责研究制定新型研发机构发展规划和扶持政策，组织开展新型研发机构的申报、备案、评价和指导管理等工作。设区市科技局负责本地区新型研发机构的培育、指导和动态管理等工作。

（2）新型研发机构备案应具备条件。申报单位应为在山西省内注册且运营1年以上的独立法人机构，主要办公和科研场所设在山西省内。可由政府部门、产业园区、高等院校、科研院所、企业及社会服务机构等主体自建或联合建设。具有稳定的研发人员和研发投入。具有结构相对合理稳定、研发能力较强的人才团队，常驻研发人员占职工总人数不低于30%，且不少于10人。年度研发经费支出占主营业务收入的比例不低于20%。拥有开展研发、试验、服务等所必需的科研设施、仪器设备。具有现代化的管理体制，拥有完备的组织机构，实行理事会领导下的法人负责制。具有明确的科研、人事、薪酬和经费管理等内部管理制度。具有灵活的人才激励机制、开放的引人和用人机制。具有市场化的决策机制和高效率的科技成果转化机制等。具有明确的业务发展方向。围绕国家和山西省经济社会发展需求，具有明确的发展方向和战略规划，在前沿技术研究、产业关键共性技术研究、科技成果转化、科技企业孵化培育、高端人才集聚等方面具有鲜明特色与成效。具有一定的资产规模和相对稳定的收入来源。有固定的办公和科研场所且面积不少于500平方米。收入主要包括出资方投入，技术开发、技术转让、技术服务、技术咨询收入，政府购买服务收入以及承接科研项目获得的经费等。

（3）新型研发机构日常管理。新型研发机构发展，坚持“谁举办、谁负责，谁设立、谁撤销”原则。举办单位（业务主管单位、出资人）应当为新型研发机构的管理运行、研发创新提供保障，引导新型研发机构聚焦科学研究、技术创新和研发服务，避免功能定位泛化，防止向其他领域扩张。

多元投资设立的新型研发机构，原则上应实行理事会、董事会决策制和院长、所长、总经理负责制，根据法律法规和出资方协议制定章程，依照章程管理运行。

新型研发机构应全面加强党的建设，根据《中国共产党章程》的规定，设立党的组织，充分发挥党组织在新型研发机构中的战斗堡垒作用，强化政治引领，切实保证党的领导落实到位。

新型研发机构应当建立科学化的研发组织体系和内控制度，加强科研诚信和科研伦理建设。新型研发机构根据科学研究、技术创新和研发服务实际需求，自主确定研发选题，动态设立调整研发单元，灵活配置科研人员、组织研发团队、调配科研设备。

新型研发机构应采用市场化用人机制、薪酬制度，充分发挥市场机制在配置创新资源中的决定性作用，自主面向社会公开招聘人员，对标市场化薪酬合理确定职工工资水平，建立与创新能力和创新绩效相匹配的收入分配机制。

针对新型研发机构的不同类别，建立相应的评价指标体系。新型研发机构应自主进行年度创新绩效评估，向省科技厅提交年度自评估报告。省科技厅组织专家或委托第三方专业机构对新型研发机构开展三年一期的创新绩效评价工作，重点围绕科研设施建设、研究开发、成果转化、人才聚集和企业孵化等方面进行评价分析。

建立新型研发机构统计报告制度，定期开展统计调查，按规定向省科技厅提交发展规划、年度工作计划与总结、年度财务审计报告等，并将其纳入创新调查和统计调查制度实施范围。新型研发机构实行信息披露制度，并通过公开渠道向社会公开重大事项和年度报告等。

新型研发机构发生名称变更、股权结构变更、重大人员变动等重大事项的，应及时向科技管理部门报告；确因不可抗力无法及时报告的，应在3个月内以书面形式向科技管理部门报告。

（4）新型研发机构政策支持。对于强力支撑“14+N”战略性新兴产业集群发展的新型研发机构，以及经认定的从事战略性、前瞻性、颠覆性、交叉性领域研究的战略科技力量，按“一所（院）一策”或“一事一议”原则予以支持。属于事业单位性质的机构，不定行政级别，实行编制动态调整，不受岗位设置和工资总额限制，实行综合预算管理，给予研究机构长期稳定支持，赋予研究机构充分自主权。对于社会力量兴办的机构，通过定向委托、择优委托等形式予以财政支持。

支持新型研发机构开展研发创新活动，对上年度非财政资金购入科研仪器、设备和软件的购置经费给予不高于20%的补助，单个机构补助不超过500万元。已享受其他各级财政研发费用补助的机构不再重复补助。对于备案的新型研发机构，每3年根据创新绩效评价结果择优给予50万~100万元的后补助支持。补助奖励资金使用参照《省财政厅省科技厅关于印发〈省级支持科技创新若干政策专项资金管理办法〉的通知》（晋财教〔2019〕5号）执行。备案的新型研发机构在承担省或市级财政科技计划、人才引进、创新载体建设、科技成果转化收入分配等方面，可同时享受面向高校、科研院所、企业的资格待遇和扶持政策。

鼓励新型研发机构建设省级重点实验室、技术创新中心、工程技术研究中心、产业技术创新战略联盟、产业研究院、中试基地、科技企业孵化器、众创空间等，并享受相应的资金奖励政策。鼓励企业类新型研发机构申请高新技术企业认定，享受相应税收优惠政策。

7. 河南省

2019年12月，河南省人民政府发布《关于印发河南省扶持新型研发机构发展若干政策的通知》。

（1）新型研发机构政策支持。重点支持培育一批重大新型研发机构。支持国内外一流科研院所、高等院校、科技研发平台、大型企业及其研究机构等在豫设立或共建新型研发机构。省市联动重点支持对河南省产业发展具有支撑和引领作用、体制机制创新成效明显、具有稳定的高水平研发队伍、创业孵化成效突出的新型研发机构。经遴选被省政府认定为省重大新型研发机构的，省财政给予最高不超过500万元的奖励。对综合性、高水平、支撑和引领作用突出的新型研发机构，经省政府同意可采取“一院一策”“一事一议”的方式，进一步加大扶持力度。

新型研发机构在政府项目（专项、基金）承担、奖励申报、职称评审、人才引进、建设用地保障、重大科研设施和大型科研仪器开放共享、投融资等方面可享受国有科研机构同等待遇。支持新型研发机构结合自身特点和优势，牵头或参与承担省重大科技专项、产业集群专项等各类财政科技项目。对新型研发机构申报科技项目单列申报指标。优先支持企业类新型研发机构申报高新技术企业、技术先进型服务企业、科技型中小企业和知识产权优势企业等，并按规定享受相关财税扶持政策。

鼓励新型研发机构建设科技企业孵化器、专业化众创空间等孵化服务载体。对新认定的省级以上孵化服务载体，符合条件的，省财政给予一次性资金奖补。对已认定的省级以上孵化服务载体，如年度考核合格，按照其上年度服务数量、效果等量化考核结果，省财政每年给予一定的运行成本补贴。

鼓励新型研发机构将科技成果优先在豫转移转化和产业化。新型研发机构科技成果在豫转移转化的，可享受省科技成果转移转化的相关补助政策。省财政按新型研发机构上年度技术成交额，可给予最高10%的后补助，最高不超过100万元。

优先保障新型研发机构建设发展用地需求。各级自然资源部门对新型研发机构项目用地开辟“绿色”通道，以提前介入、积极协调、主动服务、特事特办等方式给予优先保障。对新型研发机构建设用地，在年度用地计划指标中给予优先安排。

支持新型研发机构承担国家重点实验室、国家技术创新中心、国家工程研究中心等国家级创新平台及其分支机构建设任务。对新获批的国家级创新平台，除按国家规定给予支持外，省财政一次性奖励500万元。对新型研发机构建设省重点实验室、省工程研究中心等省级科技研发创新平台的，按照相关政策规定予以奖励。

支持高等院校、科研机构的科技人员及创新团队依法到新型研发机构兼职从事成果转化、项目合作或协同创新，兼职期间与原单位在岗人员同等享有参加职称评审、项目申报、岗位竞聘、培训、考核、奖励等方面的权利。

支持新型研发机构开展职称自主评审试点。面向新型研发机构实施科学研究系列、工程技术系列正高级职称评审“直通车”政策，完善业绩突出人才破格申报正高级职称的模式。科学设立新型研发机构人才评价指标，克服唯论文、唯职称、唯学历、唯奖项倾向，突出创新能力、成果转化效益、贡献业绩导向。推行代表作评价制度，注重标志性成果的质量、贡献和影响。

（2）新型研发机构绩效评价。完善对新型研发机构运行情况的绩效评价激励制度。根据新型研发机构绩效评价和研发经费支出等情况，可对单个省重大新型研发机构、省备案新型研发机构分别给予不超过300万元、200万元的补助。

8. 安徽省

2020年9月，安徽省发布《安徽省新型研发机构认定管理与绩效评价办法》。

（1）新型研发机构内涵。安徽省新型研发机构是指在安徽省内注册设立并运营，聚焦科技创新需求，主要从事科学研究、技术创新和研发服务，投资主体多元化、管理制度现代化、运行机制市场化、用人机制灵活的独立法人机构，可依法注册为科技类民办非企业单位（社会服务机构）、事业单位和企业。新型研发机构是全省科技创新体系的重要组成部分，主要功能是：面向全省战略性新兴产业集聚发展和传统产业改造升级的重点领域，开展基础研究、应用基础研究、产业关键共性技术研发、科技成果转移转化以及研发服务等活动。

发展新型研发机构，坚持“谁举办、谁负责，谁设立、谁撤销”原则。举办单位（业务主管单位、出资人）应当为新型研发机构管理运行、研发创新提供保障，引导新型研发机构聚焦科学研究、技术创新和研发服务。省科技厅负责指导推动全省新型研发机构的建设发展，组织开展安徽省新型研发机构的申报、认定、定期评估、绩效评价和动态管理，制定并发布有关政策文件。各省辖市、省直管县科技管理部门是新型研发机构建设的服务管理主体和监督主体，负责本辖区内新型研发机构的引进、培育、组建、认定、日常管理和监督等工作，并采取政策措施支持本辖区内新型研发机构建设运行。

（2）新型研发机构认定条件。①具备独立法人资格。申报单位须是在安徽省内注册，具有独立法人资格的组织或机构，具有一定的经济实力和相对稳定的资金来源，主要办公和科研场所设在安徽省，注册后运营2年以上。②拥有多元化的投资主体。由持有财政资金的单一主体举办，且主要收入来源为长期稳定财政资金投入的研发机构，原则上不予受理。③具有以下研发条件：研发人员占职工总数比例原则上不低于40%，且不少于20人，上年度研究开发经费支出占当年收入总额比例原则上不低于30%，具备进行研究、开发和试验所需的科研仪器、设备和固定场地。④实行灵活开放的体制机制，管理制度健全，具有现代化的管理体制，拥有明确的人事、薪酬、行政和经费等内部管理制度。⑤运行机制高效，包括市场化的决策机制、高效率的成果转化机制等。⑥用人机制灵活，包括市场化的薪酬机制、企业化的收益分配机制、开放型的引人和用人机制等。⑦拥有明确的业务发展方向，符合国家和地方经济发展需求，以开展产业技术研发活动为主，具有明确的研发方向和清晰的发展战略，在前沿技术研究、工程技术开发、科技成果转化、创业与孵化育成等方面有鲜明特色。⑧具有相对稳定的收入来源，主要包括出资方投入，技术开发、技术转让、技术服务、技术咨询收入，政府购买服务收入以及承接科研项目获得的经费等。主营业务收入主要来自科技创新活动，技术开发、技术转让、技术服务、技术咨询、政府购买技术性服务收入和技术股权投资收益占年收入总额的比例原则上不低于60%。

（3）新型研发机构政策支持。符合条件的安徽省新型研发机构，可适用以下政策措施：根据绩效评价结果，省科技厅视情择优给予经费后补助，支持其开展研发活动、招引人才团队、建设创新平台、提升产业创新服务能力等；可按照要求申报国家及省级科技重大专项、国家重点研发计划等有关政府科技项目、科技创新基地和人才计划；按照《中华人民共和国促进科技成果转化法》等规定，通过股权出售、股权奖励、股票期权、项目收益分红、岗位分红等方式，激励科技人员开展科技成果转化；企业类新型研发机构可按照国家规定享受税前加计扣除政策，并可申请认定高新技术企业，享受相应税收优惠；对省委省政府重点扶持的机构，采取“一事一议”的方式，单独组织申报认定。

9. 四川省

2018年9月，四川省发布《四川省产业技术研究院备案工作指引》。

（1）产业技术研究院内涵。省级产业技术研究院（以下简称“省级产研院”）是为适应四川省产业技术创新需求，产学研多方共投共建，集产业关键共性技术研发、成果转化、企业孵化、技术服务、人才培养于一身的产学研用协同创新的新型研究机构。省级产研院建设的主要目标是围绕地区产业发展战略，立足企业，服务行业，开展关键共性技术研发创新，提升地方产业核心竞争力；充分发挥市场引导作用，促进技术创新成果转化与产业化；依托省级产研院的创新要素和创新资源，助推科技型企业孵化成长，孕育、培养科技型企业；依托省级产研院的资源优势、技术优势、人才优势，面向全行业开展公共技术服务；建立人才培养基地，培养、凝聚行业优秀人才，构建技术创新团队，进行全方位、多样化的国际国内合作；开展体制机制创新，探索产学研互动的新模式和新业态，形成研发和产业紧密联系、相互促进的良性循环。

（2）省级产研院认定条件。在四川省内注册一年以上，具有独立企业或事业法人资格，注册时间未满一年，但属于落实省委、省政府重大工作部署或省特色行业急需建设的，可预先受理，一年建设期满复核合格后，给予确认；由四川省产业龙头企业、基础条件较好的科研院所或高校牵头组建，共建单位一般不少于3家；具备较强技术创新能力，在本产业或技术领域内具有较大影响；拥有可自主支配的场地，且面积不低于400平方米，供研究开发的仪器设备原值不低于300万元；拥有较高水平的科技创新人才团队，专职人员不少于10人，专业人员的年龄、职称结构合理，科技人员数量占职工总数的比例不低于30%；具有多元化投入机制，研发费用总额占成本费用总额的比例不低于30%；建立联合开发、优势互补、成果共享、风险共担的产学研用合作机制，拥有产学研紧密结合的产业技术创新组织机构，具有可持续发展的市场化运行导向；聚焦产业带动性强的共性技术、关键技术的研发创新；能够有效促进技术创新成果转化与产业化，推动区域内新兴产业的集聚和发展；能够有效孵化、培育创新型企业；能够有效服务中小企业技术创新，提升产业整体技术水平；牵头承担国际、国家、省级科技项目1项（含）以上，服务20家以上中小企业进行科技创新，有1项（含）以上科技成果转化或进入转化阶段，拥有自主知识产权成果不少于1项。

（3）省级产研院日常管理。将省级产研院纳入全省科技创新基地进行管理。科技厅对省级产研院建设工作进行业务指导、服务和支持。各市（州）科技行政管理部门对所在地区省级产研院进行业务指导和管理服务。科技厅相关业务处室负责省级产研院的日常业务指导与管理服务，科研厅与财务处负责省级产研院的统筹规划与协调组织。省级产研院应于每年1月31日前报送上年度省级产业技术研究院年度工作报告。连续两年未上报年度报告的，取消其省级产研院备案。科技厅对省级产研院绩效每三年评价一次，评价方式为现场考察和材料评审相结合，评价结果为通过、暂缓通过、不通过。暂缓通过的一年内可再申请评价一次，评价结果为通过、不通过，评价不通过的取消其省级产研院备案。产研院对申请和绩效评价材料的真实性、准确性和完整性负责，以提供虚假材料等不正当手段通过省级产研院备案或绩效评价的，经查实后取消其省级产研院备案，三年内不再受理其省级产研院备案申请。已备案的省级产研院在四川省科技管理信息系统、四川省社会信用体系有严重失信行为记录或违法行为的，取消其省级产研院备案。

10. 广西壮族自治区

2019年5月，广西壮族自治区发布《广西新型产业技术研发机构管理办法（试行）》。

（1）新型研发机构内涵。新型研发机构，是指围绕广西产业技术创新需求建立的投资主体多元化、建设模式多样化、运行机制市场化、管理制度现代化、具有可持续发展能力、产学研协同创新的独立法人组织。自治区科技厅负责研究制定新型研发机构发展规划和政策，协调解决新型研发机构建设和发展过程中遇到的重大问题。自治区科技厅择优委托独立的第三方专业机构组织开展新型研发机构的申报、论证、管理和考核评估工作。设区市科技行政管理部门负责本地区新型研发机构的培育、申报和日常管理工作。

（2）新型研发机构认定条件。在广西境内注册为独立法人的企事业单位、民办非企业机构、社团组织或机构，其主要办公和研发场所设在广西；以科研合同和科技服务为主要收入来源，科研或科技服务收入（含技术转让、技术股权收益）占总收入的比重不低于60%；具备开展研究、开发和试验所需的科研仪器、设备和固定场所；在职研发人员占在职员工总数的比例不低于30%；符合广西重点产业技术创新需求，以研究开发为主，具有明确的研发方向和目标定位，在前沿技术研究、工程技术开发、科技成果转化等方面有鲜明特色；建有现代科研机构管理制度、科研项目管理制度、科研经费财务会计独立核算制度等。主要从事教育培训、科学普及、科技咨询服务、园区管理等活动的单位，原则上不予受理。

（3）新型研发机构支持政策。对通过认定的由全国两院院士、国家级人才项目的科学家、世界500强企业以产学研共建等形式在广西发起设立的新型研发机构，可采取“一事一议”方式报自治区人民政府审定后，优先予以经费支持，用于新型研发机构建设和自主选题科研活动。对通过认定的新型研发机构，从自治区科技基地和人才专项中一次性给予最高不超过500万元的经费支持，主要用于新型研发机构建设和自主选题科研创新方面的开支。在申报、承担各级财政科技计划项目、科研人员参与职称评审、进口科研仪器设备购置等方面，享受自治区科研机构同等待遇。聘用本科以上专业技术人员、管理人员及海外留学人员，符合条件的可享受国家、自治区和所在市有关引进人才的优惠政策。

（4）新型研发机构日常管理。对通过认定的新型研发机构，授予广西新型产业技术研发机构牌匾，自颁发之日起有效期为3年。新型研发机构名称、投资主体、主要人员等重大事项发生变化的，事前须向受托管理的第三方专业机构提出书面申请，报经自治区科技厅同意后，维持有效期不变。不提出申请或未经同意的，取消其新型研发机构资格。第三方专业机构对新型研发机构开展3年一期的考核评估。考核通过的，继续保留3年资格，考核不通过的，取消资格，收回牌匾。每年3月底前，新型研发机构向管理机构报送上一年度工作总结报告、研发和经营活动基本信息等。新型研发机构严格遵守国家和自治区有关财经纪律，确保财政性资金专款专用，并自觉接受监督检查。

11. 陕西省

2019年3月，陕西省科技厅、省发改委、省工信厅、省教育厅联合发布《陕西省构建全链条产业技术创新体系推动产业创新发展若干措施》，旨在通过支持新型研发机构建设，着力解决重点产业共性技术供给、骨干企业创新能力提升、中小企业研发创新服务、小微企业孵化培育四个层级的企业发展需求。主要的措施有：

建设10个重点产业共性技术研发平台。加强电子信息、高端装备、能源化工、新能源汽车、新材料、节能环保、生物医药、现代农业等重点产业创新能力顶层设计和部署，持续推进技术成果系统化、配套化和工程化开发，引领产业发展迈向中高端。建设100个由龙头企业承载的“四主体一联合”新型研发平台，以企业为主体，以市场需求为导向，确定研发课题，开展联合攻关，提升产学研用协同创新能力，实现“出成果”和“用成果”的有机统一。

2019年，陕西省科技厅制定并发布的《陕西省科技厅支持校企合作共建新型研发平台工作指引》和《推进“四主体一联合”新型研发平台建设方案》中提出的校企联合共建新型研发平台，是指企业（转制院所）依托高校建立的“四主体一联合”（企业作为投资、管理、需求和市场主体）的新型研发平台。研发平台由企业牵头依托高校组建，充分利用高校各类创新资源，校企双方针对企业创新需求共同确定研发课题，企业、高校、政府共同出资设立联合资（基）金给予支持，研发过程以企业模式全程管理。建设校企联合新型研发平台，有利于充实和强化高校人才培养的工程化环境，对提升学生质量和师资队伍工程化能力、支撑高校学科建设具有重要的推动作用；有利于促进高校科技供给与企业创新需求的有效对接，提升科技成果转移转化效率和企业创新能力。

12. 辽宁省

2019年5月，辽宁省发布《辽宁省新型创新主体建设工作指引》。

（1）新型研发机构内涵。新型研发机构是集聚高端研发资源、促进科技成果转移转化、培育孵化科技型企业的重要载体，是由企业或高校院牵头，采用多元化投资、企业化管理和市场化运作，主要从事科学研究与技术开发及相关的技术转移、衍生孵化、技术服务等活动的独立法人机构。

（2）新型研发机构认定条件。①具备独立法人资格。新型研发机构应为在辽宁省内注册运营的独立法人机构，主要办公和科研场所设在辽宁省内，具有一定的资产规模和相对稳定的资金来源。可由政府部门、产业园区、高校、科研院所、企业及社会组织等主体自建或联合建设，鼓励人才团队控股。②具有明确的发展方向。围绕辽宁省经济发展需求，具有明确的发展方向和战略规划。在前沿技术研究、产业关键共性技术研究、科技成果转化、科技企业孵化培育、高端人才集聚等方面具有鲜明特色与成效。③具有灵活开放的体制机制，具有现代化的管理体制，有明确的人事、薪酬和经费管理等内部管理制度以及市场化的决策机制和高效率的科技成果转化机制等。具有灵活的人才激励机制、市场化的薪酬机制、企业化的收益分配机制、开放的引人和用人机制。④具有稳定的研发人员和科研课题成果来源。常驻研发人员占职工总数比例不低于30%，上年度研究经费支出占年收入总额的比例不低于30%，具备开展研究、开发和试验所需的科研设施、科研仪器以及固定场地。⑤具有明显运营成效。能够主持或承担国家、省、市级技术攻关项目，年受理专利数不少于10项，其中发明专利受理数不少于3项，每年至少有1项以上重大科技成果产业化；年引进孵化科技型企业2家以上，或合同开发、科技服务收入达到200万元以上，且年度企业科技服务收入占比不低于30%。

省科技管理部门按照新型创新主体建设规范进行绩效评价，评价结果作为备案和政策支持的依据。各市级科技主管部门、各高新区管委会和沈大自创区相关管理部门要加大服务力度，及时总结新型创新主体建设的成功经验，塑造一批优质品牌，营造良好舆论氛围。

（3）新型研发机构支持政策。①大力支持新型创新主体建设。省科技计划优先支持新型创新主体承担的科技项目，重点支持创新平台建设、人才引进培育、科技研发投入、关键技术攻关等内容。②支持全省高新区围绕主导产业集群建设新型研发机构。高新区要优先保障新型研发机构的建设用地和相关配套设施。对产业支撑作用明显的新型研发机构，根据成果转化及孵化科技型企业的成效，给予奖补支持。③组织成立新型创新主体联盟，结合瞪羚独角兽企业、新型研发机构等需要，提供特定主题的培训服务，开展学习交流、金融对接等活动，组织参加国际性产业大会、境内外展会，引导瞪羚独角兽企业、新型研发机构等国际化发展。

13. 吉林省

2018年11月，吉林省人民政府印发《吉林省加快新型研发机构发展实施办法》。

（1）新型研发机构内涵。新型研发机构是指围绕吉林省重大科技创新需求，采用多元化投资、企业化管理和市场化运作，主要从事科学研究、技术开发及相关的技术转移、衍生孵化、技术服务等活动的独立法人机构。新型研发机构应具备现代化的高效治理模式，具备完善的议事机制、决策机制及监督机制，根据国家法律、法规和出资者的约定，实行章程管理。新型研发机构发展应遵循创新机制、民办公助、企业运作、突出特色和服务产业的原则。鼓励域外名企、名校和高端人才来吉林省设立新型研发机构；鼓励在吉中直机构与本地产业结合设立新型研发机构；鼓励本省科研单位和高校创新机制设立新型研发机构；鼓励以企业为主体产学研联合设立新型研发机构。围绕全省“一主、六双”产业布局，在节能、新能源与智能网联汽车、先进轨道交通装备，现代中药、生物医药和高性能医疗器械，卫星、通用航空、精密仪器与装备，大数据、人工智能与新一代信息技术，新材料、新能源、现代农业等领域，以及未来颠覆性技术领域，重点依托长春新区、国家级开发区、农业科技园区、可持续发展试验区等区域，联合创新型企业、高校、科研院所，培育引进一批新型研发机构。

（2）新型研发机构认定条件。新型研发机构应为在吉林省注册的独立法人机构，鼓励人才团队控股；依托国内一流科研院所、高校和行业龙头企业科研平台，或境外国际知名大学、跨国公司、研究机构等高水平研发平台，具有稳定的科研课题成果来源；拥有一支国内外高层次人才团队领衔的研发队伍，且研发人员占职工总人数的比例不低于50%，其中硕士或中高级职称以上研发人员应占研发人员总数的50%以上；新型研发机构以技术研发与服务为核心，研究成果以技术许可和转让等方式予以转化。

（3）资金支持及管理。省科技创新等专项资金以后补助的方式支持新型研发机构建设和发展，后补助额度依据相关绩效评估结果确定；对符合条件的新型研发机构，鼓励各类创投基金优先给予股权投资；鼓励各类担保基金优先提供科技担保服务；积极推动其上市挂牌融资。在承担科技计划项目、重大科研设施和大型科研仪器开放共享、人员职称评审等方面，政府给予新型研发机构与科研院所、高等学校同等的待遇；试行创新券等方式，支持企业向新型研发机构购买研发服务。

（4）落实税费优惠政策。对符合条件的新型研发机构从事技术开发、技术转让活动以及与之相关的技术咨询、技术服务所得的收入，免征增值税。一个纳税年度内，技术转让所得不超过500万元的部分，免征企业所得税，超过500万元的部分，减半征收企业所得税。新型研发机构为开发新技术、新产品、新工艺发生的研究开发费用，未形成无形资产计入当期损益的，在按照规定据实扣除的基础上，在2018年1月1日至2020年12月31日期间，再按照实际发生额的75%在税前加计扣除；形成无形资产的，在上述期间按无形资产成本的175%在税前摊销。对符合相关条件的新型研发机构进口科研用仪器设备免征进口关税和进口环节增值税、消费税，具体名单由省科技厅报长春海关备案。符合相关条件的新型研发机构在2018年1月1日至2020年12月31日期间新购进的仪器、设备，单位价值不超过500万元的，允许一次性计入当期成本费用，在计算应纳税所得额时扣除，不再分年度计算折旧；单位价值超过500万元的，可缩短折旧年限或采取加速折旧的方法，最低折旧年限不得低于《中华人民共和国企业所得税法实施条例》的规定。

（5）人才激励措施。新型研发机构拥有科技成果的所有权和处置权，鼓励科技人员通过股权收益、期权确定等方式更多地享有对技术升级的收益，实现研发人员创新劳动同其利益收入对接。鼓励新型研发机构牵头与地方园区、人才团队共同组建研发中心，探索各方共同出资、由研发团队控股的运营公司，增值收益按股权分配；新型研发机构在薪酬待遇上探索年薪制，加大对重大科研团队负责人和重点引进人才的薪酬奖励，对外聘的事业单位人员可采取市场化薪酬；在新型研发机构开展职称自主评定试点，对引进的海外高层次人才、博士后研究人员、特殊人才开通直接认定“绿色通道”；对于新型研发机构引进的人才（团队），及时兑现高层次人才引进优惠政策，优先支持申报国家、省级人才计划；新型研发机构中符合相关规定的人才可享受相应的人才安居政策。

问题与建议

（一）主要问题

新型研发机构是一种在属性、机制和功能上不同于传统科研机构的创新平台组织。现阶段，新型研发机构在运行发展过程中遇到一些挑战、面临一些难题，致使各类新型研发机构良莠不齐。

1. 机构属性尚不明晰，全社会对新型研发机构的定位认识不足

新型研发机构的出现反映了在后学院科学时代，全球范围内基于开放创新范式的科研组织形态的演变趋势。调查显示，我国新型研发机构的运行模式存在多种类型，既有事业单位性质，也有企业性质，甚至还有民办非企业性质。即使同样登记注册为事业单位，不同的机构在实际运行中情况也不尽相同，既有像中科院深圳先进技术研究院的“三有”（有政府支持、有市场盈利能力、有激励机制）和“三无”（无级别、无编制、无经费）模式，也有如东莞华中科技大学制造工程研究院的“三有”（有级别、有编制、有固定支持）模式，甚至还有事业单位企业化运作模式。由于现行政策的约束，不同注册类型的新型研发机构也在一定程度上受到了制约。例如，注册为企业性质的新型研发机构即使从事关键共性技术研发或者提供公共技术服务，也无法享受进口科研仪器设备税收减免政策，注册为民办非企业的新型研发机构目前无法申报自然科学基金等现实问题，决定了新型研发机构被全社会接纳还需要很长的路要走。

作为一种新生事物，全社会对新型研发机构的内涵、认定标准、独特作用等问题还缺乏深刻认识，新型研发机构与政府有关部门的关系还不能准确界定。新型研发机构形式多样，标准参差不齐，很多新型研发机构集大学、院所、中介、企业等多种形态于一身，在我国现有机构注册制度中，很难找到与其职能定位相匹配的注册形式。随着政府的鼓励支持和优惠政策的不断出台，这种模糊的机构定位可能会产生“钻空子”风险，给某些机构包装成新型研发机构套取政策红利留下了可乘之机。同时，由于投资主体、组建模式和单位属性多样化，新型研发机构既要接受组建单位（高校、科研院所等）的考核评价，也要受各出资方和地方政府的多重管理，这对加强新型研发机构的分类考核、有效管理等工作提出了巨大挑战。另外，亟待从认识上厘清新型研发机构与现有孵化器、加速器、众创空间、技术转移中心、生产力促进中心等研发服务平台，在国家科技体系和产业发展中的不同定位。

2. 尚不完全具备自我“造血”能力，亟待形成可持续发展的良性机制

新型研发机构的公益属性和科研活动的不确定性，决定了其在建设初期往往都会得到政府的资金扶持。政府经费数额有限、用途受限，导致一些机构在“婴儿期”难以获得成长所需的足够营养，处于“死不了、长不大”的状态，难以形成支撑起产业发展所需的规模和能力。除此之外，新型研发机构适应市场竞争的能力有待提高，通过市场力量完善自身造血机制的能力还比较弱，在短时间内形成灵活多样的投入模式存在一定难度，这就成为制约新型研发机构可持续健康运营和长远发展的重要因素。充分利用社会资源推动新型研发机构持续健康发展、适应充满竞争的社会需要一个逐渐发展成熟的过程。有待进一步形成政府资金前期支持、社会资本多元化投入、自我价值实现造血的有效合力。

在新型研发机构组织建设中，一方面，某些地方政府为追求政绩存在盲目跟风、追求“潮流”的情况，一些高校和科研院所过分注重短期经济效益，对设立新型研发机构的研发成效、转化能力、人才梯队、创新文化等缺乏长远、系统规划，致使这部分新型研发机构由于“先天不足”而无法取得长足发展。另一方面，新型研发机构的人才队伍中往往缺少高端产业人才，对业务架构、商业模式认知不足，在内控管理、资本运营、市场营销等方面存在短板，这也成为新型研发机构造血能力不足的一个制约因素。

3. 人才供给方面面临压力和考验，尚未形成人才合理流动的社会环境

受发展阶段、研发经费、创新体制、文化环境、社会保障等因素制约，新型研发机构在高端研发人才的引进、培育和储备方面存在一定问题。调查发现，新型研发机构专职的高层次科研人才较少，且流动性较大，人才队伍缺乏稳定性。一方面，能研发、懂技术、会管理和善经营的专业复合型人才普遍稀缺，部分由任命产生的管理人员要么只强调规章制度而缺乏工作主动性和创造性，要么追求短期政绩，不利于长期发展。另一方面，部分新型研发机构的领衔科学家往往只是兼职或者挂名，这就致使领衔科学家不能心无旁骛地从事科研工作，甚至在“能否取得报酬”这一看似简单的问题上存在争论。科研人员在新型研发机构工作缺乏归属感和安全感，影响了工作的积极性，新型研发机构的人才集聚效应并不明显。

新型研发机构的人才供给不足还体现为科研人员在高校、院所和新型研发机构之间的流通不畅。一些科研人员更“看重”高校、院所在申请项目、职称评审、评奖等方面带来的“隐性”福利。另外，高校、科研院所在户口、住房以及子女教育等方面的优厚条件对优秀科研人员形成“虹吸效应”，使得科研人员更愿意在“体制内”工作。大量科研人才集聚在高校、院所，导致科研人员作为最重要的创新资源无法得到有效配置。

4. 顶层政策支持工具有限，可持续创新的体制机制还不健全

为进一步推进新型研发机构健康有序发展，科技部于2019年出台《关于促进新型研发机构发展的指导意见》的通知，从科技创新的角度提出了原则性指导意见。除此之外，现有的关于新型研发机构的政策分散在一些综合性文件中，顶层政策支持远没有发挥有效作用。在运行发展过程中，新型研发机构的科研人员兼职取薪、离岗创业，海外人才与项目资金引进使用，科研设备进口等现实问题受到了现行政策约束，亟待进一步突破现有政策，形成新型研发机构发展的长效机制和政策合力。

新型研发机构与高校和科研院所，尤其是企业还没有形成基于产业导向的协同创新态势，集聚迭代优质创新资源的能力亟待提升。甚至随着不同创新主体逐步打破原有边界，传统高校、科研院所甚至企业也在引进人才、孵化项目，与新型研发机构形成了直接竞争，对新型研发机构的发展造成了一定压力。复杂的制度环境加剧了新型研发机构运行上的混乱。当前，地方政府支持新型研发机构主要以项目补助、土地补贴等手段为主，金融类、人才类扶持政策少、方式单一、缺乏灵活性。同时，政府“放管服”改革不到位，服务对接有空当，支持新型研发机构的体制机制还不健全，作用发挥有限，致使新型研发机构可持续生存压力较大。

（二）政策建议

1. 加强顶层设计，明确新型研发机构定位

一是开展系统研究，进一步明确新型研发机构在国家创新体系中的功能定位。促进新型研发机构发展，深入开展系统性政策及战略研究，明晰国家重点支持的新型研发机构类型，明确新型研发机构在国家和区域创新体系中的定位及核心功能，为国家和区域层面促进新型研发机构发展的工作提供指引和方向。在研究基础上，尽快提出支持新型研发机构发展的针对性政策措施。

二是明确评价标准，开展国家级新型研发机构备案工作。深入贯彻落实科技部《关于促进新型研发机构发展的指导意见》，围绕国家战略需求和高质量发展要求，结合地方实际，建立新型研发机构自评标准，适时启动国家级新型研发机构备案登记工作，引导一批创新能力强、体制机制活、经济贡献大的新型研发机构快速发展，发挥引领示范作用。

2. 强化政府服务，鼓励开展体制机制创新

一是建立专项支持，注重精准施策。引导各省市面向新型研发机构设置专项支持政策和资金，形成稳定支持机制。基于新型研发机构数据库，对新型研发机构进行画像和分类，厘清不同类型新型研发机构的特征、需求和问题。在此基础上，引导各省市研究制定有针对性、精准化、体系化的支持政策。通过精准化、系统化的支持政策，着力发展一批研发能力强、服务能力强、经济实力强的高水平新型研发机构。鼓励新型研发机构成立各类创新产业技术联盟，承接国家级、省级重大科学规划、重大创新工程，着力打通科技成果向现实生产力转化的通道。鼓励大型仪器设备共享，推动分析测试平台、中试试验平台、公共技术服务平台、中试基地等大型仪器设备开放共享。鼓励和支持新型研发机构在激励机制、人才聘用机制等方面进行创新。探索建立新型利益分担机制和成果持有方式，在人才聘用机制上大胆创新，吸引优秀人才加入。

二是加强政府资金的引导和杠杆作用。加强政府在新型研发机构建设前期的引导资金投入，特别是加大对新型研发机构早期研发的资金支持。注重引导带动社会资本投资新型研发机构，鼓励新型研发机构通过市场化机制引入社会资本。推动社会资本赋能新型研发机构发展。

三是打破政策支持的所有制界线。对企业性质、事业单位性质和民办非企业性质的新型研发机构，按照其业务和活动内容，给予一视同仁的政策支持，维护政策的公平性。

四是在国家高新区布局建设一批示范性新型研发机构。结合国家高新区“一区一主导产业”定位，在产业特色和优势明显的高新区，布局和支持一批聚焦产业领域、体制机制灵活、创新成效显著、具有示范引领作用的新型研发机构。

3. 创新人才体系，建立灵活高效的用人机制

人才是创新的灵魂。创新人才是新型研发机构发展壮大不可或缺的核心力量。

一是制定多元化人才激励政策。改变现有以物质、薪金激励为主的方式，以多元化的激励政策更好地调动人才积极性。尝试在激励措施方面对特殊需求或者杰出贡献人才实行“一事一议”“特事特办”制度，创新人才激励标准，实行差异化和目标导向的奖励机制，让人才激励成为留住高端人才的有效措施。

二是制定长期稳定的人才引进措施。建立与重点技术领域方向相适应的高端人才引进机制，打造市场化的薪酬机制、企业化的收益分配机制、开放型的引人和用人机制，同时通过加大对高层次人才的个人所得税奖补减免力度等措施，增加新型研发机构对人才的吸引力度。

4. 建立引导机制，促进机构良性健康发展

一是提升各省市对新型研发机构的重视程度。以政策宣讲、走访调研、座谈交流等形式，进一步提升各地区特别是中部、西部和东北地区新型研发机构管理部门的认识认知，增强其以新型研发机构为抓手促进区域创新体系建设、科技与经济融合发展的意识。

二是建立全国新型研发机构信息服务平台和数据库。建立新型研发机构信息服务平台，通过机构备案管理，汇总掌握新型研发机构数据，建立全国新型研发机构数据库，充分利用大数据等统计调查手段，对全国新型研发机构进行动态监测和精准服务。

三是建立面向产业的新型研发机构考评机制。以对产业发展的贡献来评价考核新型研发机构，重点突出成果转化、企业孵化和企业研发服务等指标，引导新型研发机构面向产业发展，进行管理机制、运营模式等方面的创新和突破，提升发展水平。依据评价结果，对新型研发机构实施动态管理，对优秀的新型研发机构给予持续支持和奖励，对不合格的新型研发机构限期整改或撤销资格，推动新型研发机构群体高质量发展。

四是从国家层面对欠发达地区新型研发机构在政策、资源等方面给予倾斜。以东西部地区科技合作为载体，引导发达地区的高校、科研单位通过市场化机制与欠发达地区合作建设新型研发机构，促进欠发达地区新型研发机构发展。支持欠发达地区依托资源特色，建立区域特色型新型研发机构。

第二章

机制创新与探索[①]

北京石墨烯研究院

石墨烯是引领新一轮全球高科技竞争和产业变革的战略新兴材料，得到世界各国的高度重视。美国、日本、韩国和新加坡等发达国家和地区纷纷制订专门计划，争夺未来的万亿级石墨烯产业。当前的石墨烯研究已经从基础研究阶段，逐渐转向技术研发、应用转化，部分领域产业化发展迅速。我国石墨烯产业起步较早，研究与产业化基本与世界同步。然而，我国石墨烯产业仍然存在诸多的挑战：石墨烯材料的制备技术远未成熟，石墨烯的应用仍然有待拓展。高端石墨烯原材料制备与装备、石墨烯颠覆性应用技术是决定未来石墨烯产业竞争力的核心技术，也是制约石墨烯新材料产业发展的“卡脖子”问题。

为了加快推动石墨烯核心技术研发，打造中国石墨烯产业的核心竞争力，在北京市政府的支持下，北京石墨烯研究院（Beijing Graphene Institute，BGI）于2016年10月25日注册成立，并于2018年10月25日正式揭牌运行。BGI是由北京大学发起成立，由政府和社会资本共同出资建设的新型研发机构，未来十年规划总投资20亿元，研发人员规模800~1000人。BGI致力于打造引领世界的石墨烯新材料研发高地和创新创业基地，瞄准未来石墨烯产业，全方位开展石墨烯基础研究和产业化核心技术研发，推动中国石墨烯产业健康、快速发展。

① 本章编写成员：李萌、李静文、刘忠范、曹建苹。

打造未来石墨烯产业基石的新型研发机构

（一）石墨烯是引领未来高科技产业的战略性新兴材料

1. 集诸多优异性能于一身

2004年10月，英国曼彻斯特大学物理学家Andre Geim 和 Konstantin Novoselov首次成功地从石墨中分离出石墨烯，并展示了其独特的物理性质。从此，石墨烯引起了全球范围的广泛关注和延续至今的研究热潮，两位学者也因此获得2010年度诺贝尔物理学奖。石墨烯是由单层碳原子构成的蜂窝状二维晶体材料，号称“新材料之王”，具有一系列无与伦比的物理特性。单原子层石墨烯的密度约2 g/cm^3，比表面积高达2630 m^2/g，是世界上最薄、最轻的材料；石墨烯的力学强度约为钢的200倍，杨氏模量高达1100 GPa，断裂强度达125 GPa，是已知的最强、最坚硬的材料；同时也是拉伸性能最好的晶体材料，弹性形变达20%；石墨烯是最好的导热材料，热导率高达5300 W/m·K，是铜的10倍以上；石墨烯还是最好的导电材料，理论电导率高达10^8 S/m，比导电性最好的金属银还高（6.3×10^7 S/m）；石墨烯的室温载流子迁移率达200000 $cm^2/V\cdot s$，是单晶硅的100倍以上；单层石墨烯的透光率达97.7%，几乎完全透明。此外，石墨烯还具有化学稳定性和热稳定性高等优点。

2. 推动众多领域及新兴产业发展

作为集诸多优异特性于一身的超级材料，石墨烯在电子信息、光通信、新能源、新材料、节能环保、医疗健康、航空航天以及国防等涉及国计民生和国家安全的诸多领域有着极为广阔的应用前景，有望对多个领域形成颠覆性的推动作用，并带动形成万亿规模的石墨烯产业。

在电子信息领域，由于极高的载流子迁移率，石墨烯被视为有可能替代半导体硅的材料，成为下一代超快集成电路和信息产业的基石。石墨烯集成电路已经得到包括IBM等在内的广泛关注，并且已取得一定的研究进展。对于高频和射频器件来说，基于石墨烯的超高载流子迁移率，有望实现超高的截止频率，同时具有超高的响应速度。与此同时，由于出色的导电性能和柔性，石墨烯被认为是新一代柔性透明导电薄膜材料，有望替代传统的氧化铟锡透明导电玻璃。石墨烯在该领域的研究和应用，推动着柔性显示器、柔性触摸屏、柔性可穿戴器件、电子标签等相关产业快速发展。

在高速、大容量光纤通信领域，石墨烯由于其超快载流子响应速度，可用于制作高性能调制器和检测器。2011年，美国加州大学伯克利分校研制出第一台石墨烯电光调制器。2019年，北京大学和北京石墨烯研究院直接在光子晶体光纤上生长石墨烯，制备出新型石墨烯光纤电光调制器，这种电光调制器可以实现在较低驱动电压（~2 V）下高达20 dB/cm的调制深度。将石墨烯用于通信波段的光电探测可大大提高信号转换速度，2010年，美国IBM公司利用叉指非对称电极，使信号解析速度达10 Gbit/s。2013年，哥伦比亚大学在光波导中实现了通信波段的光电探测，响应速度可达20 GHz。

在复合材料领域，石墨烯是已知力学强度最高的材料，被认为是增强材料力学性能的理想添加剂，可在较小添加量的情况下显著提高材料的韧性、强度、刚度等力学性能。2014年莱斯大学发现，纯石墨烯吸收入射能量的能力比钢强10倍，是Kevlar纤维的2倍。北京石墨烯研究院通过使用高分散性、小尺寸的微波石墨烯和氨基改性微波石墨烯，有效改善了间位芳纶纤维的微观缺陷密度，增加了分子链间的相互作用力，将间位芳纶的拉伸强度提升至原来的1.5倍、断裂伸长率提升至原来的2倍，可用于制作更轻更强的防弹衣和防弹头盔。

在国防军事领域，石墨烯具有超轻、超强、超韧、超敏、超高导电导热性等物理化学性质，不但为满足更高的军事技术需求提供了崭新的材料，更有望对未来高强型、轻质型、智能型、隐身型、高能型的新式、新概念武器装备研发起到至关重要的推动作用。利用石墨烯优异的导电、导热特性，通过与聚合物材料复合和特殊的结构设计，可开发出具有较小电磁波反射性的吸波材料；基于石墨烯的生化探测器灵敏度高、响应速度快、体积小、柔性可穿戴，可在进入毒气沾染地带时快速报警，提醒作战人员及时做好防护措施，实现特种环境下的快速生化检测；利用石墨烯从紫外到太赫兹波段的全光谱响应特性，可实现在微光、雾霾等特殊环境下的有效探测与成像，对于提升我军未来的侦察能力、全天候作战能力具有重要意义。

3. 席卷全球的石墨烯热

石墨烯的神奇性质引起了世界范围的广泛关注，欧盟、美国、韩国等国家和地区纷纷将石墨烯新材料研究提升至战略层面，出台了一系列支持政策和研发计划，组建国家级石墨烯研发机构，推动石墨烯材料的研发和产业化。2013年，欧盟启动了其历史上最大的科研计划——石墨烯旗舰计划。该计划将在10年内投资10亿欧元，致力于把石墨烯基础研究的先发优势转化为产业优势，带动欧洲制造业回归。英国曼彻斯特大学是石墨烯材料的发祥地，于2015年3月率先成立国家石墨烯研究院(NGI)，并进一步推动石墨烯工程创新中心的成立，总投资逾10亿元。韩国在石墨烯领域有不容小觑的野心，从政府到企业均给予高度重视，形成了以三星公司为核心的遍及全国的石墨烯研发网络。此外，新加坡、澳大利亚、马来西亚等国也纷纷成立国家石墨烯研究中心或石墨烯研发合作平台。需强调的是，许多国际知名企业，如IBM、英特尔、通用、波音、杜邦、诺基亚、东芝等都对石墨烯材料进行了超前布局，欲抢占未来石墨烯产业的制高点。

2010年以来，我国从国家层面相继出台了一系列的石墨烯产业政策。在科研基金方面，科技部、国家自然科学基金委员会最早在2009年就陆续支持了一系列石墨烯研究项目，科技部973计划、863计划、国家重点研发计划将石墨烯材料列为重点支持方向之一，支持范围包括石墨烯材料制备、性质和应用研究等；工业和信息化部在工业强基专项中对石墨烯薄膜制备及产业化等项目进行了重点支持。据统计，2010年以来国家层面对石墨烯相关研究的支持金额超过30亿元。

各级地方政府重视石墨烯产业发展，不但大力推进石墨烯产业园建设和产业化项目落地，在资金、人才、产业配套等方面也予以大力支持。据不完全统计，截至2020年底，已有20多个省市出台了石墨烯产业相关政策，总数超过150条。以北京、江苏、浙江、山东等省份为代表的各地政府陆续推出了一批石墨烯科研及产业发展的专项政策。相比国家的石墨烯产业政策，各级地方政府出台的石墨烯政策更加具体，在产业发展目标、资金补贴支持、人才引进和平台搭建上更加明确和细化。随着地方政府的积极介入，石墨烯产业初步形成了政府、科研机构、企业共同参与的政、产、学、研、用协同创新合作机制，这一机制有助于石墨烯企业充分对接科研资源，享受资金支持、税收优惠、创新平台等地方扶持政策，有力促进了所在地区与石墨烯相关的科技研发及产业化应用，培育壮大了一批石墨烯企业。

中国的石墨烯基础研究和产业化研发工作处于全球第一方阵，尤其在产业化方面居于领先地位。中国的石墨烯论文发表数量占全球石墨烯论文总数的1/3，接近第二名美国的3倍；全球石墨烯论文产出排名前20名的研究机构，中国占据11个；中国的石墨烯专利申请数量占全球石墨烯专利申请总数的一半以上；中国石墨烯企业数量也呈现快速增长态势，截至2021年5月，在我国工商、民政等部门注册的石墨烯相关企业（包括研发、设备、制备、销售、应用、投资、检测、技术服务等）数量已经超过2万家，居全球首位。

中国的石墨烯产业也面临着重大挑战。尽管中国拥有极为庞大的石墨烯研发队伍，却处于分散、各自为战的状态。研发主体和产业化主体之间很难形成合力，发挥协作优势，推进石墨烯产业化进程。实际上，缺乏高效通畅的政、产、学、研协同创新是中国所有高新技术产业面临的共性问题和挑战。基础研究和研发主体通常在高校和科研院所，以发表文章为主。石墨烯企业大多是初创型小微企业，严重缺乏研发实力和可持续发展能力；缺少有实力的大企业参与是中国石墨烯产业发展的短板，而美国、日本、韩国等发达国家的大企业则扮演着石墨烯新材料研发主体的角色；在产业发展方向上，中国的石墨烯企业更多关注短、平、快型的石墨烯商品，如石墨烯改性电池、石墨烯涂料、石墨烯电暖画等，发达国家石墨烯企业则更多聚焦于柔性石墨烯微波通信器件、柔性太赫兹传感器、柔性集成电路、石墨烯调制器和高灵敏度光探测器、柔性NFC天线、石墨烯钙钛矿太阳能电池、石墨烯汽车等石墨烯产业未来的高价值方向。

（二）定位与愿景

BGI是在北京市政府支持下，由北京市科委推动成立的新型研发机构，属于民办非企业单位。该新型研发机构依托北京大学建设，于2016年10月

25日作为独立法人正式注册，2018年10月25日揭牌运行。BGI实行理事会领导下的院长负责制，首任院长由国际知名石墨烯专家、北京大学刘忠范院士担任，诺贝尔奖获得者、曼彻斯特大学康斯坦丁·诺沃肖洛夫爵士应邀担任名誉院长。北京石墨烯研究院秉承“融通资源、集聚匠才、创新机制、引领未来”的发展理念，践行工匠精神，融通政、产、学、研，致力于打造未来石墨烯产业的基石和核心竞争力，探索具有中国特色的政、产、学、研协同创新机制。

北京石墨烯研究院的定位是石墨烯原材料制备技术和装备研发基地，石墨烯产业核心技术策源地，面向全球的“研发代工”平台，新兴石墨烯产业孵化器，石墨烯高端人才会聚地，政、产、学、研协同创新机制示范区。

1. 石墨烯原材料制备技术和装备研发基地

石墨烯原材料是石墨烯产业的基石。石墨烯薄膜材料制备技术是北京石墨烯研究院的优势所在，居于国际领先地位，也是未来重点攻关的核心技术之一。BGI致力于从基础研究做起，突破石墨烯原材料制备的核心技术和产业化装备，打造国际领先的石墨烯原材料制备技术和装备研发基地，带动中国石墨烯原材料产业快速发展，重点布局通用石墨烯薄膜、电子级石墨烯单晶晶圆材料的生长、转移技术与装备，特种衬底上石墨烯直接生长技术与装备，高性能石墨烯纤维制备技术等；与此同时，BGI还全方位布局石墨烯原材料标号规则和标准制定，全面掌控石墨烯原材料的国际话语权。

2. 石墨烯产业核心技术策源地

BGI以未来产业重大需求和国家重大需求为导向，从基础研究做起，探索石墨烯材料的“撒手锏级应用”和“变革性技术”，打造石墨烯高科技产业的基石，带动传统产业升级换代，重点瞄准超级石墨烯玻璃、石墨烯玻璃纤维、石墨烯基半导体照明技术、石墨烯铝箔集流体、石墨烯高速光通信器件、石墨烯医疗物联网、石墨烯热管理技术等原创性技术进行前瞻布局和集中攻关，力争在若干关键应用领域的前沿探索和产业化技术研究上取得重大突破，形成一批国际领先的前沿科技成果与“撒手锏级应用”的创新成果，突破一批制约未来产业发展的核心技术，成为石墨烯产业核心技术策源地和领航者。

3. 面向全球的"研发代工"平台

北京石墨烯研究院首创"研发代工"产、学、研合作新模式，以企业和用户应用需求为牵引，开展面向市场的定制化研发，实现科技研发与市场转化的高效对接。针对特定企业的研发需求，BGI组建由高水平专业人员构成的专门研发团队，扮演企业高技术研发平台的角色。BGI通过"研发代工"，对接全国（乃至全球）企业和用户的研发需求，形成以首都北京为旗舰研发平台，连接全国（乃至全球）的石墨烯产、学、研协同创新网络，推进中国石墨烯产业健康有序发展。BGI成立以来，已经与神州轮胎、中蓝晨光、利特纳米等知名企业建立了研发代工伙伴关系，在石墨烯轮胎、石墨烯芳纶、氧化石墨烯等产品开发方面取得重要进展。

4. 新兴石墨烯产业孵化器

北京石墨烯研究院是连接基础研究和实体产业的桥梁，填补当前我国产、学、研结合链条中普遍存在的间隙，充当新兴石墨烯产业孵化器的角色。一方面，BGI通过自身雄厚的研发实力，从扎实的基础研究出发，发展未来石墨烯产业的核心技术，打造核心竞争力；另一方面，通过"研发代工"，与合作伙伴一同推进石墨烯新材料的应用，推动传统产业升级换代，并且致力于催生一批新兴石墨烯高科技产业，此外还将开放自身的平台和优势资源，为创业者提供石墨烯创新创业所需的技术支撑、空间载体、共性检测与设备服务、融资服务等，吸引潜在用户进行应用技术和产品开发，催生一批新的石墨烯高科技企业，构建石墨烯领域良好的创新创业生态系统。

5. 石墨烯高端人才会聚地

北京石墨烯研究院致力于创造具有国际竞争力的研发条件、创新创业环境及运行模式，充分调动每位BGI人的主观能动性，使这里成为创新者的乐园、创业者的天堂。作为一个国际化的高科技研发和创新创业平台，BGI充分利用国家和北京市的人才政策，积极吸纳和引进能带来重大技术突破和社会经济效益的高科技研发人才和管理人才，包括各类基础研究人才、工程化人才和产业化人才；创新人才引进和使用模式，突破人才引进、使用和评价机制等方面的瓶颈，建设国际一流的石墨烯研发高地和人才会聚地。

6. 政产学研协同创新机制示范区

作为由大学、政府、社会资本共建的新型研发机构，北京石墨烯研究院致力于探索适合中国国情的政产学研高效协同创新模式，既充分体现政府发展石墨烯高科技产业的意志，又充分发挥市场在产业化进程中的主体推动作用。北京石墨烯研究院紧密依托北京大学，确保雄厚的人力资源优势和基础研究实力。为推动BGI成果转化、投融资和市场化运作，北京石墨烯研究院有限公司于2017年12月26日作为独立法人正式注册。北京石墨烯研究院与北京石墨烯研究院有限公司一体两面的架构设计，兼顾研发职能和市场化职能，机制体制灵活，实现了从基础研究到产业化落地的高效无缝衔接，为BGI未来发展构建了良好的制度框架，充分对接全球石墨烯研发资源、企业和组织，实现资源融通。

（三）迅速发展中的北京石墨烯研究院

北京石墨烯研究院位于北京市海淀区中关村翠湖科技园，背靠西山山脉阳台山自然风景区，毗邻翠湖湿地，依山傍水，环境优美。BGI自成立以来，发展极为迅速，现有研发大楼两幢，总面积2万平方米，截至2021年5月，研发队伍超过240人。BGI设有标号石墨烯材料研究部、石墨烯纤维技术研究部、石墨烯器件技术研究部3个核心研究部门，成立了石墨烯装备研发中心、石墨烯质量检测中心和石墨烯薄膜生产示范中心，与国内知名高校院所、企业合作共同成立了5个产学研协同创新中心和4个特种领域联合实验室，与神州轮胎、利特纳米等龙头企业合作成立了多个企业研发代工中心，建立了相应的财务、人力、行政、科技管理等支撑部门和相应的管理制度，具备了完善的组织管理体系和运行机制。目前，BGI在人才团队组建、核心技术研发、平台建设、科技成果转化等方面都取得了重要进展，已成为具有全球重要影响力的新材料研发机构。2019年，北京石墨烯研究院入选MRS（材料研究学会）全球最具代表性的新材料研究机构之一，并在国际材料大会上受到MRSTV专题报道。2020年，*Science*专题报道了北京石墨烯研究院双轮驱动的创新实践，形成了较大的国际影响力。

1. 一流的石墨烯人才团队

BGI致力于创造具有国际竞争力的研发条件、创新创业环境以及运行模式，充分调动每位BGI人的主观能动性，使这里成为创新者的乐园、创业者的天堂。BGI积极引进和柔性引进国内外一大批能带来重大技术突破和社会经济效益的高科技研发人才和管理人才，创新人才引进和使用模式，对接全球石墨烯研发资源、企业和组织，使BGI成为最具吸引力的石墨烯研发高地和人才会聚地。BGI会聚了一大批高水平、国际化的石墨烯研发人才，包括中科院院士2人、长江特聘教授3人、万人计划入选者3人、杰出青年7人、优秀青年8人、北京市海聚人才4人，显示了强大的人才会聚效应。高层次研发和管理人才的不断会聚加盟为BGI的发展提供了强大的动力。

2. 国际领先的石墨烯核心技术

BGI在石墨烯薄膜材料制备等技术研究方面处于国际领先地位，拥有超洁净石墨烯薄膜、石墨烯单晶晶圆、超级石墨烯玻璃、超级石墨烯光纤、石墨烯玻璃纤维、烯铝集流体、石墨烯基LED发光器件等一批国际领先的科技成果，尤其是在石墨烯材料的CVD生长方法、应用探索、产业化核心技术研发方面做出了一系列创新性和引领性工作。截至2021年5月，BGI专利申请数量累计已达219项，其中发明专利超过150项，在*Chemical Reviews*、*Nature Nanotechnology*、*Nature Photonics*等国际高水平杂志上发表论文超过100篇，连续三年快速增长，具有重要的国际影响力。2020年，北京石墨烯研究院提出了CVD石墨烯薄膜制备技术发展路线图，阐明了从实验室样品到规模化生产的关键科学问题与技术挑战，得到了业内的高度认可。BGI在石墨烯材料的产业化推进方面也做了许多卓有成效的工作，实现了四英寸单晶石墨烯晶圆、A3尺寸超洁净石墨烯薄膜、$30 \times 30\ cm^2$超级石墨烯玻璃、石墨烯玻璃纤维的中试水平规模化生产，在石墨烯CVD生长装备研发方面也走在世界前列。

超洁净石墨烯薄膜。常规的CVD生长方法存在着不可避免的本征无定型碳污染问题，按面积比计算的洁净度只有10%~50%。BGI团队在国际上率先揭示了本征污染现象，其发现本征污染不仅是表面污染问题，而且伴随着石墨烯薄膜内部大量的缺陷，石墨烯性能显著下降。在此基础上，BGI研究了一系列超洁净石墨烯生长方法，实现了超洁净石墨烯的制备，并发展了后处理技术，在不引入额外缺陷的同时有效去除表面本征污染物，成功制备出大面积超洁净石墨烯薄膜。超洁净石墨烯薄膜创造了一系列CVD石墨烯薄膜材料的新的世界纪录：极高的迁移率（超过1000000 $cm^2/V\cdot s$）、极低的接触电阻（96 Ωμm）、极高的透光性（97.6%）等，代表着石墨烯材料制备领域的最新发展水平。

超级石墨烯玻璃。直接在玻璃上生长石墨烯薄膜，可以将石墨烯与传统玻璃完美地结合起来，形成全新的复合材料——超级石墨烯玻璃，同时还可以避免复杂的转移过程。BGI在国际上率先实现了传统玻璃表面上的石墨烯直接生长，取得了一系列技术突破。这种新型导电导热玻璃在触控屏、智能窗、传感器、透明电热转换器件领域有着广阔的实用前景。作为派生技术，BGI还成功地研制出石墨烯玻璃纤维布，其超高电热转换速率和效率有望淘汰传统的电阻丝加热技术。

烯碳光纤。BGI利用超级石墨烯玻璃的技术积淀，实现了石墨烯在石英光纤上的高质量可控生长。这种新型的烯碳光纤可有效调控光与物质的相互作用，可用于制造新一代电光调制器、锁模超快光纤激光器、光纤探测器以及特种防腐光纤等。Nature Photonics撰文高度评价了“烯碳光纤”技术，认为其是增强光与物质相互作用、发展新型石墨烯光子学材料的典型案例。烯碳光纤是石墨烯与光纤技术的完美结合，将成为石墨烯领域的一个新的生长点。BGI还首次提出基于扭转双层石墨烯的光电探测概念，通过控制石墨烯层间扭转角度，将探测器的灵敏度提升了近2个数量级，同时保持了探测器皮秒级响应速度。

3. 高水平的石墨烯共性技术服务平台

BGI设有石墨烯质量检测中心和石墨烯装备研发中心，面向行业开展石墨烯材料、产品的检测服务，以及石墨烯装备设计开发服务。石墨烯质量检测中心是北京石墨烯研究院公共测试平台，也是国家级的石墨烯计量与检测中心，全方位服务石墨烯相关技术的产业孵化、石墨烯产品的检测认证和相关标准制定以及产业咨询服务等。2018年10月25日，北京石墨烯研究院正式揭牌运营，石墨烯质量检测中心作为重要部门启动运行，不断充实设备、软硬件实力及高水平技术人才。中心现有各类检验检测设备30余套，总价值超过4000万元，设有千级微纳加工超净室、结构和表面分析室、理化性质表征室、谱学和电学表征室等专业实验室，涵盖石墨烯微观结构表征、成分物相分析、失效行为分析、理化性能测试等功能，具备石墨烯材料基础研究和应用研发所需要的检测、产品质量检测和评估能力。截至2021年5月，中心共提供检测服务20000余次，服务时长超过25000小时。2021年7月，北京石墨烯研究院与中国计量科学研究院联合申请的国家市场监管技术创新中心（石墨烯计量与标准技术）和国家石墨烯材料产业计量测试中心分别通过专家论证，为全国石墨烯计量材料及产品检测工作提供更高质量的服务、支撑，促进我国石墨烯产业迈向中高端，实现高质量可持续发展奠定了坚实基础。

石墨烯装备研发中心致力于石墨烯制备与检测装备核心技术及工业化生产，以各种实验室小试阶段成功的石墨烯材料制备技术为基础，开展多种关键部件的设计开发，集成关键零部件、电气系统、控制系统，完成具有自主知识产权的生长设备及相关检测设备的研发。例如，在线监测石墨烯粉体材料生产装备、CVD法卷对卷石墨烯薄膜材料生产装备、CVD法大尺寸石墨烯薄膜材料生产装备、单/多晶晶圆石墨烯生长工业化生产装备、特种石墨烯玻璃生产装备、不同基底的石墨烯转移装备和石墨烯生产在线表征装备。装备中心积极对接市场需求，推出服务于不同应用领域及终端市场的新型装备，推动石墨烯产业和高端智能装备产业的共同进步。

4. 高端的国际学术交流平台

BGI积极打造以“北京石墨烯论坛”为代表的学术与产业国际交流平台。北京石墨烯论坛是在北京市科委的支持和指导下，由北京石墨烯研究院主办的年度国际石墨烯学术与产业交流平台。该论坛是北京国际学术交流季的重要组成部分，旨在充分利用北京在石墨烯领域的国际号召力，吸引国内外顶尖石墨烯专家学者和产业界人士开展学术交流与合作，连接国内外顶尖学术资源，搭建前沿学术交流研讨、科研合作、科学普及和产学研融合平台，服务北京石墨烯领域原始创新和高精尖产业培育。论坛充分融合石墨烯政产学研各方资源，设置“前沿论坛”和“产业发展论坛”板块，邀请国家部委、地方政府，知名高校、科研院所、行业企业、投融资界的各方代表与会，倾听来自政产学研金各个方面的声音，共同为石墨烯产业化指引发展道路、谋划发展蓝图。2019年，北京石墨烯论坛又启动了首届石墨烯创新创业大赛，涌现了一批优秀的石墨烯创业项目。自2018年10月25日北京石墨烯研究院成立以来，北京石墨烯论坛已成功举办了四届，共吸引国内外千余人现场参会，在线观看直播人数超过千万，在学术界和产业界产生了巨大的影响，已逐步发展成为全球石墨烯行业交流的重要平台之一，有力促进了我国石墨烯相关学术、技术及产业化的沟通交流。此外，BGI还设立了“ BGI 大讲堂”，邀请学术专家和产业精英分享最新学术成果、创新创业经验，有力推动了石墨烯领域高层次的学术交流与合作。

政产学研协同的科技体制机制创新试验田

（一）“政府+大学+社会资本”的多方共建机制

北京石墨烯研究院由北京市政府、北京大学、行业龙头企业和专业投资机构共同建设，并采用研究院加公司的全新运行模式，充分体现了政、产、学、研、金五位一体的创新要素聚集和各方意志，确保研究院既能围绕核心技术长远布局研发资源，又能按照市场意志开展近期的技术研发与应用转化，可有效避免由政府单独投资变成纯粹的事业单位和常规研发机构，从而难以发挥市场在石墨烯产业化进程中的核心牵引作用，也避免了由企业完全主导的企业类研发中心的市场短视和急功近利问题，兼顾了当前的市场和未来的技术，为我国经济转型升级和高科技产业发展做出了良好的示范。

（二）承载国家意志和对接市场需求的双轮驱动创新模式

BGI是高科技领域的体制机制创新试验田，政府和社会资本有机融合、共同发力，实现“双轮驱动”。一方面通过坚持不懈的原创性和颠覆性技术研发，培育未来石墨烯产业的核心竞争力，充分承载国家意志；另一方面通过“研发代工”直接对接市场需求，确保市场牵引特色和可持续发展能力。为落实政企融通理念，实现政府和市场双轮驱动，北京石墨烯研究院采用了“核心技术研发平台+企业研发代工平台+产业化落地平台”的三层组织架构。可形象地称这种组织架构为“鸡蛋模型”，三个层次分别对应“蛋黄”“蛋清”和“蛋壳”。

1. 承载国家意志：培育未来石墨烯产业的核心竞争力

核心技术研发平台对应“蛋黄”部分，面向石墨烯产业核心技术进行长远布局，主要包括3个核心部门，即标号石墨烯材料研究部、石墨烯器件技术研究部、石墨烯纤维技术研究部，由150~200名高水平基础研究和应用基础研究人员组成，重点关注未来石墨烯产业的核心竞争力，发展高端石墨烯原材料制备技术和装备、“撒手锏级应用”和颠覆性技术以及国防与航空航天等国家战略需求的核心技术，充分体现国家意志和北京市对新型研发机构的定位要求，研发经费主要由政府提供。

标号石墨烯材料研究部。标号石墨烯材料研究部聚焦国家重大战略需求及产业化核心技术研发，面向石墨烯未来产业的薄膜材料，以具有特定结构和特定性能的标号石墨烯薄膜为研究对象，抢占石墨烯薄膜原材料标准的国际话语权和制备技术制高点，打造北京高端石墨烯薄膜材料生产基地和装备制造基地，研发标号石墨烯薄膜生产技术和装备，不断推出具有特定结构和功能的标号系列石墨烯薄膜材料：高性能电子器件级石墨烯晶圆、高性能石墨烯透明导电薄膜材料和轻质高强石墨烯薄膜材料。重点发展方向有：①制定石墨烯薄膜的标号规则和检测技术标准，并建立石墨烯薄膜结构—性质关联的检测技术标准。②建立标号石墨烯薄膜的稳定生产工艺与规程，研发大尺寸单晶石墨烯晶圆、高性能石墨烯薄膜的快速生长技术、超洁净无损转移技术和放量制备工艺。③研制与标号石墨烯生产工艺密切结合的规模化生长装备、规模化转移装备和质量检测装备。

石墨烯器件技术研究部。石墨烯器件技术研究部瞄准石墨烯领域的前沿和颠覆性技术，致力于实现石墨烯材料在高速光通信、医疗物联网等方向的高端应用。通过研究石墨烯光电探测器、石墨烯光波导调制器、石墨烯太赫兹传感器，柔性、透明和轻质高强的石墨烯材料及其纳米电子器件集成技术，融合云计算、物联网和大数据等技术平台，培育一系列的颠覆性技术，为高速光通信、智能穿戴能源、检测/监测传感、远程医疗等提供支撑。

石墨烯纤维技术研究部。石墨烯纤维技术研究部以特种应用为牵引，聚焦石墨烯及石墨烯复合纤维的制备技术，重点布局烯碳纤维的制备方法与特种应用，烯碳复合纤维的批量制备与特种防护装备，石墨烯功能纤维的设计、制备与批量化工艺，石墨烯生物质纤维的制备与应用，着力研发轻质、高强、智能的系列石墨烯纤维产品，打造高品质石墨烯纤维研发高地和军民融合发展示范地。

2. 对接市场需求：确保市场牵引特色和可持续发展能力

对接市场需求的研发代工平台对应“蛋清”部分，由若干个大小不等、机制灵活、形式多样的研发代工团队组成，承接特定企业的定制化研发任务。每个研发代工团队由代工对象企业提供部分或全部运行经费，并由代工对象企业专有。换言之，研发代工对象企业在BGI拥有自己的研发团队或研发中心，共享相关知识产权。

“蛋壳”部分为石墨烯的产业化落地平台和应用市场，覆盖健康医疗、航空航天、信息通信、新能源与新材料等广阔的应用领域。该平台的主体是研发代工对象企业或用户，承担着相关技术成果的产业化落地和市场开拓任务，人员规模将达到上万人甚至更多。

基于“鸡蛋模型”的组织架构和运行模式拥有诸多优点：一方面，既能够布局长远，又能够对接市场需求。另一方面，研发机构和企业分工明确、优势互补，利益机制清晰，既解决了企业缺少研发能力的现实问题，同时又避开了“教授办企业”的难题。尤其重要的是，该模式易于放大形成规模化效应，有利于打造一个“知识共享，技术专有”的石墨烯综合研发平台，从而确保BGI在石墨烯高技术研发领域的全球竞争力。

（三）“研究院+公司”一体两面的有机联动机制

北京石墨烯研究院和北京石墨烯研究院有限公司是推进战略性新兴材料石墨烯产业化的两大载体，拥有不同的职能定位。前者专注于面向未来石墨烯产业的核心技术研发工作；后者则致力于为研究院成果转化和产业化落地提供专业支撑，为研究院建设和项目研发提供资金支持，通过市场化运作实现研究院的可持续发展。北京石墨烯研究院有限公司是推进北京石墨烯研究院成果转化、投融资和市场化运作的载体，于2017年12月26日作为独立法人正式注册，注册资本3.226亿元。股东单位包括北大资产经营有限公司、彤程新材料集团、宝泰隆新材料股份有限公司、宁波杭州湾新区正昊股权投资合伙企业、北京首都科技发展集团有限公司、北京市海淀区国有资产投资经营有限公司、北京海淀科技发展有限公司。

北京石墨烯研究院有限公司主要业务和产品为：①高品质的石墨烯原材料产品制造与销售，包括标号石墨烯薄膜材料、电子材料级石墨烯单晶晶圆、超洁净石墨烯薄膜、超级石墨烯玻璃、石墨烯光纤、石墨烯纤维、高性能石墨烯粉体材料以及生长或转移到定制衬底上的石墨烯薄膜等。②先进的石墨烯制造与检测装备，包括石墨烯薄膜生长装备（小型、中试、规模化生产线）、晶圆生长装备（小型、中试、批量生产线）、粉体制备装备、粉体分散设备、规模化薄膜转移装备、工业用质量监测设备等。③原创性的石墨烯应用产品，包括LED照明器件、光纤传感器、超快激光器、智能窗、柔性触控屏、透明射频天线、柔性电池、柔性智能贴、动力电池用烯铝集流体、电热产品等。④产业孵化与投融资，包括石墨烯技术与产品孵化业务、产业基金与投融资业务。⑤石墨烯检测服务，包括石墨烯材料与产品检测服务、产业标准制定、技术与产业咨询等。目前，公司的市场运营和生产制造已全面开展，石墨烯薄膜材料销售初显成效，客户口碑和品牌效应逐渐形成，检测业务顺利推进，石墨烯装备基地建设进入筹划阶段，公司各项业务逐渐步入正轨，为打造千亿级石墨烯龙头企业奠定了坚实基础。

（四）弘扬科学精神和工匠精神，多元化的人才使用与评价机制

作为新型研发机构，北京石墨烯研究院在人才培养与使用方面注重营造良好的创新文化环境并建立了多元化的人才评价机制，大力倡导科学精神、弘扬工匠精神，致力于打造科技成果与人才评价机制改革示范区。成立以来，BGI快速聚集了一大批高水平、国际化的石墨烯研发人才，其中博士学历以上人员达40%，人才会聚效应突出。构建形成了由领军科学家、青年拔尖人才、孵烯学者、研发工程师组成的四级人才体系，并根据科研布局规划和引进人才的学术水平择优确定研发方向。在人才类别上，BGI积极吸纳各

类基础研究人才、工程化人才、产业化人才、管理人才，不唯“文章”、不唯“帽子”，提倡“科学精神”和“工匠精神”。

作为北京市新型研发机构，BGI拥有独立的博士后招聘资格、独立的海聚人才评审权和职称评审权。上述自主权确保了研究院能够按照实际需求吸纳引进各类人才。为了推动优秀青年人才培养，打造后备人才梯队，北京石墨烯研究院推出了“孵烯学者”计划。“孵烯学者”计划是北京石墨烯研究院为吸引和凝聚优秀创新人才、优化人才系统、完善人才发展机制、支撑研究院长远发展而打造的人才培育计划。该计划面向从事石墨烯核心技术研发和石墨烯未来产业发展的优秀青年科技人才，以及契合北京石墨烯研究院战略发展需求、开展创新性的探索、推动研究院在提升原始创新能力实现产业高质量发展上取得较大突破的科研人员。BGI 的理念是做真正有用的东西，解决未来石墨烯产业可能存在的“卡脖子”技术。BGI 关注的是真正意义上的技术创新，在这里论文不是目的，而是科技创新的副产品。

良好的创新文化环境。真正的科技创新，需要科技工作者心无旁骛地工作。培育创新性的文化环境和土壤极为重要，需要调动研发人员的创新活力和主观能动性，鼓励开发真正既有“成就感”，又有“获得感”的技术。科技创新的主体是“人”，一个良好的创新性文化环境是让科技工作者心无旁骛地工作，因此必须解决现行的“数字化”“帽子化”“行政化”“功利化”的人才评价体制，要诀是“精减帽子”“减少评价”“放水养鱼”“大胆激励”。与此同时，不把“创新”当成口号、不把重视基础研究当成“招牌”和“灵丹妙药”，尊重科学发展规律，提倡兴趣导向，分类施策，久久为功，防止高科技（产业）领域的“病急乱投医”和“大跃进”现象。切实推进“破四唯”工作，减少频繁的行政主导的人才评审和机构评估工作。

多元化人才评价机制。对科技工作者来说，最高的境界是“上书架”“上货架”。“上书架”并非简单地写本书、发表学术论文，而是真正将成果写进教科书，留在科学史上。“上货架”并非简单地申请几项专利，而是真正将技术转化，应用在实际中，对国计民生起作用。在北京石墨烯研究院的人才评价方面，鼓励科研人员“上书架”去做研究，“上货架”去做产业。对于做“上书架”事业的科研人员，给予足够的费用、足够的时间，自己规划自己。对于从事“上货架”事业的科研人员，评价目标为开发实用的石墨烯材料及相关生产装备，建立新产品生产线、新生产工艺包。

践行研发代工，破解科技与经济“两张皮”难题

（一）科技与经济“两张皮”的根源探析

改革开放40多年来，我国的科技创新能力取得了长足进步，但是科技与经济“两张皮”现象非常严重。因此，探索适合中国国情的政产学研协同创新之路，推进科技与产业的深度融合，是加快我国经济结构调整、提升发展质量、解决“卡脖子”问题的当务之急。

与建成世界科技强国的要求相比，高科技产业发展中还存在一些突出问题和短板——科技成果转化不畅，严重制约创新驱动发展。科技与经济“两张皮”现象十分严重，科技与经济两大板块之间各行其是，没有形成很好的协同创新机制。我们的基础研究队伍和产业界并未形成良好互动，造成严重的资源浪费。一方面，科技成果转化率较低。高校和科研院所产生的科研论文和专利，缺乏研发需求指导，与产业严重脱节，只能停留在纸面上、论文里，导致科技资源浪费；另一方面，企业需要科技创新突破技术瓶颈，解决“卡脖子”问题，但企业研发自主创新能力和内在动力不足，大部分企业自身缺少技术研发能力，导致其只能参与中低端产业的国际竞争。

毋庸置疑，国家的创新能力必须体现在企业的创新能力上，这是建设创新型国家的必由之路。应对当前复杂多变的国际环境，强化企业的科技创新竞争力是最重要的，也是根本性的。由于历史性和结构性的原因，我国的科技创新主体集中在高等院校和科研院所。尽管拥有全球规模最大的基础研究和科技创新队伍，但是对国民经济发展的贡献度十分有限。20多年前，我国的基础研究

投入还很少，科研水平与发达国家差距很大。但是，随着科研投入的迅速增加和科研水平的快速提升，这种科技与经济“两张皮”的现状必须改变。

在我国的科技创新体系中，大学和科研院所长期以来占据主导地位。现行科技管理体制存在科技资源配置“重高校轻企业、重论文轻市场”的现象。要改变这种现象，就不能继续满足于发表文章，追求数字化的成绩，必须重视把基础研究真正转化为科技创新实力和企业竞争力。

（二）研发代工：一对一定制化研发服务，让科学家与企业家同乘一条船

1. 一对一定制化研发服务

与传统的加工制造领域的代工生产不同，研发代工是指专业研究机构为企业做研发，针对企业需求，组建专门的研发团队，开展定制化的研发工作。企业负责提供研发经费，研发成果优先落地到代工企业，合作双方按约定比例分享成果转化带来的利益。研发代工模式是长期稳定的捆绑式合作，通过共同努力实现技术与市场的对接。这种协同创新模式有助于双方共同打造品牌产品，提高市场竞争力。研发代工方与企业方通过全过程利益捆绑，实现从基础研究到产业化落地的无缝衔接。针对特定高科技领域的大型研发代工平台，可对接众多的相关企业。通过知识和硬件设施共享、技术团队专有的运行模式，有效降低研发成本。在政府资金和风险投资的支持下，研发代工机构还可以布局中长期技术研发，体现国家意志，确保高科技领域的核心竞争力。

2. 适合中国国情的产学研协同创新之路

研发代工是一条全新的、适合中国国情的产学研结合之路，具有鲜明的特色和显著的优点。

可有效解决企业，尤其中小企业研发能力不足、缺少核心竞争力的难题。通过“研发代工”模式，企业建立专属于自己的研发平台。该平台由实力雄厚的专业研发机构负责运行管理，针对企业需求开展市场牵引的技术研发工作。研发代工平台设在科技资源密集的大中城市，解决了偏远地区企业人才吸引力不足和普通企业研发文化匮乏的问题。

有利于解决我国基础研究与产业脱节严重、成果转化率低的问题。研发代工团队直接对代工企业负责，有着明确的技术和市场目标，避免了当前高

校和科研院所的研究人员"闭门造车"、研究成果不接地气，因而很难转化的现实问题。研发代工方专注于技术研发，企业方专注于产业化和市场开拓，各司其职，充分发挥各自的优势，回避了"教授办企业"的诸多问题，有望极大推进科研成果产业化落地。这种产学研协同创新模式还有助于改善以盲目追求发表论文为导向的科技评价体制，引导广大科研人员从事有实用价值的研究，让国家不断增长的科技研发投入能够真正开花结果。

有效提升产学研合作的成功率。相对于单一项目合作面临的非成功即失败的传统做法，研发代工模式可有效提升产学研结合的成功率。目前科研机构与企业的合作方式通常采用项目制或技术转让制，在高新技术领域，一般情况下风险高、成功率低。研发代工模式不拘泥于单一特定技术的合作，而是全方位的捆绑式合作，通过共同努力实现技术与市场的对接，因此可以大幅度提高成果转化的成功率。这种产学研结合方式还有助于双方共同打造品牌产品，并不断升级换代，提高市场竞争力。

3. 北京石墨烯研究院研发代工合作情况

研发代工模式已经在北京石墨烯研究院的创新实践中显示出了强大的生命力，吸引了众多企业的积极参与，影响力迅速扩大。其示范效应也逐渐显现，有望成为解决当前存在的科技和经济"两张皮"现象的一条切实可行的新路。北京石墨烯研究院成立两年多来，已与宁夏神州轮胎有限公司、山东利特纳米技术有限公司等多家知名企业建立起研发代工伙伴关系，在国内外引起广泛关注。

（三）重点案例介绍（BGI—神州轮胎研发代工中心）

1. 合作背景

飞机轮胎具有五大基本特点：负荷大、速度高、充气内压高、下沉变形量大、短时间歇使用。例如：空客320轮胎主起落架轮胎额定速度362 km/h，额定负荷21 t，额定内压1.5 MPa，最大冲击变形下沉量为32%~35%。大载荷和高速度共同导致作用在飞机轮胎上的离心力很大。在高速滑跑阶段，轮胎因高速旋转、圆周畸变而产生的牵引波频率达160 Hz。当飞机在高空中飞行时，轮胎表面温度可达−50℃~−60℃。飞机在高速起降时，周向、侧向力作用使轮胎发生周期性压缩、伸张和剪切变形，会产生相当大的热量和磨耗。而胎面是轮胎上唯一与路面接触的部位，不论是起飞、滑行、停车都要通过胎面与路面“沟通”，胎面的使用寿命也直接关系到飞机轮胎的寿命。

宁夏神州轮胎有限公司是我国西北地区规模最大的生产全钢载重子午线轮胎的企业，隶属于宁夏大地循环发展股份有限公司，成立于2013年，位于宁夏石嘴山市平罗县太沙工业园区内，总占地2300亩，计划总投资105亿元。在2016年中国轮胎企业排行榜中，神州轮胎有限公司以683%的增长率位居第一。2017年一期项目全面达产，销售轮胎近190万条，实现销售收入近14亿元，并被工信部节能与综合利用司列为“绿色工厂”，是第一批绿色制造体系示范企业中的三家轮胎企业之一。目前全钢子午线轮胎具有“大地”“银宁”“冀宁”“地圆”“滹沱河”“中西”“LANDY TRIE”“INNING”和“GREATWAY”9大生产品牌，其中包括45个花纹、200多个规格及1000多个产品，产品技术含量与质量也逐渐居国内同行业领先地位。

在轮胎制造领域，航空轮胎位于行业金字塔的顶端，对轮胎企业的研发能力、技术水平和制造工艺有着近乎苛刻的要求。受技术所限，我国国产民用航空轮胎领域常年空白。根据《中国民航行业发展统计公报》，我国民用航空飞机数量2019年底已达3818架，但这些飞机使用的全部是米其林、普利司通和固特异等国外品牌轮胎，目前国产大飞机轮胎的起降承受次数达不到应用要求，主要原因在于胎面胶材料的抗撕裂性能、耐磨性能及压缩生热性能较差。石墨烯具有突出的导电性，其电子迁移率可达到150000 $cm^2/V\cdot s$，是单晶硅中电子迁移率（1400 $cm^2/V\cdot s$）的100倍以上，其电子在石墨烯中的运动速度可达到光速的1/300（光速为300000 km/s），其电导率可达到10^8 S/m，电子迁移率基本不受温度影响；是已知强度最高的材料，抗拉强度为125 GPa，弹性模量1.1 TPa，强度极限为42 N/m^2，其结构致密、具有很好的柔性；同时具有突出的导热性能，石墨烯在常温下热导率为5300 $W/m\cdot K$，是铜的13倍。石墨烯与橡胶共混，是提高大飞机胎面胶性能（如力学性能、耐磨性、导电性、导热性等）的重要途径。为研发具有自主知识产权的大飞机轮胎，填补国内子午线航空轮胎的技术空白，北京石墨烯研究院作为从事石墨烯及其复合材料核心技术研发的国际领先机构，于2020年8月11日同宁夏神州轮胎有限公司正式签约成立BGI—神州轮胎研发代工中心。

2. 运行机制

政、产、学、研协同创新。新材料是宁夏大力发展的五大工业主导产业之一，也是宁夏产业高质量发展的重要支柱。宁夏科技厅积极推动宁夏相关企业紧密跟踪石墨烯最新技术创新成果，加强与北京石墨烯研究院及宁夏分院的对接合作，在政策上全力支持神州轮胎研发代工，加快提升企业科技创新水平和市场竞争能力，为宁夏产业高质量发展提供更加有力的科技支撑。

北京石墨烯研究院聚集了一批国内外著名专家学者，拥有一批石墨烯领域先进研究成果。宁夏神州轮胎有限公司是国家高新技术企业，也是西北最大的子午线轮胎生产基地。宁夏政府分管领导牵线搭桥，宁夏科技厅主动对接，推动北京石墨烯研究院与宁夏神州轮胎开展务实合作，建立研发代工中心，成立"北京石墨烯研究院宁夏分院"，由宁夏神州轮胎有限公司提供资金以及航空子午线轮胎制备的基础工艺条件，协同推进大飞机石墨烯航空轮胎胎面胶复合材料的研发，提高胎面胶材料的综合性能并实现产业化，使国产大飞机用上安全可靠的"中国胎"，力争打破国外技术垄断，提升民族工业的国际竞争力。

组建专门的研发团队。为推动石墨烯航空轮胎胎面胶复合材料的研发进程，针对宁夏神州轮胎有限公司的技术需求，北京石墨烯研究院成立了神州轮胎研发代工中心，组建了一支专门的石墨烯橡胶复合材料研发团队。BGI设有研发代工中心主任以及3个项目组，分别为纳米材料分散组、界面设计调控组和轮胎配方优化组。项目组成员在石墨烯材料制备与功能化、高分子材料合成及改性研究、轮胎产品的配方设计及制备工艺等方面有丰富的研发经验，形成了研发闭环，紧密结合神州轮胎的技术需求，借助其航空子午线轮胎制备的基础条件，解决石墨烯在橡胶基体中分散性及界面相容性的问题，不断优化复合配方和工艺，全面改善轮胎性能。

明确的科研成果分配机制。在科研成果分配方面，北京石墨烯研究院同神州轮胎建立了明确的成果和知识产权分配机制。知识产权双方协商，可将研究成果中BGI完成部分申请专利，项目产生的研发成果和知识产权归双方共同拥有，宁夏神州轮胎有限公司占比75%，北京石墨烯研究院占比25%。如科研成果发生转让，成果转让权归双方共同拥有，转让所产生的收益按约定比例分配。在论文发表方面，可将研究成果以论文形式单独或联合发表，论文作者署名按照贡献大小排序。明确的科研成果分配机制可切实调动宁夏神州轮胎有限公司和北京石墨烯研究院双方研发人员的积极性，提高创新活力，为推进以市场需求为牵引的成果研发奠定了良好的基础。

3. 合作进展

在研发代工合作模式下，经过北京石墨烯研究院研发团队近一年的努力，大飞机石墨烯航空轮胎胎面胶复合材料研发取得了重大突破，经过多次配方调整优化后，对石墨烯胎面胶工艺进行了放大，顺利生产出10条11R22.5 DT966石墨烯载重轮胎。石墨烯胎面胶的耐磨性提升了60%，可使载重轮胎行驶里程从30万千米提升至50万千米，并且，石墨烯胎面胶断面气孔率比正常胎面明显减少，大大提高了轮胎的行驶安全性和使用寿命。截至2021年5月，某型号民用航空子午线轮胎已经通过国家民航标准规定的起飞—滑行—超载起飞—超载滑行等测试。作为新型研发机构研发代工实践的典型落地项目，相信该项目在未来将对市场牵引下的研发代工模式的发展有积极和深远的影响。

推动新型研发机构发展的思考与建议

新型研发机构不能定位于从0到1的原创性基础研究，因为基础科学发现与发明创造不是靠规划和大兵团作战突击出来的，也不是简单地用金钱堆砌出来的，更多需要的是创新文化环境和科技土壤的培育，属于“无心插柳”的行为，因此更适合大学和极少数研究院所去做。实际上，在数量庞大的高校和科研院所基础上，再增加几个基础研究机构，很难产生战略性和全局性的影响。因此，新型研发机构须有别于高校和现有科研院所，拥有完全不同的功能定位。应重视体制机制创新，用新思维引领新型研发机构建设。

（一）设立若干新型研发机构，推进“政、产、学、研”协同创新

在“十四五”期间，由中央或地方政府主导，选择典型的高新技术领域，整合高校和科研院所的科技创新资源，吸纳企业和社会资本参与，建设若干以探索“政、产、学、研”协同创新机制为主要目的的新型研发机构。政府可以按PPP模式，参与建设新型研发机构，并在土地使用、人才引进、税收等方面给予政策倾斜。在北京、上海、深圳、武汉或其他有条件的城市首先试点，建立由政产学研各方共建的若干大型高科技产业研发平台，推进产学研协同创新，通过政策支持和引导，利益机制的设计，实现科研机构与企业的深度捆绑，推动从基础研究到产业化落地的无缝衔接。

（二）探索政府和社会资本有机融合的“双轮驱动”模式

强化政府的支持力度，坚持不懈地推进原创性和颠覆性技术研发，充分体现国家意志。政府的作用极为重要，通过政策引导和资金投入从政策层面予以引导，可强制性引导企业重视研发。“卡脖子”技术是熬出来的，绝不是“突击”出来的，需要久久为功。一方面，我国企业的特质决定了国企和央企缺少布局未来的积极性，而绝大多数私企又缺少布局未来的能力，因此必须强化政府投入和自上而下的有效组织。这也是我国“谋划长远，集中力量办大事”的制度优势所在。另一方面，通过政策导向，鼓励企业积极参与新型研发机构建设。企业的参与可调动市场的积极性，充分发挥市场引领作用，避免高校和科研院所纸上谈兵、不接地气与市场脱节的问题，而政府的参与又可以避免市场行为的“短视、近视”问题。

（三）推进研发代工模式创新

由科研院所和高校针对特定企业的技术需求，组建由高水平专业人员构成的专门研发团队，面向市场需求开展定制化的技术研发。企业方负责明确的应用牵引和市场开拓，科研院所负责技术研发，多方共同推动研发代工模式落地。鼓励研发机构积极为企业成立研发代工中心，开展一对一的定制化研发服务，解决企业的研发需求，与企业一道打造品牌产品，同

时提高新型研发机构的可持续发展能力。持续探索模式创新，冲破阻碍产学研合作的体制机制藩篱。研发代工方专注于技术研发，企业方专注于产业化和市场开拓，各司其职，充分发挥各自的优势，既能回避“教授办企业”等诸多问题，也可大幅度提高科研人员推进成果产业化的意愿和效率。

（四）建立多元化的人才评价机制

吸引企业和广大科技人员参与到新型研发机构建设和运行实践中，尽早探索出一条可复制、可推广的具有中国特色的产学研协同创新模式。对于新型研发机构，以及科技创新领军人才及其团队应制定相应的项目评审、人才评价、机构评估机制。切实推进“破四唯”工作，减少频繁的行政主导的人才评审和机构评估，从根本上解决用人单位针对人才“帽子”的过度宣传问题，同时避免宣传外溢效应带来的诸多问题。把科技成果作为重要评价标准之一，把科研成果及转化效果作为科技类别科研人员的重要考核指标，等同于发表论文，让评价体系起到衡量各类科研水平的作用。

第三章

光电芯片领域的新型举国体制探索[①]

陕西光电子先导院

勇担使命，为国家重大需求而生

（一）时代背景

一个国家对科技发展战略的选择，一方面取决于本国经济发展水平与所在阶段，另一方面也受国际政治因素等综合环境问题的影响与制约。回首过去，新中国在诞生之初百废待兴，科技事业几近从零开始；科技发展也从最初的“吹响向科学进军的号角”，到改革开放提出的“科学技术是第一生产力”论断；再到进入21世纪之后的加强自主创新能力、党的十八大后的创新驱动发展战略，确立创新是引领发展的第一动力。在中国共产党的正确领导和无数科技工作者的奋斗努力下，我国经济得以飞速发展，科技实力也日渐壮大，在诸多科技领域实现了对世界最高水平从难以望其项背到跟跑、并跑乃至领跑的历史性跨越。

在肯定辉煌成果的同时，我们也要客观理性地看待因快速发展而被忽视的不足之处。进入21世纪，世界环境相对平稳，全球化趋势加快，发达国家将制造业向国外转移导致我国科技发展战略发生部分改变，部分行业中的企业以“市场换技术”使得很多企业忽视了自身的科技积累与自主创新，引进外资导向型经济发展所带来的技术成了科技发展的主要途径。2008年，由美国次贷危机引发了波及全球的金融危机，世界经济出现下滑趋势，各国政府纷纷出手救市。中国也未能幸免，出口下降，

① 本章编写成员：米磊、杨军红、赵瑞瑞、侯宏波、侯自普、杨大可、苏倩、韩沈丹、张文伟、程东、康瑞泉。

投资减弱，大批企业倒闭，劳动力失业，宏观经济出现下行趋势。而为了应对危机所采取的“四万亿”刺激政策，一方面在当时确实起到了力挽狂澜的作用，避免了大规模失业，甚至大幅提升了中国的国际竞争力；另一方面却不可避免地留下了负面影响，主要体现为全国范围的投资失控。

2009年，我国房地产进入了空前繁荣的发展阶段，开始了销售毛利率、净利率、销售规模大幅度提升的“黄金时代”，大量资金纷纷流入房地产行业。与此同时，互联网行业的快速发展也引起了资本界关注，诸多模式创新备受追捧，加上互联网极高的回报率和极短的回报周期，彼时的资金大多都被房地产和互联网两大行业吸收。而制造业的产能则因政策刺激快速扩张，甚至有很多原本因为市场竞争失败要退出的企业借此侥幸生存，这不仅加剧了产能过剩的问题，也带来了不少结构性问题。一时间大众对于基础科研、科技成果转化乃至应用领域的关键核心技术的发展都有所忽视。

2015年的中央工作会议总结了“十二五”的胜利成果，重点落实“十三五”规划建议要求，推进结构性改革，推动经济持续健康发展，提出了五大任务——去产能、去库存、去杠杆、降成本、补短板，并指出新常态是我国经济发展大逻辑。而在同年早些时间，习近平总书记到陕西考察调研时，在中科院西安光机所对科研人员说：“转方式调结构，首先是创新驱动。我们的科技创新同国际先进水平还有差距。当年我们依靠自力更生取得巨大成就，现在国力增强了，我们仍要继续自力更生，核心技术靠化缘是要不来的。”这体现了总书记对科技创新的重视，以及要掌握关键核心技术的决心。

“十二五”期间，我国芯片进口规模在2013年首次突破2000亿美元，超过原油成为我国第一大进口商品。未来万物互联的基础就是芯片，随着5G、物联网和云计算等技术不断发展，人们的生活越来越离不开这些小小的芯片。庞大的进口规模无疑在警示人们，芯片有着极高的对外依存度。国际形势的发展也验证了这一担忧，某些西方发达国家将中国崛起视为对既定国际格局的挑战，将先进技术问题政治化，将芯片作为打压发展中国家的科技“武器”。2016—2018年，在持续两年的“中兴事件”中，中兴公司因两次制裁共支付了近23亿美元罚款，折合人民币近150亿元，大约是当时中兴公司年净利润的3倍，并且还要接受监管。2018年开始的针对华为的制裁将限制范围从手机逐步扩大到网络设备，再到全面禁止使用美国软件和技术的外国半导体制造商“在没有获得美国政府官方许可的情况下向华为提供产品”。集成电路已成为一个事关国家百年发展的长期战略问题，需要由更具针对性且时间周期更长的战略计划来解决。从时代角度来看，集成电路发展需要大规模的全民动员。我们要清楚地认识到，集成电路领域的发展，要追赶一个动态的目标。过去的十几年，我国在集成电路领域的投入远远低于世界其他国家，却取得了“花小钱办大事”的效果。这背后的原因一方面是“集中力量办大事”的体制优势；另一方面则是因为过去的差距很大，在发展路径上不会走弯路，但与发达国家发展水平越来越接近之后，我们应该意识到能够“摸着过河的石头”越来越少了，需研究和预判未来技术路线才能实现追赶乃至超越。

（二）时代下的思考和实践

早在2010年，还是中科院西安光机所副研究员的米磊就发现，2008年金融危机发生后，全球经济下行，传统产业面临升级改造的问题，而当时社会却普遍青睐互联网及衍生的模式创新，对核心技术的重视程度不够。因此，他提出了“硬科技”概念，期望树立一种新的理念，唤醒全社会对底层技术、关键少数技术、颠覆性技术的重视和关注，希望我国在那些能够激发新一轮科技革命、引领新一轮跨越式发展的领域取得突破。

时任中科院西安光机所所长赵卫研究员也在思考如何将科研成果顺利转化为现实生产力，以支撑我国经济的发展。赵卫认为，思想上的障碍是制约科技成果转化的首要障碍。随后，他提出“不能再走老路，理念超前是追赶超越的唯一办法”，要破除思想障碍，从基于国家项目的传统国立研究所转变为基于市场需求的新型开放研究所，鼓励有创业潜力的科研人才带着科研成果走出“围墙”，将“加快知识扩散的速度、缩短技术转移的周期、提高技术转移的质量”作为衡量国立研究机构对国家贡献度的重要指标。他重新定义研究所，提出“拆除围墙、开放办所”理念。研究所不再只是“现有员工的研究所”，而是“全体纳税人的研究所”；打破陈旧理念，对研究所在编职工及在研究所创新创业的外部人才一视同仁，让国内外优秀人才都可以在研究所这个开放“舞台”上创新创业、发挥才能、施展抱负。一系列破天荒的观念和举措，恰恰顺应了当今中国科技创新发展的趋势。研究所管理思想的转变也使科研人员思想发生了巨大变化，从事科技成果转化的热情空前高涨。

此后，为了快速推进科技成果转化工作，西科控股、中科创星等专业化科技成果转化平台与投资平台相继成立，围绕硬科技培育和科技成果转化生态体系建设，逐渐形成了一套以“院所改革+科技金融+科技平台+科技园区+科技智库”为一体的科技成果转化模式，打造出了科技创新创业的“雨林生态”体系。陕西光电子先导院（以下简称“先导院”）便是作为创新创业“雨林生态”体系中的科技平台和核心要素，由西科控股、中科创星等于2015年共同发起成立的。

（三）应运而生

谈到先导院的成立，要从2013年说起。当时，以曹慧涛、米磊、李浩等为代表的西科控股科技成果转化团队，关注到中国芯片进口额超过了2000亿美元，超过原油成为我国第一大进口商品，且与国外先进水平的差距仍在拉大。团队捕捉到了这一关键信号——芯片将会是国家战略发展所必需的，并开始投资孵化部分芯片相关企业。

在初期的服务对接过程中，西科控股团队了解到芯片行业具有研发周期长、试错成本高等一系列“高投入、高风险、低效率”的特点。生产研发专有设施设备价格昂贵、建设购置时间较长、维护使用复杂，初创企业，尤其是从事芯片工艺设计的企业，很难同时具备所需的诸多要素。国内拥有一定研发能力的高校、科研院所实验室，限于体制开放程度及设备条件，无法满足工程化产品的要求；而大的量产代工厂难以为研发类产品安排生产订单，尤其对于这些初期只有几片到几百片生产需求的研发企业而言，如何找到合适的工程化流片场所成为企业产品生产过程中的头等难题。

同时，随着技术的发展，引领传统集成电路发展的摩尔定律难以为继。西科控股科技成果转化团队源自具有前沿光学研究基础的院所，非常关注光子技术发展，也正是基于此方面的优势，他们敏锐地发现欧美日等西方发达经济体在推进集成电路领域建设的同时，已经启动光子集成领域的规划与布局。团队认为光电子集成是后续芯片行业发展的重要技术方向。

在此背景下，西科控股从2014年开始规划先导院建设项目，并提出初步方案。2014年8月29日，公共技术平台组建方案经科技厅组织论证通过。随后经过向省市级领导汇报，并与可能的合作单位协调沟通，先导院未来将产生的作用逐渐被各方创新主体所重视，其建设和筹备工作也慢慢铺展开来。

真正加速先导院建设和成立进程的，是2015年习近平总书记视察陕西时在中科院西安光机所的讲话。习近平总书记在察看了西安光机所培育的光电集成芯片等50余项硬科技产品后，说道："看了西光所后，我反复强调的创新驱动发展有了依据。"同时嘱咐科研人员："我们仍要继续自力更生，核心技术靠化缘是要不来的。"习近平总书记对关键核心技术的重视，坚定了西科控股加快建设先导院的决心和步伐，也在很大程度上引起政府和其他高校院所的重视，增强了他们支持建设先导院的决心。2015年10月29日，中科院西安光机所联合地方政府、高校、院所及企业共同发起的陕西光电子集成电路先导技术研究院有限责任公司注册成立。公司坚持市场化运行，实行董事会领导下的总经理负责制，确保体制机制灵活，支持创新企业发展。

先导院成立初期，定位于国家战略智库规划、国际前沿技术研究、国际高端人才引进、创业投资与孵化领域，但当时并没有可以支撑光电芯片类企业使用的实际技术平台。2016年初，西科控股得知高新区一家台资企业准备出售整个工厂园区（由于LED行业激烈竞争，其集团公司准备放弃该板块业务），第一时间组织投资孵化的相关企业CEO进行实地考察。当时，该工厂建设及运营投资已达13亿元。经过讨论，CEO们认为该工厂空间及设备设施良好，可供创业企业使用。西科控股当即向西光所领导汇报，从方案准备到评审过会，历时一个月便完成了整个收购过程。在资金紧张的情形下，通过银行贷款筹集到了相关资金，并于2016年4月1日起正式接手园区。事后得知，在此之前省属国企单位已与台湾公司洽谈了近一年，但交易始终未能完成。此后，西科控股在此基础上，开始建设先导院中试平台，至此先导院拥有了可以使用的公共技术平台。

由于收购前工厂园区已经停产约一年，相关设备设施的维护终止，2016年接手园区后先导院在完成交接手续等相关资料性工作的同时，开始修缮改造，并重新组建运营。此后，先导院开启了艰难的边探索边前进的征程，第一家企业入驻、注册成立先导基金、参与组建国家信息光电子创新中心、GaAs外延工艺通线、光电子测试中心成立……

2021年，先导院已经发展为一家以“加速客户产品创新，助力科技创新驱动发展；助力光子产业发展，助推中国重返世界之巅”为使命，拥有半导体芯片研发中试平台及专项光电子投资基金的创新型孵化平台。当前，先导院平台占地83亩、建筑面积2.7万平方米，拥有设备仪器400多台（套）。目前平台已聚集入驻光电子领域企业30余家，其中一半以上为海外高端创业团队，例如耶鲁大学团队、龚平博士团队、张文伟博士团队、程东博士团队等，成为光子领域一流创新生态和创新高地。

敢为人先，勇闯科技创新无人区

（一）点星星之火，造燎原之势

科技的力量是人类社会进化的原动力，而以“光”“机”“电”“算”（光学、机械、电路、算法）为代表的底层技术一直推动着人类技术变革。有时候一项技术就可以决定一个时代的走势，某些新技术的发展则可以推动全球进入下一个新时代。在当下，由于芯片（或者说集成电路）将影响5G、人工智能、物联网和机器人等技术的发展前景，其产业的发展在全球范围内已被广泛认定是极为重要的，是能够在科技创新中给国家带来优势的基础技术。

2020年，中国集成电路进出口规模高达4680亿美元，而同年国家进出口的总规模为4.6万亿美元。这表明集成电路在外贸进出口中的占比已超过10%。早在2015年，集成电路就超过铁矿砂和原油成为中国第一大进口商品。值得警醒的是，上述数据证实了集成电路对国民经济的影响是十分巨大的，同时也说明我国下游电子信息产业所拥有的庞大产能——接近90%的手机、计算机，甚至还包括由于“缺芯”而产能受限的汽车等诸多领域都依赖于这4000多亿美元的进口。中国集成电路产业对外依赖度极高。

过去，我们对美国和国际供应关系抱有一定幻想，过分地依赖全球化。而在如今复杂多变的国际形势下，我们一方面要以现有良好的集成电路体系基础，在装备、材料和软件工具等核心环节加强自主研发与创新，努力追赶；另一方面要把目光放得更为长远，在技术发展的底层逻辑与应用需求上寻找下一个“大势”，从而把握住新技术落地可以带来的产业红利。对于集成电路领域而言，我们要清楚地认识到，我们追赶的是一个“动态的目标”。在“十一五”和“十二五”期间，芯片所需的材料大多还处于研发阶段，而从“十三五”时期开始，国产设备逐渐被研发出来并被下游用户采用。

过去，世界集成电路一直遵循着60年前提出的摩尔定律持续发展和演进；如今，芯片的性能已经接近摩尔定律的极限。虽然代表全球最顶尖水平的台积电仍然在不断地进行3nm及2nm的技术研发及产能投资，但业内人士普遍认为集成电路的尺寸最多微缩到2030年就会达到物理极限，亟须寻找创新发展的出路。

在寻找未来出路的探索中，集成电路从业者大多会从集成方法或者架构上进行思考，比如从平面到三维立体的新途径，通过新空间发展功能融合，或者是将EDA智能化、硬件开源化等。但实际上，我们深入探究行业应用背后的物理原理与逻辑可以发现，采用光子集成技术也是突破摩尔定律极限的办法之一，而且光信号的传输效率要远高于电信号的传输效率，这也表明了这条路具有极大的创新变革潜能。

米磊依靠自身专业背景以及对技术趋势发展的准确判断，很早便认定光学技术是科技产品的关键技术，而突破光学关键技术则是推动科技进步的核心。他提出了“米70定律”——在各个领域，光学成本会占未来所有科技产品成本的70%。整个IT产业正处在“从电到光”的转换过程中，未来在信息的获取、传输、计算、存储、显示五个方面，都将以光电子芯片为核心进行产业布局。如果说19世纪是机械的世纪，20世纪是电的世纪，那么21世纪便是光的世纪，光子产业或许是21世纪最具战略性、基础性、先导性的新兴产业。光子产业的覆盖范围见图4-1。

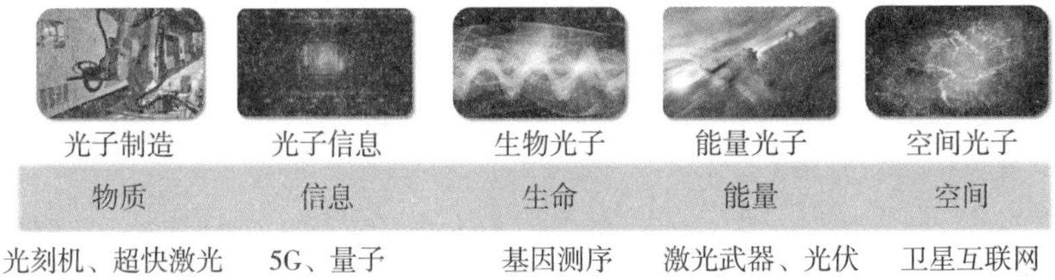

图4-1　光子产业

光和电都是波，只是具有不同的波段，不同的波粒二象性。电子是费米子，而费米子是有质量的物质，所以电子在传播信息的过程中因为质量的惯性会有较多的能量损耗；但光是玻色子，是物质之间的相互作用力，没有质量，传输信号能量损耗小。因此光子能有效解决电子在信息传递过程中存在的速率、串扰及功耗等问题。若用光子取代电子作为信息载体，可以让处理器能耗降低约2个数量级，速率提升2~3个数量级。此外，从发展路线上看，电子和光子分别从真空电子学/光子学进展至固体电子学/光子学，并最终都朝着元器件集成化方向发展，也就是微电子学和微光子学，这就意味着微光子学时代是一定会到来的。当然，目前来看，发挥光与电二者的特长，将两者完美融合在一起，实现光电集成的方式也许是突破半导体摩尔定律极限的最优解。

虽然近两年国家逐步加大了对光子产业发展的布局，不断加强了相关政策支持力度，但是在2010年前后，国内对于集成电路的发展还未给予足够的重视，更别说关注集成光路这个鲜为人知的新赛道了。曹慧涛和米磊却已关注到集成光路这个新赛道，并决定要促进光子技术的发展，推动光子产业的壮大。不过从过去科技与产业通常以“摸着石头过河”的模式发展来看，能够见到成果或收益，才容易得到认可并推动下去；而一旦提出一些缺乏参考对标或是具有预见性和前瞻性的想法与计划，就会面临重重困难。他们二人为了点燃光子技术与产业的“星星之火”，不知疲倦地在北京、陕西等地区拜访政府、投资机构，从科学说到技术再聊至产业应用，一次又一次努力争取让光子技术产业得到管理部门、金融行业，乃至全社会的认可。

功夫不负有心人，在各方力量的支持下，首家以光电子集成电路为发展方向，集该领域国家战略智库规划、国际前沿产业化技术研究、高端创新创业人才引进、创业投资与孵化为一体的创新机构——先导院于2015年正式成立。先导院旨在广泛统筹科技资源，充分调动并利用陕西省光电子集成电路领域优势技术和产业基础，引进一批国际级领军人才，孵化一批参与国际竞争的科技企业。在过去的五年时间里已经培养出多家光子芯片领域的国内领军企业，围绕光子技术产业形成了良好的创新集群生态。同样自2015年以来，国务院发布的《“十三五”国家科技创新规划》《“十三五”国家战略性新兴产业发展规划》《“十三五”国家信息化规划》等国家战略规划中，均将光电子技术作为重要方向进行布局。2021年，“信息光子技术”被列入“十四五”国家重点研发规划。

重视和发展光电子技术是信息领域获得持续突破的必由之路，其技术水平和产业能力已经成为衡量一个国家综合实力和国际竞争力的重要标志。全球光子产业目前正处于发展的“窗口期”，投入产出性价比高，百亿元投资或许能够带来超过集成电路千亿元投资所产生的技术创新效果回报。总而言之，在光子产业领域我国与世界先进水平差距较小，是中国芯片发展的新赛道，对新一代信息技术、5G、云计算、物联网等产业发展具有重要意义，是国家高质量发展所需要的战略性新兴产业。

（二）顺创新之大势，探改革之新路

先导院成立前后，正是我国创新驱动发展战略如火如荼的实施期，国家层面和区域层面都在围绕创新驱动探寻发展之道。纵观当时创新发展形势，破解体制机制束缚、释放强大创新活力是举国上下关注的焦点。这一时期，国家层面相继出台了科技成果转化“三部曲”，各部委聚焦自身业务领域出

台了一系列体制机制改革举措。在此背景下，国内众多传统国立科研院所开始探索体制机制改革，寻求破除科技与经济“两张皮”痼疾的方式。同时，国内还涌现出一批诸如新型研发机构等创新型机构，力求从源头上打通从科技强到产业强、经济强、国家强的通道。

先导院筹备之初，极为重视和关注体制机制的设计和建构。当时，国内的共性技术平台多由科研院所建设和拥有，主要面向本单位内部使用，满足本单位科研工作，很少对外开放，导致相关设备平台共享不够，使用率不高，造成国家资源的浪费。而少数企业建立的相关技术平台，或基于产能限制，或基于竞争上的考量，或基于安全性，也主要面向企业自身使用。由于体制机制壁垒的制约，现有的共性技术平台很难惠及光电子领域的初创企业。很多处于初创期的企业，由于没有资金购买实验、研发设备和建设平台，在资金与产品周期双重压力下，难以跨过“死亡之谷”。此外，当时我国科技创新领域还存在源头壁垒，其各方主体优势难以形成合力，普遍存在“孤岛”现象。这些因素都成为国内光电子领域关键核心技术攻关和行业整体发展取得重大突破的“绊脚石”“拦路虎”。

在此背景下，先导院设想打造一个面向全社会开放的共性技术平台和创新型孵化平台，希望协同各类优势资源，与先导院形成汇聚和合力，产生同频共振，营造一个开放的、协同的、灵活的创新机制和生态，赋能整个光电子行业的发展。基于这个目标，先导院筹备团队深入研究学习比利时微电子研究中心（IMEC）、美国康奈尔大学纳米光电平台、新加坡微电子学研究所（IME）等国际顶尖创新机构，充分吸收与借鉴这些机构在整合资源、协同各方力量、市场化运营等方面的精髓和经验，并结合国内实际情况，构建出一套适应新时期科技创新发展规律的体制机制模式。

回首发展历程，先导院在体制机制上的创新与突破，主要体现在三个方面。第一，较早地在国内打造了一个混合所有制的共性技术平台，构建了一个开放共享、多方力量协同攻关的创新体系。先导院改变以往由科研院所或企业等单个主体打造共性技术平台或研发工艺线的方式，充分发动政产学研各方力量参与。先导院发起单位中，既有陕西省科技厅、西安高新区等政府单位，也有中科院西安光机所、西安电子科技大学、西安邮电大学等科研机构和高校，还有西科控股、中科创星等企业和科技服务机构。

这种体制上的创新，从源头上深度融合了政产学研各方力量，更为重要的是从源头上打破了各类创新主体之间的门槛和壁垒，推动各类创新资源有效流通和最优配置。此种模式下，政府的产业规划、政策资源，科研院所及高校科研成果、仪器设备、实验环境优势，创业团队的创新意识、灵活的激励机制、创新效率的优势以及产业界的市场化需求、工艺能力，创业服务机构服务优势、资本优势等，都汇聚在先导院这个平台之上，政产学研及产业链上下游等在此平台上实现了协同攻关。

第二，构建和践行了一套“国有搭台，民营唱戏”创新机制。得益于中科院西安光机所“拆除围墙，开放办所”思想——不再只是“现有员工的研究所”，而是“全体纳税人的研究所”，先导院从成立之初，便将推动整个行业进步、促进国家关键核心技术突破作为各项工作部署的核心考量。先导院认为，不论是国有主体、先导院自有团队，还是民营企业和其他外部创新主体，都是整个国家发展和行业进步的组成部分，不论谁取得了突破，对国家这个“大盘子”来讲都是有益的。

在这种理念支撑下，先导院从成立之初便打破了“引来女婿，气走儿子”的陈旧落后理念桎梏，通过“国有搭台，民营唱戏”的创新机制，将首要职责定位于服务，坚决不与孵化入驻的人才团队争利，对先导院、西科控股体系孵化的项目及在先导院平台上创新创业的外部人才和团队一视同仁，让国内外优秀人才都可以在先导院这个开放舞台上创新创业、发挥才能、施展抱负。先导院聚焦企业创新研发需求，为企业配备了数百台（套）先进设备仪器以及近万平方米的洁净空间，这些设备平台和基础设施完全面向企业开放，为企业所用。同时先导院发挥西科控股在中科院西安光机所乃至中科院科技成果转化中的作用，为企业在全国范围内链接科研资源和设备。

先导院“国有搭台，民营唱戏”的模式，还在国家重大专项中进行了实践。2016年，中科院启动“大规模光子集成芯片”的战略性科技先导B类专项，瞄准新科技革命的导向和发展迅速的新兴、交叉、前沿方向，以期取得世界领先水平的原创性成果，并形成集群优势。先导院引进专家程东深度参与，探索开创民营力量参与国家重大专项的模式，有效调动民营力量支持国家核心技术攻关的积极性，形成巨大突破。该专项提前完成全球唯一基于硅基改性材料的光子集成平台开发，新材料性能和光子工艺等技术指标达到国际领先水平，形成强大的技术壁垒，其孵化的企业已开始为亚马逊、脸书等国际巨头供货。

第三，在运营机制上，坚持纯市场化运营。传统国立科研院所在运营过程中，主要依靠国家财政投入，自我“造血”能力不足，且远离产业需求。先导院认为，一个可持续发展的运营模式，对于平台自身发展至关重要。尽管在运营初期，持续的投入在一定程度上使先导院自身财务压力巨大，但是先导院坚持纯市场化运营机制，致力于构建一个可以自“供血”的可持续的发展模式。

正是通过纯市场化的运营机制，先导院持续更新和引进了企业所需要的先进设备，更为重要的是提高了内部的运营效率，契合了光电子行业领域缩短时间周期的特殊要求，获得入驻企业的一致好评。先导院纯市场化运营机制，改变了在国家重大需求领域完全依赖财政投入的供给方式，打造了一个依靠市场化力量和方式支撑国家重大需求和技术攻关的新模式，在国家科技自立自强的新一轮科技革命征程中，为打造高效、节约、持续的创新供给体系提供了模板。

先导院体制机制上的创新和灵活的运营机制是聚集多方资源的强劲吸引力，“筑巢引凤”效果明显，很多原来在国外工作的高端人才回国创业，会聚到先导院平台。龚平、程东、陈辰等多位顶尖人才认为，先导院“国有+民营”模式，真正将政、产、学、研、用各方优势整合起来，构建起全要素、全链条、全生态协同攻关体系。目前，华为、海康威视等产业龙头也成为先导院的“常客”，共同在关键核心技术上协同联动。

（三）搭建创新之生态，构建光电子产业发展的硬科技产业公地

基于体制机制上的突破，先导院搭建起一个涵盖政、产、学、研、资、用、孵各创新要素的创新生态。在这个生态中，各种要素实现最大化优势互

补，同频共振。可以说，通过搭建生态，先导院构建了一个融研发与制造、基础设施、专业知识、工艺开放、工程制造等能力为一体的硬科技制造业产业公地。

1.“政、产、学、研、资、用、孵”创新生态

先导院创新生态中政府方有陕西省科技厅、西安高新区等省市部门，政府在这个生态中发挥着重要的作用。政府的参与，不仅使先导院自身部署与政府宏观产业规划、战略布局实现深度融合，而且能促进政府方与先导院入驻企业紧密联络和对接，将政府政策制定与企业实际需求紧密融合，提高政策制定的精准程度和企业问题解决的实时程度。

产业方是先导院生态中的核心，既是先导院服务的核心对象，也是先导院设备平台、专业服务等工作部署的最直接驱动方。在先导院创新生态中，目前已经聚集了奇芯光电、卓镭激光、赛富乐斯等数十家企业。先导院将创业企业纳入自身的业务发展之中，能够直接掌握行业最新发展情况，深度了解企业对设备平台及相关专业服务的需求，并协同打造最契合创业企业需求的“硬支撑”和“软服务”体系，提升“筑巢引凤”的能力与水平。更为重要的是，通过吸纳创业企业的参与，先导院产业链和创新链体系逐渐完善，形成链条最完善的创新与产业发展体系。这些创业企业在先导院平台上也实现了产业链上下游协同联动，提升了其关键核心技术整体攻关能力。

学研方是先导院源头创新的重要支撑。目前先导院平台上整合聚集了陕西省光子领域最强大的科研主体，包括中科院西安光机所、西安电子科技大学、西安邮电大学等，同时还与航天711所、中科院微电子所、中科院半导体所、苏州纳米所、西北工业大学、西北大学，以及芬兰Slush、比利时IMEC、美国IMT等科研机构建立了紧密合作关系，并在先导院创新生态中发挥了不可或缺的作用。一方面，科研院所基于其强大的基础科研优势，能够为先导院入驻企业提供源头创新供给。先导院中很多企业便是直接由中科院西安光机所科研成果孵化而来的。另一方面，入驻企业的产业技术需求和技术创新突破，反向牵引中科院西安光机所科研部署方向和设立新的学科，如中科院西安光机所生物光子学、特种激光等就是在入驻企业的反向推动下形成的新学科。先导院的纽带作用，创新链和产业链实现深度融合，为国内“围绕产业链部署创新链，围绕创新链布局产业链”两链融合模式提供了实践经验。

基金是先导院生态中关键要素之一。先导院的入驻企业多由科研院所科研成果转化而来，这些项目与传统企业不同，创始人多为科研人员，初始资金相对于成熟的企业家而言较为不足。基金的缺失使科研人员陷入“巧妇难为无米之炊”的尴尬境地——难以启动项目研发及人才整合。基于此，先导院发起成立了陕西先导光电集成科技基金，为光电子初创企业及科技成果转化项目提供“第一笔资金”支持。同时，先导院还基于西科控股、中科创星在科技创新领域的强大资源能力，为入驻企业链接各类金融资源，保障企业能够获得全链条、全生命周期的金融供给，满足企业各阶段发展需求。

先导院生态体系中的“用”主要是指产业应用主体。产业应用是科技创新最终的归宿，先导院认为创新生态中如果缺少产业应用的牵引，就难以实现创新闭环，也不利于创新生态和产业集群做大做强。出于此方面的考虑，先导院自成立之初便结合光电子应用方向，在全国范围内整合产业应用龙头资源。如今，先导院平台已经吸引华为、海康威视等一大批产业龙头汇聚。这些产业龙头不仅为企业提供大量订单，而且在工艺方面的优势和基础能够支撑创业企业产品的持续优化和迭代，加快创新和研发速度并提高成熟度。另外，创业企业灵活的机制及创新效率、研发的产品和技术，还填补了产业龙头的产业链缺失，特别是在美国对中国进行技术封锁的背景下，支撑和保障了龙头产业安全与稳定。在先导院平台上，逐渐构建起大中小深度融合融通、开放创新的产业生态。

孵化既是先导院创新生态中必要的一环，也是最基础的要素。初创企业多为科研人员创立，其擅长技术研究开发，但如何办公司、当总裁、做经营，这些都是需要弥补的短板。同时，创业企业中专业化设备和实验平台的使用和调试也需要专业化技术人才，而国内相对缺乏这类工艺工程人才，且成立之初，因运营成本限制，很难组建专业化的工程师队伍。此外，空间需求也是初创企业成立初期必不可少的，硬科技企业在层高承重、厂务设计、洁净度、科技空间配套公共仪器设备平台等方面要求较高，而这些在企业创业初期依靠自身实力是难以实现的。为了帮助企业提升管理水平，最大化降低企业创业初期成本，先导院打造了完善的孵化体系。针对科研人员不会创业的难题，依托中科创星创业服务体系，为企业提供创业培训服务，使科研人员少走弯路。同时，为企业提供战略规划、市场对接、品牌宣传、投融资对接等一站式、全方位的孵化服务，满足中小型科技企业资本、研发、技术、市场、渠道等全链条创业需要。针对空间需求，先导院为企业量身打造了契合硬科技需求的空间载体，满足企业“拎包入住”需求。通过构建全要素的孵化服务体系，先导院为创业企业解决了可能存在的“后顾之忧”，使其心无旁骛地专注于技术和产品的研发。

通过“政、产、学、研、资、用、孵”生态体系建设，先导院在政府的产业规划、战略布局、资源投入分配等方面，高校院所的创新链部署、科研任务制定、关键核心技术攻关重点等方面，产业界的战略方向、企业发展需求、补链强链重点等方面，实现了战略思想统一、战略部署协同、战略任务联动，提升了光子产业政产学研协同作战能力，并进行光子产业“一盘棋”谋划，推动光子产业补链强链和快速发展。

2.“公共平台+专项基金+专业服务”的服务模式

在构建生态的基础上，先导院围绕关键核心技术攻关和创业企业核心需求，打造了“公共平台+专项基金+专业服务”的服务模式。先导院公共技术平台拥有近3000套设备，且配备了近10000平方米的千级、万级、十万级洁净厂房。具备4英寸、6英寸VCSEL芯片研发生产能力，生产线可支撑清洗、薄膜、光刻、刻蚀、溅射、湿法氧化、键合、研磨抛光、退火等加工过程并提供三五族化合物半导体材料的外延、薄膜沉积、刻蚀、研磨、抛光、切割和测试等服务。先导院还组建了信息光了器件与光子集成研究中心、先进半导体激光材料与器件研究中心、特种激光技术研究中心、微纳光机电器件与系统工程中心、生物光子学研究中心，为入驻企业提供研发方面的支撑。

前文对陕西先导光电集成科技基金设立的初衷进行了介绍，而基金具体的运营和服务也与其他社会资本有所不同。先导基金发起成立于2016年8月，总规模10亿元。当时，大部分市场化资本倾向于投资诸如互联网等

“短、平、快”项目，而陕西先导光电集成科技基金则反其道而行之，坚持投硬、投早、投小、投长理念，主要投向具有高成长潜力、拥有自主创新能力的种子期、初创期的早期硬科技中小企业，希望为国家和社会培育一批有核心绝活、不被“卡脖子”，甚至“未来还有望卡别人脖子”的硬科技企业。截至目前，先导院基金累计投资霍尔传感器项目、磷化铟外延片项目、硒化锌项目、光纤传感器项目等近90个项目，在企业关键核心技术攻关和成长中发挥着不可替代的作用。

不同于一般的创业服务，先导院创业服务显得尤为“硬”，需要具有多年丰富经验的工程工艺人才支撑。先导院通过组建专业技术团队，使企业间可以“共享”这些人才。先导院提供的专业服务有以下几项：一是设备工艺服务，可提供氮化镓、砷化镓材料的外延加工、芯片加工、工艺调试及测试服务。其中包含外延工艺服务和芯片工艺服务，外延工艺服务能够提供MOCVD、PL、XRD、EL、场发射SEM、晶圆表面缺陷检测仪、金相显微镜等设备及设备运维；芯片工艺服务可提供薄膜沉积、湿法/干法刻蚀、光刻、湿法氧化、原子层沉积、研磨、抛光、切割等设备。二是机电工程咨询服务，可提供电子类厂房建设咨询、生产工艺规划咨询。包括无尘室建设咨询、动力供给系统咨询、设备二次配安装咨询、特殊气体供应系统安装咨询等。三是设备销售和翻新服务，主要提供国内外半导体设备翻新及售后服务，二手半导体设备调研、销售及售后服务，并代理销售半导体设备仪器与耗材，提供备件安装与材料验证服务，精密仪器设备拆除、打包、运输、定位、安装、调试、工艺验证等服务。

3.“四位一体”创新型服务平台

光电子产业工艺技术中心。建设硅光芯片封测工艺平台，为集成芯片研发、设计企业提供产品封测及应用的公共平台。平台与企业共同研发共性技术，以此实现光电子产业关键核心技术、集成技术与共性技术等的突破。通过集成原创专利，推进其产业化进程，进而抢占技术与应用的制高点；通过攻克核心技术与核心器件，突破行业技术发展瓶颈，把握核心技术攻关，支持产业技术向更好、更快、更省升级，提供共性技术，引领产业快速发展。

光电子产业孵化中心。利用光电子产业基金，打造科研与金融联手的新型模式，形成可持续发展态势。建立支持硅基光电子集成技术研发与产品制造核心企业腾飞、小企业创业的投融资平台，投资、孵化、培育一批能够参与国际竞争的高科技企业，打破国外技术垄断。

光电子产业资源统筹中心。全面建立以光电子领域创新创业资源统筹为主要服务模式的资源共享体系，通过全方位汇聚光电子集成领域专家人才、科研成果、设备仪器等方面的信息数据，探索光电子产业创新服务链整合、供需对接的交互式平台型服务模式，为研发设计、技术转移转化、设备仪器、科技咨询、科技金融等方面的服务提供支撑。

光电子产业人才引育中心。建立光电子产业人才培养体系，利用国家相关人才计划引进国内外光电子技术高端领军人才和专业团队，培育研发骨干、掌握专业技术的光电子科技人员。建立和完善人才激励机制，落实科研人员科研成果转化的股权、期权激励和奖励等收益分配政策。

啃硬骨头，勇攀光子技术之高峰

在攀登光子技术高峰的征程中，先导院与一批励志“欲与天公试比高”的团队一路同行。对于创新主体，先导院为各类创新主体提供创新研发、中试转化所需的各项技术服务，加快了创新成果的工程化，缩短了研发品向工程品过渡以及工程品到市场化产品投放周期。通过先导院提供的技术服务，各类创新主体只需专注于创新成果中小批量的实现，而无须关注研发生产所需的各项辅助资源与管理运作过程，提升了自身创新成果研发与工程化效率。作为创新平台，先导院解决了实验室无法工程化创新成果，而成熟批量芯片代工厂又难以承接工艺还未成熟的创新产品的两难局面，做到了有效的工程化衔接。

众多企业在先导院平台上，实现了关键核心技术的快速攻关与突破。耶鲁大学团队仅用半年时间就研发出全球首款半极性氮化镓衬底工程品，并与苹果、东京大学、欧司朗等多家客户建立了合作关系。通过平台支持，龚平博士回国组建的唐晶量子团队仅用大半年时间就研发了砷化镓VCSEL外延片，其部分指标已达到行业龙头英国IQE的水准，已向国内多家客户送样测试。同样，入驻平台的奇芯光电在创始人程东博士的带领下致力于高水平集成的PIC解决方案，团队自主研发出了全球唯一高折射率差、低损耗、低成本及三维大规模光电子集成技术，已与脸书、亚马逊、三安光电等企业建立了供应关系。总的来说，平台企业的多项科技成果及产品突破了国外垄断、实现了进口替代、填补了国内空白，在光电子芯片细分领域处于国内领先地位。

（一）奇芯光电：攻破全球第一高折射率差、低损耗光子集成技术

1. 光电子集成领域发展现状

在过去的半个世纪，微电子芯片的集成规模提升了10亿倍以上，已广泛应用于计算机、移动通信、航空航天、原子能、海洋开发、生物工程以及工业生产等领域，使人类社会变得越来越便捷和智能。

经过50多年的发展，集成电路产业已进入“后摩尔时代”，减小芯片线宽的难度越来越大，微电子技术面临着不可逾越的电互连导致的延时和功耗方面的限制，于是科研人员提出利用光子作为信息载体来替代电子的设想，希望可以利用光子更高效地完成信息的传输。光电子与微电子的融合，不仅可以发挥光电子在信息高速传输上以及微电子在信息高效处理上的优势，还可以在实现信息高速传输的同时有效降低传输与交互功耗。总之，光电子集成技术是为了满足现代社会信息技术向高速、节能、智能发展的需求应运而生的。

国外从20世纪80年代开始就在光电子学领域投入大量人力和物力。21世纪以来，美国、日本、德国等国家更是将光电子提升到国家战略层面，围绕光电子集成技术部署了许多重大的研究计划，投入大量人力、物力进行高端光电器件的研发，提升了各国信息领域的整体水平。我国也十分重视光电子集成技术的发展，在基础理论研究、系统架构研究、工艺控制能力、前沿应用探索等方面虽然落后于国外，但均有一定的技术积累。幸运的是，该领域尚未形成垄断，不存在装备壁垒，我国仍有赶超的机会和时间窗口。

2. 光电子集成领域面临的挑战和机遇

在光电子集成技术领域想要实现快速突破，就必须正视其发展所面临的

困难和挑战。其中最大的一个挑战是如何将多种不同材料的功能单元器件集成到一个芯片上：在这些器件中，有源器件功能的实现依赖于光与物质的相互作用，而无源器件要求将光能量的损失降到最低，尽量减小与物质的相互作用，这本就存在矛盾。此外，有源器件一般以III–V族化合物半导体为主，而无源器件一般以硅和硅基化合物为主，实现机理和材料的差异成为多材料大规模光电子集成技术发展必须克服的关键问题之一。另一个挑战是如何保证光电子集成技术的可持续性发展和应用扩展。

2020年，中国在光电子集成芯片细分领域的全球市场占有率仅有1%，而且“1%”或许只是“研发”上取得突破，并不意味着产业化。目前，我国的高端光电子集成芯片严重依赖于博通、三菱等美日公司。但因光电子集成芯片领域是一个涵盖几十门学科、几百种技术、几千类产品、几万家公司的综合性、生态型、动态型技术领域，全球尚没有任何一个国家拥有独立自主、完整可控的生态链，所以该领域尚未形成垄断，我们仍有赶超的机会和时间窗口。因此，建设光电子集成技术领域“新赛道”、占领国际光电子集成技术领域制高点、引领中国光电子集成产业发展具有跨时代的革命意义。

3. 回国创业，立志解决国家光子信息行业无“芯”之痛

在国家双创精神的感召和政策引导、政府筑巢、产业强国的大环境支持下，程东博士放弃国外高管的优厚待遇，带着来自美国、加拿大的两位国际顶尖人才和五位业内专家顾问组成的跨国团队回国创业，立志掌握未来光子信息核“芯”技术，解决我国光子信息行业的无“芯”之痛。

奇芯光电瞄准下一代光电子集成信息技术，重点突破有源与无源功能器件在材料层面的不兼容性问题，选择合适的集成材料平台并突破材料异质集成、器件加工、集成工艺等一系列关键技术难题，突破光电子集成新材料体系研究、芯片设计、芯片制备与封装测试工艺技术，研发高端光电子集成芯片、器件和模块等商业化产品，重点解决我国在高端光电集成核心器件被国外厂商“卡脖子”问题。其产品打破美、日、韩等国长期技术垄断，在满足国内需求的同时积极抢占国际高端市场，从而在光电集成芯片领域制衡西方发达国家。

4. 大浪淘沙沉者为王，风卷残云胜者为王

奇芯光电成立至今，历经技术产品突破、企业运营管理、企业资金投入、企业人才引入、企业产能提升等层层难关，最终“凤凰涅槃、浴火重生”。

奇芯光电为实现产品小批量生产，并解决产品FAB生产加工工艺、硅基改性材料体系技术命脉在代工厂的泄密问题，通过租赁代工厂设备与工艺人员驻厂方式克服困难，2016年自主研制用于数据中心的波分复用套片和组件并实现批量化生产。

奇芯光电为提高产品良率、占领高端器件市场，历经近四年沉浮。2020年，混合无源光网络线路终端模块产品终于问世，该产品是公司元老级工程师们夜以继日连续作战的成果。他们不忘初心，牢记使命，最终在国内率先研制出以频谱重构光子集成芯片为核心的直调激光器，替代了进口外调激光器，解决了我国高速光芯片和光器件“卡脖子”问题。

2019年，奇芯光电曾遭遇资金短缺、人才流失困境。为留住核心人才，公司不惜财力，通过项目奖金池、股权激励、人才补贴等方式激励核心团队，降低了人才风险。现在人才队伍稳定，为公司长远发展提供了有力保障。竞争企业以产品降价抢占市场“蛋糕”，打破了潜在市场运营模式，奇芯破釜沉舟、背水一战，持续提升产品技术及性能，秉承产品高性能、优质量、全方位的服务理念，打赢市场竞争战役。2019—2020年，其迎来史上最严格的融资期之一，尽管2020年全球受突如其来新冠肺炎疫情影响，奇芯光电还是完成了达晨财智和中信产业基金等融资机构高达2.4亿元的融资。

5. 企业技术实现重大突破

（1）全球唯一可量产的基于硅基改性材料的光电子集成混合材料体系。奇芯光电基于硅基改性材料建立光电子集成混合材料体系，克服硅和二氧化硅天然固有的波导损耗大、温度敏感性差、工艺控制精度低、工艺设备要求高、成本居高不下等问题，利用成熟的CMOS工艺在不需要高精度工艺设备的条件下完成材料生长，充分发挥出不同材料的最大优势，制作出性能最优的单元器件，并将其集成在一张晶圆母片上。其自主开发的新型三维集成无源介质波导技术，突破高均匀度薄膜沉积、精确材料组分、高精度侧壁粗糙度控制等关键工艺，实现高折射率差（1%~25%，片上动态可调）、低损耗光波导（片上光传输损耗小于0.01dB/cm）、高效的三维立体光子集成回路，并兼容硅、锗、III–V族等多种晶圆材料，可通过商业化CMOS工艺完成芯片制备，在损耗、双折射率、弯曲半径等方面具有明显优势，整体性能指标处于国际先进水平。

（2）超高耦合效率的混合集成封装技术。奇芯光电团队针对光电子集成芯片开展了高效率片上／片间等一系列耦合封装技术开发。同时，针对光纤、激光器、调制器、探测器等多种复杂的光接口形态，成功研制出多类型模斑转化器、梯度折射率波导透镜和45度角反射镜等片上功能器件，将激光器芯片与光子集成功能芯片的耦合效率在无任何透镜辅助的条件下提高到90%以上，远优于分立器件产品40%~45%的耦合效率（在单透镜辅助下），从根本上解决了光子集成器件开发中普遍遇到的散热和光串扰两大世界性难题。

（3）超高均匀一致性的芯片开发制备工艺。半导体工艺的可重复性是芯片设计开发的基础，而均匀一致性则是芯片量产的核心。在光子集成领域，光信号在光芯片内部的传输距离可以从纳米一直延伸到米。因此，设计与工艺的有机结合是研发具有可生产性的高性能光子集成芯片的必要条件。奇芯光电团队在有效降低平面光波导的传输损耗的同时，不断优化工艺，使芯片工艺敏感度达到0.0125%，相比商用CMOS工艺敏感度提升400倍，为规模化光子集成芯片的制备提供了稳定可靠的关键工艺。

目前，公司成功开发用于数据中心的波分复用/解复用套片、用于超大规模数据中心的高集成度波分复用/解复用组件、用于有线电视的集成波分复用光接收机、用于光纤到户的混合无源光网络线路终端模块的多款高竞争力商用化产品，并成功打入国际市场，为我国的高端光电子集成产业提供了自主可控的核心技术，加快了芯片、高端光器件的国产化、自主化进程。同时，奇芯光电正在建立创新型光子集成产业生态集群，以产业理念部署科研任务，利用科研成果推动产业化发展。

（二）赛富乐斯：全球首家量产工业级半极性氮化镓材料

1. Micro-LED：新一代显示技术

Micro-LED是新一代显示技术。2012年索尼公司在CES上推出“Crystal LED Display”电视产品，标志着Micro -LED技术在消费电子领域开始应用。2014年，苹果公司收购了拥有低功耗Micro-LED显示技术专利的小公司Lux Vue，令人们再次密切关注Micro-LED技术发展，同时也激发了产业界的高度关注和投入。研究机构LEDinside预计，2025年Micro-LED市场规模将达到29亿美元，其中大尺寸显示器产值接近20亿美元，占全部应用的68%。随着生产可行性和经济成本的不断提升，Micro-LED还将有望快速扩展到可穿戴/可植入器件、AR/VR/MR、光通信/光互联网、医疗探测、智能车灯、空间成像等多个领域。

我国把Micro-LED的研发提升到国家战略的高度，各地方政府在政策和资金方面纷纷加大支持力度。2019年2月工业和信息化部电子信息司在京召开Micro-LED显示终端产业发展座谈会，各参会单位代表围绕国内外Micro-LED显示终端产业发展的现状与趋势、产业链组成及技术路径、各单位研发及产业化情况、产业发展面临的困难和问题等进行了交流发言，并对推动Micro-LED显示终端产业发展的工作思路与政策措施提出了建议。

根据权威产业研究机构Yole Développement的最新数据，目前Micro-LED显示产业已有125家公司及组织提交了近1500项专利。而现下Micro-LED显示技术虽然优势明显但却未广泛普及，是因为还存在关键技术瓶颈——巨量转移问题。

陈辰带领他的项目研发团队为突破当前制约Micro-LED显示技术发展的技术瓶颈问题，采用独有的NPQD Micro-LED全彩转换技术，解决了世界范围内的“卡脖子”技术难题——巨量转移问题，能够实现Micro-LED的量产和应用推广，有力推动了我国半导体产业发展。

2. 立志做中国的半极性氮化镓材料

2014年，陈辰与韩仲教授相识于美国康涅狄格州耶鲁大学的一个讲座上。彼时，陈辰对固态照明显示行业了解不多，更遑论氮化镓材料这种前沿研究。讲座结束后，他再次找到了韩仲教授，聊了很多，结果这两个年龄相差20岁的人结成忘年交，相约做半极性氮化镓材料的商业化探索。

20世纪90年代，自中村修二研发出蓝光LED以来，以第一代半导体发光材料为核心的固态显示及照明已走过20多个年头。发展至今，其亮度已经达到极限。想提高亮度，只能单纯增加LED芯片数量。而在大功率照明及新型显示（3D投影、VR等）上，第一代材料已无法满足人们的需求。半极性氮化镓材料被寄予厚望，成为光学研究材料的热点，其单芯片亮度理论上可以达到过去的10倍，但该材料的生产一直停留在实验室阶段。韩仲教授已在这一领域积累了6年的研究经验，解决了其发明者——诺贝尔物理学奖得主中村修二也不能解决的批量生产的问题。

2014年11月，陈辰与韩仲教授成立Saphlux，之后回国寻求融资，并于2017年5月落地西安，成立西安赛富乐斯半导体科技有限公司，建立生产型基地，利用先导院平台提供的完整的LED产业线和产业链等一系列专业化设备，使产品快速从实验室走向市场，进入量产阶段。

2019年SID展会上，赛富乐斯创新性地发布了NPQDTM Micro-LED全彩转换技术，解决了芯片量产中的分Bin、低红光EQE、色彩偏移、高材料成本等问题，成功制备出了高光效、低成本、小尺寸、高可靠性的新型NPQD Micro-LED。通过该技术，团队能为Micro-LED制造商提供高性价比的Micro-LED产品解决方案。其于8月正式落户宁波，成立宁波赛富电子有限公司，进行Micro-LED芯片的研发和销售。

2019年12月，赛富乐斯在山东省设立子公司——山东省赛富电子有限公司，主要进行Micro-LED芯片的研发及量产，一期已建成一条主要以蓝宝石衬底为原材料、年产量过亿颗的Micro-LED红绿光显示芯片的生产线。项目全部建成后，预计将实现年产芯片1亿颗，年产值数亿元。

他们的产品可广泛应用于Micro-LED显示、半导体绿光激光、大功率LED、可见光通信等前沿领域，目前正与客户——苹果、三星、LG、台湾群创、利亚德等国际知名企业合作，全方位开启了应用产品的开发和推广。

3. 不破楼兰终不还

赛富乐斯成立后，其团队很快就投入新材料的研发中，目标很明确：解决大尺寸半极性材料的生产难题。但材料存在缺陷，直接导致性能大幅下降。据赛富乐斯负责人介绍，有一种像头发丝的层错，业界所有的研究机构都无法解决。好在，他们之前的实验曾经消除过这个缺陷。

但接下来的几个月，无论做何种尝试，缺陷一直存在。山重水复之际，转机出现，赛富乐斯团队再次研制出无缺陷材料。对比两次实验后，他们终于找到了原因。原来，耶鲁的设备不仅赛富乐斯团队在用，某个团队做完实验后，设备中残留的元素无意中消除了材料的缺陷。赛富乐斯团队感慨地说："那时候真正体会到了，当你努力到无路可走的时候，上天会为你打开另一扇窗。"

经过三年的研发攻关，2016年团队解决了半极性氮化镓材料的长晶、材料性能等各方面问题，但这还远远不够，突破技术材料性能难题后，下一个亟待解决的问题是提高产量。只是，从实验室到生产线，谈何容易！

生产LED外延片设备最常用的设备之一是MOCVD外延炉，一台MOCVD设备就需数千万元人民币，要打造一条LED产线往往要耗资上亿元。当时，赛富乐斯还处于基本没有营收的研发阶段，扩建生产线这笔费用对于一家初创企业来说，不啻为"不可承受之重"。

此时，恰逢西安大力发展"硬科技"，陕西光电子集成电路先导技术研究院收购了一个LED芯片厂及其全套生产线，计划将其打造成为半导体项目孵化器。在这个LED芯片代工厂中，有19台企业"梦寐以求"的MOCVD设备。

此后，赛富乐斯按租用的方式使用设备进行生产。2017年11月，赛富乐斯研发出了4英寸半极性氮化镓材料。至此，赛富乐斯成为全球首家实现量产工业级半极性氮化镓材料的厂商。产量提高了，但在开拓市场的过程中，又出现了新的问题：现有LED产业链已经非常完善，传统的固态发光材料在满足性能需求的同时，价格也十分低廉。

相比之下，半极性氮化镓材料在技术和性能上有优势，但并不是中低端LED市场必需的材料。在这种情况下，他们发布了NPQDTM Micro-LED全彩转换技术，不同于当初单方面看好半极性氮化镓材料的市场前景，选择NPQD技术，是出于实现Micro-LED技术以及对赛富乐斯自身情况的双重考量。

一方面，NPQD技术能够从成本、光效、色彩表现上解决Micro-LED技术面临的问题。另一方面，2008—2009年，NPQD技术已在耶鲁大学的实验室中成形。对创办于耶鲁、创始人之一就是耶鲁教授的赛富乐斯来说，NPQD技术无疑是攻坚Micro-LED技术的最好抓手。2019年5月，在国际信息显示学会（SID）2019显示周上，赛富乐斯正式推出NPQD技术。目前，NPQD技术的0406红光Mini-LED已经实现出货，对Micro-LED的产品布局也在稳步推进，并已接到大企业对NPQD Micro-LED技术的研发单。

赛富乐斯自成立以来，先后得到了真格基金、耶鲁ESV、利亚德光电、中科创星等多家国内外著名投资机构的认可，并分别于2015年和2017年完成了两轮约1100万美元的融资，这些资金在支撑产品持续迭代和量产方面起到了至关重要的作用。

4. 实现氮化镓发光材料重大突破

经过在氮化镓发光材料技术上的多年积累及不断创新，赛富乐斯目前已形成两项业界独有技术：NPQDTM Micro-LED全彩转换技术及半极性氮化镓材料制备技术。NPQDTM Micro-LED全彩转换技术，即通过结合纳米孔结构和量子点技术，利用纳米孔独特的散射效应及光场耦合效应，大幅增加有效光径，提高光转换效率，突破量子点原位封装技术瓶颈，制备高光效、小尺寸、高可靠性的新型NPQDTM Micro-LED，并在同一晶圆及芯片上集成红绿蓝三原色，大幅降低了芯片及后续分选、转移、修复等的生产成本。半极性氮化镓材料制备技术，即采用独有的定向外延生长技术（Orientation Controlled Epitaxy），在蓝宝石衬底上直接生长具有高质量、低层错、大尺寸、低成本等特点的半极性氮化镓晶体。项目团队经过近七年的努力，成功使用 MOCVD 方法生长出了全球尺寸最大的 4 英寸半极性氮化镓模板，是全球目前唯一一家能够量产大尺寸、高质量、低成本的半极性 GaN 模板的公司。

赛富乐斯独有的两项技术，目前在全球范围处于行业的领先地位，作为整个行业的上游，对于打破国外技术垄断、攻克核心技术“卡脖子”难题具有非常重要的意义。项目团队有望连同周边聚集产业共同发展芯片技术，开发显示产业应用，占领全国乃至全球显示市场份额，为国家科技自立自强、区域经济发展起到重要的支撑作用。

（三）中科阿尔法：让国内企业用上自己的磁传感器芯片

中国汽车产量、销量均是全球第一，但却不能称为“汽车强国”。中国要制造高品质乘用车，就应该从生产高品质传感器开始攻关。只有在发动机、变速箱、汽车底盘上大量使用高品质传感器，才能使汽车更安全、更舒适、更节能，这也是高品质汽车的标准要求。目前我国使用的汽车传感器95%以上都掌握在外资企业手里。据权威的IHS 2017年商业报告统计，国内磁传感器芯片市场规模2016年为43亿元，2022年将达95亿元；与其相关的磁传感器模块市场规模分别达603亿元和1300亿元。以高端磁传感器芯片为例，高灵敏度可编程磁芯片、三维磁传感芯片、磁编码芯片等，由于涉及混合信号集成电路设计以及芯片级磁传感的技术门槛，基本上被国外品牌如Honeywell、Micronas、Melexis等垄断。

西安中科阿尔法是国内一家致力于磁传感器芯片及其模组设计与制造的初创企业，公司成立于2016年，落地在西安高新区创新型产业孵化平台——先导院内。目前在研发生产包括磁性开关位置传感器、磁性速度方向传感器在内的共四大类产品，主要业务集中在IC设计及性能测试两大块儿。

公司创始人张文伟博士在20世纪90年代初获得博士学位后，踏上出国之路，攻读全球知名学府牛津大学通信专业博士后。此后又获得英国格拉斯哥大学工商管理硕士（MBA）学位。在英国获得学位后，他进入全球知名汽车零部件企业从事传感器相关产品研发工作。超强的业务能力让张文伟一次次获得企业的高度认可，这也为他后期创业打下了坚实的技术基础。张文伟博士曾在Honeywell、Micronas等著名的磁传感器设计公司担任技术研发经理及全球技术总监等职务，申请了9项美国专利及1项英国专利，主持过超1000万美元项目2个，超100万美元项目9个，积累了深厚的技术储备及丰富的市场资源，是世界知名的磁传感器领域专家。目前，他还担任中科院西安光机所研究员和博导，主要研究方向为磁传感器芯片，目标是实现汽车级磁传感器芯片的国产化。

2016年，张文伟带领团队创立了西安中科阿尔法电子科技有限公司，总部位于西安市，研发中心分别位于英国Surrey和德国Freiburg，是一家磁性传感器SOC芯片研发、生产和销售的公司。公司拥有自主创新的核心技术，研制开发了各类磁开关系列芯片、磁速度/方向传感器、线性传感器以及磁编码器等，产品可广泛应用于汽车、工业、医疗以及家电等领域。目前已经开发霍尔开关传感器共32款，霍尔线性传感器共7款。

除创始人外，中科阿尔法还拥有一支很强的IC设计及测试团队。核心团队具有非常丰富的专业知识和经验，研发成员有来自上海交通大学的博士、上海技术物理研究所的工程师，还有多名经验丰富的IC设计工程师，他们均在集成电路知名企业承担过重要工作。

中科阿尔法拥有全自主设计且性能可控的技术。对于汽车应用，可靠性、精度是关键。目前中科阿尔法已通过了ISO90001质量认证体系，先后获得了多项荣誉：中国第六届创新创业大赛电子信息组一等奖，全国第六届创赛电子信息组一等奖，陕西省第四届创新创业大赛电子信息组一等奖，陕西省第四届创赛电子信息组一等奖，西安市优秀留学回国创业企业，西安市优秀留学生创业奖，等。

中科阿尔法创立初期，由于成立时间短，专业技术人才引进困难，如何引进人才、留住人才，成为公司面临的主要问题。

针对此问题，张文伟博士转变思路，以开放的态度，努力吸引更多高素质的专业人才加入，不断充实人才库；完善人才培养制度，制订了详细的人才培养计划，包括对公司研发人员的各项技术开发培训，以及对生产和销售人员的业务培训等。

他主动实施人才战略，突破公司发展的瓶颈。中科阿尔法在人员方面面临的主要问题是，有丰富管理经验的技术人才少，独当一面的人才少，高素质管理人才少。公司要发展，仅靠目前的人员显然不够，市场的竞争，实际是人才的竞争，因此，要在做好企业现有人员素质情况调查的基础上，认真分析企业人才结构，根据企业未来发展需要，制订培养人才的计划。要改变用人观念，大力加强人才的引进和培养，在用好公司现有人才的基础上，引进和聘用目前急缺的人才，同时加强对新来大学生的培养力度，做好人才储备。

经过企业团队的不懈努力，已开发完成包含开关传感器SOC芯片系列在内的17种产品。该技术的创新性表现在以下几方面：

（1）兼容DSP、EEPROM、霍尔基片和温度传感的SOC设计技术：将这些模块设计在一片硅上，提高可靠性。通过终端校准，补偿参数输入EEPROM，由DSP计算，使传感器获得所期望的输出值，消除各类误差。

（2）耐高压特有工艺及设计技术：增加外延层厚度，减小外延层掺杂扩散浓度，耐压提高至50V。再通过级联设计，进一步提高耐压至90V。

（3）灵敏度设计技术：包括4象限设计和霍尔基片几何结构优化两种技术，采用4象限高精度霍尔基片对称分布，灵敏度提高3倍，温度梯度和封装应力产生的磁漂移降到最低；以优化设计霍尔基片的形状、大小、电极接触位置和提高屏蔽来提高灵敏度（提高0.5倍）。

（4）PCA结构设计：在标准工艺的外延层方阻限制的基础上，在外延层上增加一层P基层，增加外延层的等效方阻值，从而提高了霍尔基片的灵敏度，减小偏置，减小传感器的功耗。

（5）高ESD防护设计：设计了Vdd和芯片输出级和地之间的钳位结构，提高ESD能力至8kV。

张文伟博士在英国的Honeywell和德国的Micronas工作时，就对以上这些创新有所触及，并反映在研发成功的产品中，为两家公司创造了巨大的价值，因此获得霍尼韦尔总裁奖、股权激励，并获评院士称号。

目前的研究开发内容有砷化镓磁传感器芯片、耐高压磁传感器开关、高精度激光调阻线性传感器、齿轮传感器芯片、CMOS 车用传感器芯片系列、速度方向传感器芯片、全级汽车级磁传感器芯片、低功耗全级传感器系列。

中科阿尔法拥有自主创新的核心技术，获得美国发明专利10项、国内授权专利9项，10余项国内专利正在审批中。目前已经研发9大类40余款磁传感器芯片，其中7款磁传感器芯片已经成功量产。同时向多家电子装配公司送样，与行业内多家企业建立联系。

十年磨剑，助力国家创新驱动发展

科技创新是一场“长跑赛”“马拉松”，特别是“两机一芯”等“卡脖子”技术攻关，比的是坚持，拼的是耐力。先导院非常重视“十年磨剑”精神在其事业中的重要性。经过6年的深耕，先导院最终培育出光子技术领域制造业产业公地，为国家和区域创新驱动发展提供了一个持久有效的模式，在顶尖人才引育、关键核心技术突破、产业集群培育等方面取得初步成效和影响。

（一）培育光子技术领域制造业产业公地

科技进步和高端制造发展一个关键的指标是核心技术和核心零部件的自主研发和自主供给能力，而核心技术和核心零部件的自主研发和自主供给能力，需要一个庞大的生态体系作为支撑。建设一个什么样的生态体系，如何建设这个生态体系，直接影响着整个产业的发展。先导院借鉴美国半导体产业发展经验，提出建设光子产业领域制造业产业公地。

产业公地的概念最早由哈佛大学加里·皮萨诺和威利·史两位教授提出，是指根植于企业、大学和其他组织之中的研发与制造的基础设施、专业知识、工艺开放能力、工程制造能力等。这些能力共同为一系列的产业成长和技术创新提供基础，实现各个主体之间的共融共生。产业公地是多个产业共享的网络体系，其强劲的溢出效应维系着区域内利益共同体的发展，处在产业公地中的企业可以共享供应商、人力资源、配套设施等优质资源，并且与其他企业实现共融共生。因此，产业公地成为维系国家或区域一系列产业持续成长和创新的各种能力和要素交织形成的集合，对于汇聚更多创新发展的要素资源，推进产业上下游紧密衔接，促使产业链布局更加完整、产业生态更加完善具有重要意义，对以硬科技为核心的高端制造业发展起到了较大的推动作用。

产业公地好比自然界的生态系统，是一个内在的、无形的共同体，每一个要素，包括竞争对手、供应商、消费者、工人和大学、企业、政府等，都在无形中相互影响着，共同组成一个带有某种特殊基因的领域。在此领域中，各要素之间存在直接或者间接的相互促进关系，共同支撑一个产业的发展和持续运行。产业公地的形成，需要长达几年乃至数十年的积淀。一旦培育成功，就能够在该领域持续产生强大的引领性成果，从而形成强大的虹吸效应，无形中吸引优势资源向产业公地聚集，反过来进一步支撑更多引领性成果，实现良性循环。30年来，半导体产业公地深深根植于美国，晶体管、集成电路、动态随机存取芯片和微处理器都是在美国发明并率先制造出来的，所有关键制造环节的供应商都集中在美国，如半导体先驱IBM和德州仪器等公司，硅谷的半导体产业成为带动美国经济持续高速增长的发动机。

但是，如果系统中任何一类成员数量减少，那么这些资源的退出就会导致其他成员生存能力的降低。美国大量企业专注于芯片设计而将生产外包至其他国家，部分成员的消失，使产业公地受到侵蚀，导致美国整个半导体产业公地东移，此后产业一系列连锁反应使美国旧金山湾区精密制造需求下降，造成航空航天、精密仪表等产业发展出现问题。此后，中国台湾抓住了半导体制造从美国硅谷向亚洲转移的历史机遇，建立了台湾工研院（堪比产业公地），以较强的平台能力支撑了台湾半导体产业的起步和发展，先后培育出世界半导体代工领域第一名的台积电和第三名的台联电，以及手机芯片设计领域世界第二名的联发科，使台湾半导体产业一直处于国际领先地位，全球70%的半导体芯片制造产能集中在台湾，引领台湾经济飞速发展。

先导院致力于打造后摩尔时代的光子技术领域产业公地。当关注到世界集成电路发展受物理极限限制难以为继时，先导院便敏锐地把握了这一历史性机遇，“剑指”后摩尔时代、中国版的光子领域制造业公地。

目前先导院的光子技术产业公地已经初步形成。为构筑包含基础设施、专业知识、工艺开放、工程制造等能力且包含一系列的人力资源、供应商和配套资源的公地生态，先导院发起成立了陕西省光电子集成产业技术创新战略联盟。目前联盟已发展了41家联盟单位，包括高校、研究院所、企业。其中高校包括西安交通大学、西安电子科技大学、西安邮电大学；研究院所包括西安光学精密机械研究所、西安微电子技术研究所。

联盟内的企业覆盖了产业上下游，其中先导院是孵化平台，拥有芯片制造工厂；西安赛富乐斯半导体科技有限公司、西安唐晶量子科技有限公司是外延制造公司，可以为芯片公司提供外延材料；西安奇芯光电科技有限公司、西安立芯光电科技有限公司、西安澳威激光器件有限公司、西安全波激光芯片技术有限公司等均为光电芯片设计企业，可以为通信设备制造商提供激光器芯片等；西安卓镭激光技术有限公司、西安必胜激光科技有限公司、西安和其光电有限公司等为激光器制造商，可以使用激光器芯片。

为推动联盟成员间的知识产权共享和技术转移转化，联合突破光电子集成产业发展的关键共性核心技术，形成产业技术标准，联盟筹建了陕西省光电子集成产业专利池。专利池的整合机制，使陕西省光电子集成领域中单个或少量技术无法完成的技术产业化变为现实。在专利池建成初期，充分发挥其带来的对外部专利诉讼的防御作用。随着联盟成员协作突破光电子产业发展的关键共性技术，逐步形成光电子产业技术标准，后期通过对此专利池的运营，使其具备将池内专利对外进行FRAND许可（遵守FRAND原则，即“公平、合理、非歧视原则”）的条件，发展成为标准型专利池，成为助推陕西省光电子技术产业链、创新链和服务链不断完善的创新动力引擎。同时，通过专利池对外部的运营，获得大量的经济收益，提升联盟成员的群体竞争力。

先导院还吸引了一批行业、学术、产业专家会聚，建立了光电智库。目前智库拥有中国科学院院士侯洵、郝跃，北京大学教授周治平，西安电子科技大学张怀武，以及程东、Brent、张文伟等近200位专家。可以说，先导院培育的产业公地已经初步形成，各类创新要素在产业公地内同频共振，开始在光电子技术领域、在国家战略布局中崭露头角，为国家创新驱动开创了一个新的发展模式。

（二）攻克一批关键“卡脖子”技术

先导院打造的产业公地，孕育出多项突破国外技术封锁，填补国家关键核心技术缺失，甚至具有全球竞争力的关键核心技术。目前，先导院在光电子产业领域，培育了曦智科技、奇芯光电、鲲游光电、本原量子、唐晶量子、飞芯电子、橙科微电子、洛微科技等93家光电子企业，覆盖光子材料与芯片、光子制造、光子传感和生物光子等多个产业，形成56项专利、20余项国际领先成果，形成光电子集成产业专利池，并在国际顶尖期刊发表论文3篇。

在先进激光与光子制造领域，培育出一批以炬光科技、中科微精、卓镭激光、必盛激光等为代表的，能够填补国内空白的高端装备制造企业，研发出国内首台高功率直接半导体熔覆激光器、BLAZER系列工业级超快激光器、超快激光加工装备等一批具有国际领先水平的技术和产品。中科微精开发出国内最高单脉冲能量的26W工业级飞秒光纤激光器，研制出超快激光极端制造装备，实现了航空发动机涡轮叶片气膜孔的“冷加工”突破，填补了国内空白。炬光科技的高功率半导体激光器，助力我国成为世界第三个掌握十万瓦级高功率半导体激光技术的国家。

在光电芯片领域，面向光电子这一后摩尔时代核心技术，培育出一批以奇芯光电、唐晶量子、赛富乐斯为代表的，突破国外技术封锁的高精尖企业。先后研发出高功率激光器芯片、光通信激光器芯片、超低相位噪声晶振、全球首创SDI高清视频传输芯片等10多项国际领先产品，其中PIC（光子集成电路）芯片、4英寸半极性LED芯片项目均拥有世界顶尖技术水平。奇芯光电已经开始向中兴、亚马逊、脸书等国际巨头供货，代表中国参与全球竞争。唐晶量子的外延片项目，成为国内首个具备量产能力的VCSEL外延代工厂，成功打破欧美垄断。本原量子在量子计算行业与国际巨头谷歌、IBM等相比差距不大。橙科微电子解决光通信中56G PAM4 DSP芯片“卡脖子”问题。曦智科技在光子计算中处于国际第一梯队。

在光子传感领域，培育出以和其光电、华芯测控、中科立德红外、知象光电、中科原子为代表的硬科技企业，围绕自动驾驶、机器视觉、医疗诊断、智能制造等领域的需求，在MEMS传感器、3D传感光源、红外传感等领域实现技术突破。如中科立德红外研发了国内唯一的红外成像和测量一体化军用装备，是国内唯一可以实现超远距离探测的红外成像装备研发企业，拥有国内顶尖的军工红外探测技术，攻克了红外成像测量领域中的关键技术，打破了国外垄断。

此外，先导院还培育出了全球最薄气压计PS2606、全球最低相位噪声手机时钟芯片、全球领先的半导体激光器核心芯片、国内首款自主研发的射频微波通信芯片、国内首款针对新能源汽车的主控集成电路、国内首款CNOS-MEMS单芯片集成压力传感器等一大批拥有关键核心技术的产品。

（三）培育区域前瞻性、先导性未来产业

光子技术产业是后摩尔时代的关键核心技术，集成光路将成为全球信息产业新的制高点，带动形成万亿级的产业规模。先导院极具前瞻性地在全国范围内瞄准"集成光路"这个很少有人关注的"新赛道"，在京津冀、粤港澳大湾区、长三角等国家战略布局区域，以及陕西本地探索推动光子产业，期望能够为区域未来经济增长培育新的增长极。经过多年的坚持和努力，目前先导院培育和聚集了近百家光子产业企业，产业集群初步形成，在全球光子产业中与国外保持同步，初步抢占光子产业"窗口期红利"。

目前先导院已经获得区域政府的认可。陕西省长久以来一直支持先导院发展，将光子产业作为未来重要的新兴产业。特别是2021年，陕西省开始全力部署和发展光子产业，省委牵头实施"追光计划"，将光子产业作为陕西未来追赶超越的重要支柱产业，光子产业发展被推向了一个新的高度。目前，先导院培育的光子产业，支撑陕西省成为具有核心竞争力和国际影响力的光电子集成产业高地，得到华为、海康威视等产业龙头的重视并与其达成合作。

如今，在先导院的推动和助力下，北京也于2020年举办了首届"中国光子产业高端论坛"，开启北京光子产业发展元年。另外，光子产业在广州、深圳、上海、杭州等地也开始呈现"星星之火燎原"之势。未来光子产业很有可能成为国家经济增长中最闪亮的明星。

先导院的创新举措，得到了产业界、学术界和国家部委的高度肯定，被授予多项资质和荣誉，先后获得了"国家光电子集成专业化众创空间""国家级首批服务型制造示范平台——光电子集成服务型制造平台"和"陕西省光电子集成制造业创新中心"等资质。

不忘初心，开启助力国家科技自立自强新征程

（一）国家开启科技自立自强新征程

1921年7月23日，中国共产党成立了。这支新政党的诞生，使内忧外患的中国找到了新的方向，给灾难深重的中国人民带来了光明和希望。自此，中国共产党带领全国人民踏上了民族复兴的征程，历经百年，带领全国人民从“站起来”到“富起来”。回首党领导全国各族人民“富起来”的砥砺奋进历程，在不同时期采取了不同战略和实施路径，稳扎实打，相继完成了轻工业、重工业、制造业布局，有效解决了阶段性社会矛盾。

我国通过复制苏联模式，消化和吸收第一、第二次工业革命的技术成果，搭建起完善的工业体系，奠定了中国参与和追赶第三次科技革命的基础。面临第三次科技革命机遇，我国在自力更生攻关核心技术的同时，把握全球化发展趋势下发达国家产业转移机遇，承接全球产业转移，引进、消化和吸收了第三次科技革命成果。这段时期我国产业规模和体量不断壮大，农业、工业、服务业三大产业规模持续扩张，制造业表现亮眼。产业技术水平快速提升，通过引进国外先进技术、加大对科技和人力资本的投入等，较快地提升了产业技术水平和创新能力，逐步缩小了与发达国家的差距。我国在载人航天、探月工程、超级计算、北斗导航、量子通信等高技术领域取得重大突破，在高铁、5G移动通信、核电、特高压输变电等领域与发达国家处于并跑甚至领跑地位。我国也一跃成为世界第二大经济体。

2021年是“十四五”开局之年，也是“两个百年”奋斗目标交汇与转换之年。中国将实现全面建成小康社会的“第一个百年”奋斗目标，正在意气风发向着全面建成社会主义现代化强国的“第二个百年”奋斗目标迈进。在我们向实现中华民族伟大复兴的中国梦“第二个百年目标”前进的过程中，恰遇世界新一轮科技革命与中国转变发展方式的历史性交汇期。

新的奋斗目标、新的国内外形势，推动我国经济发展战略和路径也发生了相应调整。在调整过程中，科技作为人类社会发展的原动力，成为我国应

对外部挑战和把握百年发展机遇的核心选择。党的十九届五中全会提出“坚持创新在我国现代化建设全局中的核心地位，把科技自立自强作为国家发展的战略支撑”，科技创新被摆在前所未有的高度，科技自立自强成为现代化强国最核心的支撑，也成为党和国家未来很长一段时期内的工作核心和重点，为全国人民和各类主体奋进指明了方向。

（二）发挥平台“排头兵”作用，向科技自立自强进军

如今，随着国家创新驱动发展步入科技自立自强更高的发展阶段，先导院也立志扛起更艰巨的历史责任和使命，以平台为核心，在更深层次上探索实践新型举国体制下的关键核心技术攻关体系，在全国范围内打造一个科技自立自强体制机制创新的示范和样板，并立志在未来30年，为国家培育300家“硬科技”世界冠军企业，充分发挥其在国家科技自立自强征程中的“排头兵”“领头雁”作用。未来，先导院将从以下几个方面开展平台建设：

在体制机制方面，先导院通过政、产、学、研、资、用、孵生态建构，已经初步形成了各类创新主体协同攻关的态势，而在国家科技自立自强的新使命面前，先导院认为仍需进一步开展体制机制创新和探索，搭建适应新一轮科技革命和国家发展形势规律的体制机制。在此背景下，先导院深入学习和对标了美国国防部高级研究计划局DARPA模式。DARPA模式的精髓在于将美国国家需求与市场化力量最大化地结合，调动全国最优力量进行攻关。这种模式与当前党中央鼓励搭建的社会主义市场条件下的关键核心技术新型举国体制具有相同的机理。未来，先导院将对现有的“国有搭台，民营唱戏”机制进行升级，通过系统的机制设计，将承载的国家使命与市场化力量相结合，在更大范围内整合全社会力量攻关，在光子领域打造新型举国体制的现实版和实践版，为国家关键核心技术攻关提供新的样板和经验。

在战略方向的选择上，先导院将立足先进激光与光子制造、光子材料与芯片、光子传感三大重点领域，逐渐向光传输、光显示、量子技术等领域拓展。在先进激光与光子制造领域，先导院将聚焦CO_2激光器、半导体激光器、

光纤激光器、固体激光器等各种类型激光器及设备整机的制造和应用，以及高端光源创新、准分子激光器、EUV光源等特种光源领域“卡脖子”技术，为实现一系列重大突破，推动光子技术与设备在曝光、退火、打标、打孔、切割、焊接、3D打印、清洗、熔覆等工业领域的应用，助力传统制造产业升级。

在光子材料与芯片领域，先导院将抢抓电芯片集成电路技术发展瓶颈期机遇，面向新一代高速光通信、光计算、光传感需求，聚焦光子材料与光子芯片研发制造，抢占新兴战略产业技术制高点。光子材料领域，在半导体衬底材料（硅基、碳基、化合物基）、外延片、特种光学晶体、光学玻璃、发光材料研发创新方面，支撑国家产业源头自主可控。在光子芯片领域，重点聚焦硅光子芯片及新一代化合物半导体芯片，打造能量光子芯片、传感探测芯片、信息处理芯片、光计算芯片、光显示器件等各类光子产业底层芯片集聚发展的产业生态。

在光子传感领域，先导院抢抓“工业4.0”和智能制造发展机遇，围绕互联网、人工智能产业发展需求，在激光雷达、雷达、激光诱导荧光、量热法、闪烁检测、光谱学、生物荧光检测、太阳能和风能、自动驾驶汽车、机器视觉、光网络、医疗诊断和自动化制造等领域，加快培育光子传感器。聚焦消费光子领域的可穿戴设备和工业领域的3D传感两大应用场景，推动光子传感技术创新。

同时，先导院为进一步提升产业公地内在创新能力，将继续对平台进行升级。目前，全球硅基光电子芯片业刚刚起步，作为独立于电子集成技术之外的新集成技术，还没有形成技术壁垒，这为我国硅基光电子芯片提供了足够的市场空间与研发时间，也为我国掌握新一代信息产业革命技术提供了机会。先导院将策划建设一条8英寸研发中试平台——以“超越摩尔”产业为主导，配备高端的硅基光电子工艺设备，突破硅基光电子关键工艺技术，打造先进的硅基光电子芯片的工艺代工平台。平台吸引各方资源，为国内硅光产业的研发、中试、产业化提供全方位支持服务，打造硅基光电子领域重要策源地。

另外，先导院正在开发硅基光电子及异构集成工艺平台项目。异构集成技术与传统CMOS芯片制造技术不同，其利用先进晶圆级封装技术，在不同底层材料芯片之间进行异构集成，是实现集成光路的重要技术方向。目前，该领域还处于起步阶段。先导院拟建设一条8英寸硅基光电子及异构集成研发与生产服务平台，建成后可实现大规模光电子集成，形成完整的“超越摩尔”生态链。

未来，先导院将分阶段围绕化合物半导体平台、硅基光电子平台、异构集成平台陆续扩展建设，以期为光有源芯片、光无源芯片、功率射频芯片研发中试及纳米级光学微加工等提供深度技术服务，为推进光子产业发展、打造光子领域世界一流创新生态系统而不懈努力。

第四章

引领新型科研机构自主创新的新旗帜[1]

中国科学院深圳先进技术研究院

近年来，深圳市组织力量向基础研究、源头创新挺进，建设各类新型科研机构，这些科研机构集科学发现、技术发明、产业发展于一身，既可以集聚高端的创新人才，又能将科技集聚能力不断转换成科技成果，辐射和带动区域经济发展，增强本地区的原始创新能力和竞争实力。中国科学院深圳先进技术研究院（以下简称“深圳先进院”）、鹏城实验室、南科大量子科学与工程研究院、深圳市大数据研究院、深港脑科学创新研究院、深圳合成生物学创新研究院、深圳先进电子材料国际创新研究院等一批新型研发机构，以突出的创新能力和巨大增长潜力，成为引领源头创新和新兴产业发展的重要力量。

成立于2006年的深圳先进院，是深圳第一个国立科研机构。自成立后，深圳结束了没有“大院大所”的历史，拥有了一支科研实力雄厚、可将知识生产工业化的科研院所国家队。

深圳先进院是深圳市政府、中国科学院与香港中文大学共建的国家科研机构，是中科院科技布局调整、深圳建设创新型城市、加深香港与内地合作的重大举措。它的成立，对深圳高新技术产业发展、创新型城市建设乃至国家创新体系的完善，都具有里程碑意义。

因此，深圳先进院成立之初，就承载着深圳人的梦想和希望，深圳人期待它能够成为深圳建设国家创新型城市、推进自主创新的一大利器。成立十余年来，深圳先进院已成为深圳乃至华南地区集成交叉最广、高水平团队承载最多、成果产出最接地气的新型科研机构。

---

① 本章编写成员：毕亚雷、丁宁宁、冯春。

当前，深圳先进院正在牵头建设深圳市两大科技基础设施——脑解析与脑模拟、合成生物研究重大科技基础设施；深港脑科学创新研究院、深圳合成生物学创新研究院、深圳先进电子材料国际创新研究院已通过筹建期验收，进入全新发展阶段；目标是成为粤港澳大湾区标杆、具有中国特色的世界一流研究型大学——中国科学院深圳理工大学（暂定名，以下简称“中科院深理工”）也初见雏形。

深圳先进院就像一株深深扎根粤港澳大湾区的大树，坚持研、学、产、资“混血”创新和科教融合的发展思路，已经在深圳乃至全国的创新热土上开枝散叶，生机盎然。

率先实现理事会制度，坚持“三个一流”理念

2006年9月22日，时任中科院院长路甬祥为搬到南山医疗器械产业园的深圳先进院挂牌。深圳先进院的成立被寄予厚望，《中国科学院章程》明确提出中科院要成为具有“一流的成果、一流的效益、一流的管理、一流的人才”的国家科研机构，而深圳先进院则将理念定位为“三个一流”，即“一流的人才、一流的科研、一流的管理”，把人才放在了第一位。

深圳先进技术研究院院长樊建平回忆道：“我当时特别注意路甬祥院长对这个新的提法的反应，他并没有追究，基本是认可我们的理念，而他对先进院‘工业研究院’的定位很早就认可。这‘三个一流’的思想在十年前就确定了，十年没有动摇过，我们始终坚持把人才放在第一重要的位置。”

人才一流，才能保证成果一流。深圳先进院刚刚筹建，从零起步，没有人才储备，因此，樊建平等创办者开始想办法。由于它是由中国科学院、深圳市人民政府、香港中文大学三方共建的机构，香港中文大学教授积极参与了筹建工作，从而得以借助香港中文大学连接全球科技人才，取得先发优势。为了有力推动人才流动，香港中文大学把深圳先进院视为“第二校园”，深入开展科学研究工作，形成了深圳先进院稳定的人才格局。

深圳先进院是时代的产物，也是我国科技体制创新的一次大胆尝试。在新中国科技史上，它是第一个由中科院、地方政府及香港中文大学共同

创办的国家级科研机构，因而可以充分发挥三方优势，搭建国际一流的科研平台。正因如此，深圳先进院的组织架构、运作模式都参考了国际一流科研机构的通行做法，“理事会管理”模式成为深圳先进院的现实选择。法人治理结构是从西方引入的一个概念，实质上就是关于法人决策机构、执行机构和监督机构三个部分的权力、责任和利益的制度安排。通常情况下，其决策机构的建立常以成立理事会的方式实现。与传统的事业单位受“主管部门垂直管理”的机制不同，依照理事会制度的法人治理呈现一种权力相互制衡的关系。

建院初期，创办者们就对国际一流的科研机构的运作模式进行了对比研究。2007 年，樊建平一行在海外著名高校和科研机构考察时发现，发达国家的一流科研机构，明晰了政府、科研机构和下属单位的权利和职责，赋予了科研机构自主权，大多采取理事会制度。世界著名的研究机构——德国弗劳恩霍夫协会、美国巴特尔纪念研究所的高效运作对世界科技发展起到了巨大的推动作用，因此首先进入樊建平等的观察视野。

在观察中，创办者们发现，这些国际著名科研机构都诞生在特殊的历史背景下，其定位宗旨、运行模式和文化内涵都深深地打上了时代以及国情的印记，无法照搬照抄，只有基于自身情况不断学习和借鉴，才能把中国的科研院所建设得更加完善和先进。

由此，参照国际通行做法，在管理机制上采用理事会管理成为深圳先进院三方的共识，随后三方签署了《共建中国科学院深圳先进技术研究院协议书》，明确规定深圳先进院实行理事会制度。

这样的制度安排，既是三方博弈和平衡的结果，也是参考国际成熟做法的现实选择。相对于国内大多数仍以事业管理模式为主的科研机构，这是具有标杆意义的创新，在很大程度上能够使研究人员以市场为导向，打破行政管理层级限制，追求效率效益最大化。

探索了四年之后，2010 年 5 月 24 日，深圳先进院根据《中国科学院与合作方共建研究机构理事会章程》，成立了第一届理事会。理事会由共建三方共同组成，中科院担任理事长单位，深圳市人民政府、香港中文大学担任副理事长单位。理事会的主要职责为负责审议深圳先进院重要规章和制度，提出所长（院长、主任）与副所长（副院长、副主任）的建议人选，审议发展战略、规划及法定代表人任期目标，审议年度工作报告、财务预算方案和决算报告，审议批准先进院的薪酬方案等。

值得一提的是，理事会非常理解并大力支持先进院实行绩效奖励政策。2012 年 9 月 28 日，时任中科院副院长施尔畏主持了深圳先进院第一届理事会第三次会议，理事会不仅同意深圳先进院实行以绩效为主的“基本工资、岗位津贴、绩效奖励”三元结构工资制，同时也要求深圳先进院积极探索薪酬制度的激励作用。在科研机构中，这是将资金和资源集中到人才上的有效办法。

理事会根据深圳先进院人才队伍结构和创新发展阶段以及年度计划完成情况确定了绩效激励机制。在第二年的理事会上，樊建平汇报了绩效奖励措施所发挥的巨大激励作用——2013 年，深圳先进院在争取科研经费、发表学术论文、科技成果转化等方面都取得历史性突破。会议同意先进院 2014 年继续实施绩效奖励，奖励范围、标准和原则保持不变。

2010—2014 年，深圳先进院第一届理事会先后召开四次会议。2015 年 3 月，深圳先进院完成了第一届领导班子考核，首届理事会届满，圆满完成历史使命。这届理事会对深圳先进院的成长起到了重要作用。

从结果看，这样的探索是值得肯定的。正是这样超前的制度安排，使深圳先进院在短短十多年的发展中逐步释放了科研活力，背靠中国市场，始终站在世界科技创新的最前沿，进而面向全球招聘“高精尖”人才。深圳先进院在集聚和激励人才、促进科技创新、推动成果转化等方面所产生的经济效益和社会效益有目共睹。

实践证明，理事会制度的探索是合理的，符合科技事业发展的实际需求，也是目前国际通用的做法，要保证其延续性，最好的方法是给予法律保障。因此，为大力引导、规范、保护各类新型科研机构依法高效创新发展，培育壮大知识市场，一些专家建议在深圳率先设立社会法人组织相关法律，并围绕其完善相关法律体系，厘清政府、科技机构、市场等不同主体在创新中的权、责、利边界，像二十多年前解放普通劳动生产力一样，解放和发展科技生产力，为科技机构的独立市场化运营从法律上提供根本的保障，使其在知识经济的市场中如同企业在商品经济的市场中一样可以依法自由发展。

社会法人组织相关法律体系的建立和知识市场的形成不一定能够快速有效地盘活现有的官办科研院校内的科技资源，但一定能激活市场，而且更多各类非官方举办的新型科研机构将应运而生，进而发展壮大。

2016年3月8日，时任全国人大常委会副委员长、中国科学院院长路甬祥院士在北京接受记者采访时，回顾了深圳先进院成立的背景和原因，肯定了深圳先进院在过去十年里取得的可喜成绩。他表示，深圳先进院很好地做到了“让当地政府满意、让企业满意、让人民群众满意”，获得了国内外科技界的认可，展现了新型科研机构改革创新的特色和活力。

“中国科学院是国家科学技术方面最高学术机构和全国自然科学与高新技术综合研究发展中心。”路甬祥介绍，中国科学院作为国家战略科技力量，2006 年初时重新调整布局。前一段的改革以精简为主，主要是重新整理队伍，重新凝练目标，2006 年则应该考虑调整结构：一是空间结构的调整。研究结构不能过度地集中在北京、上海，要与中国的经济社会发展状况相契合，也就是说，要在经济发展速度快、科技需求旺盛、产业创新快的地区设立研究机构，进行创新链方面的衔接，把中科院的基础性、前瞻性的研究成果和研究力量，与企业的创新力量相结合，为经济社会发展提供新动力。二是创新链条结构的调整。中科院除应该关注基础的、前沿的、单向性的技术探索和研究，科学技术的探索和研究及少数战略性的产品，比如航空、航天这些系统集成创新外，还要关注国计民生的重要领域，比如医疗仪器和高端制造业。

“基于这两点，我们要去适应经济社会对科技创新的需求，要改变长期遗留下来的中国科技资源跟经济社会发展空间上不协调、创新链条上不完整或者是不衔接的状态。”路甬祥回忆道，“我们希望新建一批研究所，不按学科来建，而是根据当地需求，根据创新的战略方向、目标来建设。”

定位新型工业技术研究院

樊建平刚接到筹建深圳先进院的任务时，对深圳先进院的定位并没有思考得十分清晰。直到 2006 年 3 月，他到深圳半个月后，对清华大学深圳研究生院、华为、航盛、迈瑞、安科等10多家科研机构和企业进行了详细调研，一边考察学习，一边思考琢磨，心中对深圳先进院的定位才越来越清晰。当时中科院的办院方针是："面向国家战略需求，面向世界科技前沿，加强原始科学创新，加强关键技术创新与集成，攀登世界科技高峰，为我国经济建设、国家安全和社会可持续发展不断做出基础性、战略性、前瞻性的重大创新贡献。"结合办院方针，针对深圳先进院建在深圳经济特区的背景，樊建平果断而明智地确定了深圳先进院"工业研究院"的定位，并取得共建三方领导的认可和支持。深圳先进院在科研管理方面坚持学术和研发并重，始终坚持"顶天立地"，即学术上和国际接轨，强调面向重大前沿技术的探索，做到"顶天"；研发的成果要和当地的战略性新兴产业接轨，强调工业社会的需求牵引，做到"立地"。2015年2月12日，中科院院长白春礼在北京宣布，建院已六十五周年的中科院第六次调整办院方针，即"面向世界科技前沿，面向国家重大需求，面向国民经济主战场，率先实现科学技术跨越发展，率先建成国家创新人才高地，率先建成国家高水平科技智库，率先建设国际一流科研机构"。应该说，深圳先进院的成立及其"工业研究院"的定位就是从行动上诠释了中科院新时期的办院方针。

深圳是中国市场经济最发达的城市之一，这里既有华为、腾讯、比亚迪这样的行业巨头，也有数十万家中小企业，企业竞争非常激烈，要在这片土地上胜出就必须遵守"丛林竞争"法则，因此，各类企业不遗余力地对新技术进行研发投入。科研院所要迅速成长，最好的机会就是满足企业对新技术如饥似渴的需求，大胆地拥抱产业、牵手产业，这正是科研院所实现"野蛮生长"的有效路径。

特别需要关注的是，这样的定位不能仅限于口头，而是要从制度上予以保障：实施与研究系列并重的工程系列岗位制，鼓励系统级的实践与开发，加速成果转移转化；实行"基本工资 + 岗位津贴 + 绩效奖励"的三元结构工资制，通过侧重产业化指标评价，引导科研 / 管理人才流动到产业化岗位，鼓励创新人才将注意力集中到产业化过程中的困难环节，从而进一步加速科技成果的产业化转移。

深圳先进院坚持事业单位企业化运作，主动成为市场竞争主体。它打破传统事业单位的“铁饭碗”，实行5%末位淘汰制。科研的核心单位“研究中心”实行全成本核算。动态调整内部组织结构，提高活力与效率。激励成果转化的具体做法还有：加强产业化合作项目的绩效比重，对国家纵向项目、深圳地方项目、产业化合作项目按照1：1.2：1.5的比重进行绩效统计，将企业合作项目经费的10%直接奖励给开发团队。

从人员结构上看，深圳先进院与高校类似，以年轻人居多，但工作任务主要集中在科研领域，更加注重科研活动中的效率、严谨和专业化；与传统老牌研究所相比，深圳先进院定位为新型的工业研究院，强调科学研究对整个产业的牵引、科学研究成果的及时转化，鼓励科技创业，有创业型企业的冒险和创新精神；而作为国家级科学研究机构，深圳先进院扶持创业活动的目标并不仅是商业资本运作模式下的利润最大化，而是服从于国家科技创新引领社会发展的战略性布局。最终，深圳先进院所承担的各项重大科研项目的重担都落在了以年轻人为主体、由众多学成归国的年轻学科带头人率领的科研队伍肩上，因此整个深圳先进院充满校园式的青春气息。

樊建平表示：“15年来，深圳先进院的定位是新型的工业技术研究院，70%的力量用来孵化新的产业，30%的力量帮助已有产业升级。实践证明，我们的探索取得了不错的效果，深圳先进院与很多企业建立了联合实验室，积极进行协同创新，而且还孵化了超千家企业。”

14年来，深圳先进院累计与华为、中兴、腾讯、联影等600多家企业开展协同创新合作，与企业共建超过150个联合实验室，累计合作金额超24亿元。通过利用“工研院”资源积极建设双创平台，服务中小企业和创客，2020年深圳先进院在全国双创示范基地评估中总分第二，位于科研院所之首。牵头推进的深圳市新一代信息通信产业集群、深圳深广高端医疗器械集群均位列全国集群决赛优胜者名单。

在产业培育方面，深圳先进院累计孵化企业1188家，累计持股企业301家，其中参股企业市值达1亿元以上的有52家，市值达10亿元以上的有11家，孵化企业最高市值超千亿元，涵盖健康与医疗、新能源与新材料、机器人与人工智能、大数据与智慧城市等多个领域。

目前，深圳先进院已初步形成“政、产、学、研、资”一体化、“创新、创业、创富”一体化、“研究、开发、产业”一体化，实现创新链、产业链、资金链紧密融合，将研发活动与市场需求紧密连接，在市场经济肥沃的土壤上“野蛮生长”，展现出勃勃生机。

路甬祥指出，当时为新所制定了一个检验标准，不是发表多少论文，也不是出多少个院士，而是要做到“三满意、一认可”，即“当地政府满意，当地企业满意，当地人民群众满意”，还要获得国际国内科技界的认可。也就是说，新所的定位为在科技领域处于前沿位置，在社会价值上，新所的存在要能支持地方经济的发展，否则它就做不到“三满意、一认可”。如今看起来，深圳先进院很好地实现了这个目标，因为深圳市几任市委书记和市长都把深圳先进院作为新型科研机构的引领者，至少是引领者之一。

将专利作为考核指标，破解“两张皮”顽疾

近年来，深圳先进院积极推动知识产权转化工作，取得良好成效。此前，《中国科技成果转化2020年度报告（高等院校与科研院所篇）》在全国正式发行。据了解，该报告以全国 3450 家公立高等院校和科研院所2019年科研成果转化数据为样本，分析了全国高校、科研机构科技成果转化情况。报告显示，2019年深圳先进院以转让、许可、作价投资3种方式转化科技成果的合同金额为4.93亿元，在全国高校院所中排名第二。截至4月26日，深圳先进院已累计申请专利10951件，累计授权专利4470件。从趋势上看，深圳先进院专利申请数近年来持续攀升，其中PCT专利申请在2020年有较大突破，申请数达到567件，居全球教育机构第一名，累计PCT申请数达1525件。

樊建平表示：“从专利申请的领域来看，深圳先进院的专利集中于知识产权密集型的前沿科技领域与战略性新兴产业，具有领域覆盖面广、交叉性强等特点。深圳先进院以孵化企业作为建立新工业的主要手段，10多年的企业培育进入了回报期，在成果转化上构建了新起点、新高度，实现了科技成果转化真正意义上的闭环。”

在知识产权管理方面，深圳先进院结合新型科研机构的特点和实际情况，出台了《技术成果转移转化管理办法》，激励科研及管理人员参与知识产权转移转化工作，并设立专门部门，围绕科技成果开展知识产权申请管理服务及运营变现服务。此外，深圳先进院还积极促进知识产权专业机构与科研团队深度融合，主动挖掘创新点进行培育，协助促进产、学、研合作，探索知识产权高质量创造、高价值运营的良性循环。

在科研成果转化方面，深圳先进院与上海联影医疗公司的合作成就了一段佳话。2010年以来，深圳先进院医学影像中心团队与上海联影医疗公司开展战略合作，研发出我国首个完全具有自主知识产权的3.0T磁共振成像设备。深圳先进院以3项磁共振成像核心技术专利作价1240万元入股上海联影医疗公司，后又持续注入一批专利技术进行应用，到2019年实现股权转让款4.37亿元，股权增值35倍。其后，深圳先进院与上海联影将在5T、7T磁共振、PET-MR等新技术研发方面继续保持深入合作。

多项专利数据从侧面反映了深圳先进院坚持科研与产业化并重，一方面强调面向工业社会的需求牵引，另一方面强调面向重大前沿技术的探索。在前沿技术研究方面，先进院形成了多学科交叉的特色，研究能力和学术水平进入国家研究所的先进行列。

2020年，深圳先进院新增合同额23.02亿元，现金到账17.51亿元，其中推进政、产、学、研深度合作与产业合作项目金额达4亿元以上，产业合作累计到款达23.95亿元。从项目总数和科研经费来看，深圳先进院已跨入全国先进研究所行列。

过去很长一段时间，我国科技与经济存在“两张皮”的现象，一边是企业自主创新困难，一边是高校科研成果闲置和科技资源浪费，有的科研工作者由于脱离产业需求，逐渐失去了从实践中提出问题、研究问题和解决问题的能力。

习近平总书记在关于科技工作的重要讲话中明确提出，科学研究既要追求知识和真理，也要服务于经济社会发展和广大人民群众，期待广大科技工作者把科技成果应用在实现现代化的伟大事业中。一语点破解决科技经济“两张皮”问题的关键所在。只有大力倡导科研与实践需求紧密结合，科技创新才能获得更为广阔的空间。

深圳先进院用十多年的时间走出一条科研与产业并重之路，将专利作为科研人员考核的核心指标，很好地破解了科技经济“两张皮”的难题，服务经济社会发展主战场。

2014年，广东泰宝医疗集团深圳先进院刘嘉研究员针对手术后的病人血液回流不畅，容易形成静脉血栓的情况，研发治疗静脉血栓的血流动力学治疗仪器。调查发现，由于国外有同类产品，刘嘉团队必须使用全新的方法绕过外国品牌的专利壁垒。最终，经过努力，他们团队开发的方法可将下肢深静脉血流速度从30厘米/秒增至80厘米/秒，有效防止深静脉血栓的形成，从而减少卧床患者肺栓塞的概率。该产品已通过深圳市医疗器械检测中心检测，获得2项专利，2015年获广东省医疗器械注册证，已可正式销售，应用于临床。同年12月，广东泰宝医疗集团正式挂牌新三板。

刘嘉说：“我觉得自己很幸运，来到深圳先进院既可以跟踪科技前沿做学术研究，又可以结合产业需求做产业实践；既可以与医生打交道，了解医生要什么、病人要什么，还能与企业家打交道，了解企业要什么，哪些是市场所需要的，站在各个维度来审视自己的科研工作，让科研工作变得更有味道，这让我作为科研人员的人生显得特别充实。”在刘嘉看来，深圳的优势在于民营经济发达、产业配套完善，深圳先进院的“工业研究院”定位非常正确，适合深圳这块土壤，而研究员也要深耕这块土地，明确自己的定位，将个人发展与城市融为一体，才能在深圳先进院平台上做出一番有意义的事业。

像刘嘉这样的科研人员在深圳先进院为数不少，如深圳先进院何凯研究员，其团队开发的多款机器人已经获得应用，大大提高了生产效率。以自动喷涂机器人为例，传统的喷涂技术以服务粗放型的生产过程为主，传统设备可控制性差，需要人工操作，环境污染严重，对人体危害大。“我们研发的喷涂机器人，可实现大型构件表面自动喷漆，提高喷漆效率。”

而用于三峡水电站的液压启闭机锈蚀检测机器人是团队成果的另一成功应用。根据防汛、发电、通航需求，三峡大坝的闸门需要定期打开和关闭，而液压启闭机就是控制闸门的“开关”，对液压启闭机进行定期的锈蚀检测十分必要。传统检测方法需要通过人工搭设脚手架检测活塞杆，安全风险大、工期长、成本高，且脚手架搭建困难。使用锈蚀检测机器人，以上问题迎刃而解。“我们研发的检测机器人搭载2D线阵相机和3D激光相机，可同时检测缺陷的大小和深度信息。”这项技术已于2019年10月成功应用于三峡水电站，将单次检测时间从传统搭脚手架的20天缩短到2小时内。

处于高速发展中的中国，热切企盼科研机构涌现出众多像刘嘉、何凯这样的科研人员。深圳这座崇尚创新的移民城市从不吝于对英雄的褒奖，2020年1月召开的深圳市科技奖励大会上，中科院深圳先进技术研究院副院长、医工所所长郑海荣获得2018年度市长奖。

在过去几十年里，我国高端医疗影像设备领域几乎被跨国企业的产品垄断。高端核磁共振影像技术与装备是重大疾病诊断的核心设备，却是我国医疗产业的薄弱环节，关键核心部件处于“卡脖子”境况。所以郑海荣团队下定决心，一定要帮助中国企业打入高端磁共振设备市场，把国外品牌从高价位上拉下来。随后，郑海荣团队开始与企业合作研发高场磁共振成像技术和设备。如今，近800台国产高场磁共振设备已经在包括北京301医院在内的一批知名医院使用，并走出国门出口美国，突破了高端医学影像设备长期被国外垄断的局面，改变了世界高端影像产业格局。其带领团队开展的超声无创深部脑神经调控技术与仪器研制，获得国家基金委重大科研仪器项目支持，也是广东省和深圳市首次牵头承担的“国家重大科研仪器设备研制专项”，获得资助8077万元；其主持攻关的“超声剪切波弹性成像关键技术及应用”项目获得2017年度国家技术发明奖二等奖，是深圳市在生物医学工程领域牵头完成的项目中首个摘得国家技术发明奖的项目。

郑海荣获奖后接受媒体记者采访时说：“当前，深圳迎来建设中国特色社会主义先行示范区的重大历史机遇。创新是我们的最硬核驱动力，唯创新者进，唯创新者强，唯创新者胜。我要燃起激情投身新时代的伟大创新事业，做出新的业绩。”

2018年，经广东省工信厅批准，由深圳先进院、深圳迈瑞牵头，联合上海联影、先健科技等龙头企业以及哈工大等的高校研究院所组建的“广东省高性能医疗器械制造业创新中心”成立。随后，工业和信息化部组织召开

"国家高性能医疗器械创新中心"建设方案论证会，论证方案获得与会专家一致同意。"广东省高性能医疗器械制造业创新中心"正式升级为"国家高性能医疗器械创新中心"，核心成员增加至10个。"创新中心"的建设目标及任务明确，将有效解决核心技术短板，实现关键医疗器械自主可控，使得我国医疗器械迈入世界先进行列。

"应用基础研究与产业化开发能够同时成功，那是因为深圳先进院没有明显的基础研究、应用研究和技术开发的创新阶段区分，没有人为限制科技人员在创新链条中的角色定位，项目选择以可预见的应用和重大效益前景为标准。科研人员有选择研究方向和项目的自由，那些醉心于学术研究的人，可以在前沿技术领域耕耘，而偏重于应用科研的人才，可以与产业界紧密结合，做出科研成果后能够迅速产业化。"樊建平心直口快地道出成功"秘籍"。

谁说应用基础研究与产业化开发不能同时成功？那是因为没有掌握科研活动的规律，或者说没有给科研人员选择和研究的自由。如果科研平台足够包容，环境足够宽松，如果平台是健康、有生气的，平台上的科学家可以自由地追求真理，那么就能不断地产生新的科研成果，进而更好地服务经济和社会需求。

樊建平的一席话点破了应用基础研究与产业化开发能同时成功的秘诀："过去比较长周期的发明，如蒸汽机、电气的发明，到最后大规模应用，都有三五十年的时间。在那个时代，可以把基础研究与应用研究区分成两个阶段，而如今科学的周期越来越短，科研机构在一个领域里面能待的时间越来越短，比如深圳先进院最早还做工业机器人，慢慢就做服务机器人，现在连服务机器人领域也有很多企业跟上来，我们就开始研究医疗康复机器人，以后还要上马特殊的机器人，比如海洋机器人、外空间机器人。现在在每个研究领域都有很多学科交叉，对时间的要求又非常高，但深圳先进院一开始就明白这个道理——学术和产业都要干。即使我们定位做产业化，但至少得明白前沿科学方向。如果连学术前沿都不懂，又怎么能正确判断产业化的方向，怎么能做好产业化呢？现在企业家主体在干产业化，企业家已经在全球招聘人才，如果科研机构不专业、不具有超前的眼光，那就用不着科研机构了。科研单位现在越来越往源头这个方向走，深圳先进院本部的发展方向就是往技术源头走，我们孵化出的专业研究所和育成中心就可以作为产业化的摇篮。”

实现异地的自我拷贝，建设全国成果转化网络

如果说内部管理的特征是以提高运行效率为目标的企业化管理，那么，外溢机构的实践则是深圳先进院践行建设大平台总体发展思路的创新之举。

樊建平介绍，中国从东到西呈梯度式发展，区域经济发展不平衡，有的地区处于知识经济时代，有的地区处于工业化中期，有的地区还是以农业畜牧业为主，这就为溢出机构提供了生存空间，让科研成果能够找到最适合的土壤生根发芽。深圳先进院输出的成果因此产生了收益，具有一定的保值增值效果。因此，深圳先进院能够通过设立溢出机构，让科研成果在祖国大地上开枝散叶。

2012年，“两弹一星”功勋科学家孙家栋等多位院士和专家来到深圳先进院，提出了依托深圳先进院的技术积累，发挥国家超算深圳中心的优势，构建北斗位置云平台。2013年，深圳先进院在深圳市南山区人民政府的支持下，建设深圳北斗应用技术研究院（以下简称“北斗院”），成为深圳第一个基于北斗位置信息应用的创新载体。北斗院注册资本800万元，深圳先进院以现金投入占股75%，科研团队则以现金投入占股25%。经过一年的发展，北斗院解决了国内交通设施容量与交通需求长期存在发展不相适应的矛盾，用先进的科学技术手段解决和改善城市交通问题，使之有序规划与发展，为建设智慧城市、交通基础研究、交通管理、交通决策及房地产、物流、零售业等商业领域的决策提供大数据支持。深圳先进院以600万元现金投资北斗院，2019年股权变现实现收益2400万元，股权增值4倍。

北斗院是深圳先进院多家外溢机构的典型代表。负责外溢机构创立和建设的深圳先进院院地合作与成果转化处处长吴小丽认为，外溢机构是指由政府以财政资金资助、机构建设补贴、规划免费场地等方式提供支持，深圳先进院以少量现金或技术专利、品牌等无形资产及科研团队作为投入，按照公司法注

册成立的，由先进院主导建设且作为实际控制人的平台型、企业性质的创新载体。外溢机构的设立，实现了科技成果从实验室到市场的完整闭环，突破传统的技术成果转移转化模式，成为技术成果转化的助推器。近年来，深圳先进院以市场需求为导向，打造知识产权产业化的“热土”，孵化企业属性的外溢机构，进行技术梯度化转移转化网络的建设。

2014年开始，深圳先进院按照建设大平台思路，建立科技成果转化区域网络，逐步设立深圳创新设计研究院、深圳北斗应用技术研究院、中科创客学院、济宁中科先进技术研究院、天津中科先进技术研究院、珠海中科先进技术研究院、苏州先进技术研究院、杭州先进技术研究院、武汉中科先进技术研究院、山东中科先进技术研究院10家外溢机构，让网络核心价值平台助力科技成果转化。

吴小丽说：“外溢机构是深圳先进院实现成果转化的新形态，是联动深圳先进院与区域产业经济发展的有效桥梁。”一方面外溢机构将深圳先进院的创新理念和基因带到全国各地，另一方面外溢机构可以将地方产业需求带回深圳先进院，从而形成双向的合作通道。

外溢机构通过与深圳先进院在人才、技术、公共技术平台等方面的联动，发挥“搅拌机效应”，强化平台多功能作用，解决当地中小企业关键性技术问题，逐渐从单一的载体建设融入当地产业发展中，实现聚合效应。

吴小丽以珠海中科先进技术研究院（以下简称“珠海院”）为例介绍道，珠海院是以知识产权投资的创新载体，经过4年的建设和运行，已经成为当地的一家新型研究机构示范单位，地方政府下一步将把珠海院作为示范点大力推广，并加大对其投入支持力度，实现深圳先进院从无形资产投资向国有资产增值保值的转变。

紧紧抓住研发“牛鼻子”，恪守科研机构的边界

只有专注才会形成核心竞争力，这是组织发展的一条基本经验。深圳先进院筹建至今已有十余年时间，形成科研、教育、产业、资本“四位一体”的平台型研究院。其中，科教融合处于核心位置。

国内传统科研院所强调以科研为核心，但在涉足产业化的时候很容易陷入边界不清晰、过度商业化、低水平重复研究的泥淖，从而大大损害了科研板块的核心价值。而深圳先进院创造性地提出以“科教协同”为核心，产业和资本都是为这个核心服务的。樊建平说：“深圳先进院整个体系中，‘科教协同’是最核心的，一方面科研强调学术引领、产业牵引、交叉融合、集成创新，科研项目的选择以可预见的应用和重大效益前景为标准；另一方面强调科研离不开学生，教育坚持需求导向，探索依托高水平科研机构建设研究型大学的新路。”

“科教协同”核心，包括科研和教育两大板块。科研方面，主要包含了集成所、医工所、数字所、医药所、南沙所、脑所、合成所、材料所八大研究所，管理上除南沙所外，采取集中式的扁平化管理。研究员、高级工程师、管理人员、核心员工属于深圳先进院的核心人员。深圳先进院勇于探索依托高水平科研机构建设研究型大学的新路，其教育板块主要包括全日制研究生培养、工程硕士和博士后三部分。研究生来源包括中科院统招、与各大学联合招生、留学生、交换生、客座学生等。工程硕士主要面向在职人员，博士后主要有独自招收和与授牌的合作企业共同招收两种方式。深圳先进院与中国科技大学、香港中文大学、香港大学、华南理工大学等 10 多所境内外高校建立了教育合作关系。

深圳先进院作为深圳市为数不多的博士后流动站，积极发挥其职能作用，彰显了国内一流研究院的责任与担当，为高端人才博士后培养树立了榜样。比如，为深圳市第二人民医院提供了良好的师资指导及科研平台，2017—2019年，两家单位以联合招收的方式引进博士后科研人员41名，出站3名，助力深圳市高层次人才建设，并取得了丰硕的科研成果。其中，优秀博士后代表曹梦涛于2019年11月顺利出站，在站期间还主持了国家自然科学基金青年项目，获中国博士后基金二等资助项目、广东省自然科学基金面上项目各一项。

又如，中电科新型智慧城市研究院有限公司与深圳先进院2018年签署《联合培养博士后研究人员协议》。自合作以来，共计联合培养3名博士后，其中黄申石博士参与中国技能大赛Ⅱ类竞赛——网络与信息安全管理员决赛，荣获第二名，获得“中国电科技术能手”荣誉称号。

截至目前，在深圳先进院的4713人中，已聚集903多位海归，课题组研究方向涉及生物医学工程、脑科学、合成生物学、信息技术等各前沿领域，据不完全统计，深圳先进院累计培养人才1.3万人，其中累计向社会输送创新创业型人才6000余人，包括数百名大型知名企业和新创优秀科技企业高管人员。离院人才创立企业超400家，主要分布于信息技术与生物信息领域，创办市值超100亿元的企业1家、超10亿元的企业11家、1亿元以上的企业超52家。

深圳先进院定位为工业研究院，其产业化是不可或缺的一大板块，同时围绕“科教协同”这一核心，既在产业化方向上延伸，又不损害科教板块的核心利益。作为深圳先进院的总舵手，樊建平心里定位清晰，他认为：“产业化一定要搞，但我们只做到孵化出企业就行，企业独立出去以后就不属于深圳先进院的管理范围，企业采取股份制运作，它的利润好坏我们管不着，但是它好了以后我们的股份有收益，通俗的说法是我们不把企业当儿子养。这是什么意思呢？当儿子养就是对这个产业平台的成长一直承担着很大的责任和义务，绝大多数传统的研究所就是把孵化出来的企业当儿子，这个孩子 20 岁了还在养，养这个儿子的代价是把‘科教’这个核心利益损害了。”

因此，深圳先进院摒弃了这一传统做法，把孵化出的企业全部推向市场，完全遵循市场规律办企业。深圳先进院科技成果转移转化有三种形式：一是科研成果形成知识产权转移给企业；二是与企业联合攻关，共同开发；三是成立孵化公司。深圳先进院与各行业龙头企业成立150多个联合实验室，常年与企业合作联合申报产、学、研类政府资助项目。

值得一提的是，深圳先进院在产业化过程中始终坚持两个原则：第一，聚焦于工业技术开发，尤其是辐射广、包容性强、产业带动能力强的新技术和共性技术的开发，较少开发纯基础研究；第二，定位于公立的研究机构，不与民间企业争利。前者保证了深圳先进院贴近产业发展的实际，专注于关键技术商业化开发；后者保证了先进院的公益性，当技术开发成熟能够量产后，转移给民间企业，而不是全靠自己生产经营。以低成本健康产业为例，虽然低成本健康产业社会效益高，但因为投入大、周期长、收益低，并没有企业愿意做。因此，深圳先进院就要扛大旗，开发共性技术，培育相关企业，成立产业联盟，一步步催生出一个市场容量超百亿元的低成本健康产业。

同样，在机器人产业领域，深圳先进院超前预见、提前行动，说服深圳市政府，大力发展机器人产业。深圳先进院牵头成立了深圳市机器人协会，由深圳先进院院企合作与创新发展处处长毕亚雷担任协会秘书长，每年发布《深圳机器人产业发展白皮书》。深圳市机器人产业规模持续增长，机器人企业从十年前的不到100家增加到2020年的842家，机器人工业总产值增长到2020年的1434亿元，成为深圳一个战略性新兴产业。深圳机器人产业在全国占据了举足轻重的地位。

深圳先进院基于全球人工智能产业高速发展，认为深圳的大学研究机构和相关企业需要加强人工智能人才的培养、人工智能技术理论的研究和服务，需建立地方学术性组织，搭建国内外科学领域高等院校、研究机构平台，方便企业专家、学者进行学术交流，实现资源对接。因此，2018年7月，中科院深圳先进院、北京大学深圳研究生院、深圳市信息行业协会及深圳市机器人协会等8家单位及70多位活跃在人工智能领域的带头人共同申请成立了深圳市人工智能学会。2019年4月，深圳市人工智能学会正式揭牌，深圳先进院集成所所长李光林担任该学会的理事长，当天举办了“2019深圳国际机器人和智能系统院士论坛”，有力促进了科研机构与产业界的高端学术交流。

樊建平说：“在新出来的领域、未来的战略性产业领域我们要布局，我们要占领，但是那些正在红火的领域，也就是进入产业化高峰的领域，也不能没有我们的声音。我们可以用其他方式去合作参股，但不谋求控股。我们既然自己起了头，不可能在形势大好的时候就撤出去了。保留一点股份在企业里，一方面可以保持与企业的紧密联系，不断地获得来自企业的技术需求信息；另一方面可以分享企业发展的利益，用来补充本部前沿技术研发经费，形成良性循环。但有一点必须明确，在深圳先进院本部做的永远是产业最前沿的技术研发。我们要紧紧抓住研发这个牛鼻子，恪守科研机构的职责。”

深圳先进院的资本板块起步才几年，目前已经形成由天使投资、风险投资组成的资本保障体系，基金实现向深圳先进院内部项目适当倾斜的市场化运作。未来，在天使投资、VC（风险投资）、PE（私募股权投资）、IPO（首次公开募股）等方面将不断完善，实现专业化、体系化、市场化，关注新三板和创业板，参与科技金融创新。

由此可见，深圳先进院较好地把握了产、学、研体系的核心环节，牢牢围绕“科教协同”的核心，产业和资本板块都是为科教核心服务的。正因为他们做到了有所为、有所不为，才能更好地完成其战略使命。这与国内外很多科研机构界限不清、混业经营、过度商业化、低水平重复研究形成了鲜明的对比。

依托深圳先进院建设中科院深理工，开辟科教融合新天地

深圳光明科学城依山傍水，一座现代化的大学正在其中拔地而起，这就是依托深圳先进院建设的中科院深圳理工大学（暂定名，以下简称“深理工”）。深理工集聚中科院在粤港澳大湾区的科研力量，理工为基、科学引领，探索中国特色社会主义新型公办高校的建设路径，打造粤港澳大湾区标杆性的、具有中国特色的、世界一流的研究型大学，培养国际化、创新型、复合型领军人才，为建设创新型国家和世界科技强国提供人才支撑和智力支持。

2018年11月，中科院和深圳市人民政府签订合作办学协议，双方依托深圳先进院合作共建深理工。

深理工选址深圳光明科学城，由中科院和深圳市共同举办、共同建设、共同管理，在社会主义先行示范区探索“政民共建、科教融合”新型体制机制。从中国科学技术大学、中国科学院大学到上海科技大学，再到中科院深理工，“科教融合”已经融入中科院办学理念。为此，深圳先进院作为立足深圳15年的新型科研机构，担起了筹建深理工的重任。当前，如何高质量、高效率进行“科教融合”也成为新形势下深圳先进院的全新课题。

樊建平介绍，近年来，以深圳先进院为代表的新型科研机构，遵循“M（生产）—E（工程）—T（技术）—S（科学）”发展路径，从以前技术围绕

生产转，到现在打造了“投入研发—核心技术—产业优势”的新型产业发展模式，实现了从“生产线经济”到“实验室经济”的转变。深理工将以深圳先进院为基础，通过营造国际化的办学氛围、高质量的创业环境、一流的科研环境和一流的教授队伍吸引一流的学生。深理工与深圳先进院从人员双聘、研究生联合培养、科研平台共享起步，逐步实现融合发展。

在科教融合方面，深理工将探索建立学院、书院、研究院“三院一体”的人才培养模式。学院负责开展以学科知识为核心的专业教育，培养学生的专业知识和能力；书院负责开展通识教育和社群教育，打破学科界限，通过不同特色的书院活动，培养学生在人际交往、团队合作、领导力等方面的素养和个性；研究院以一流的科研平台和强大的产业资源，为学生提供科研实践及创业实践机会，让学生在亲身参与科研和创业项目过程中培养科学思维和商业思维。

在产、教融合方面，深理工将结合前沿动态，及时优化创新创业复合型人才培养目标，提升实践教学比重，鼓励学生创新创业；积极聘用高科技企业技术骨干担任导师，邀请行业知名企业家和高管开设产业讲座课程，充实导师队伍，提升教学内涵，实现“0-1-100-N”不间断全链条创新。

在国际化方面，学校将深化与国际及港澳高校的合作，引进精品课程，实现学分互认，推进师资互聘；引进一批具有全球视野和国际学术影响力的师资力量；紧跟世界科学发展趋势，按一流大学标准设置课程、选用教材，建设实验室和相关学科；面向全球招生，以科学的选拔方式吸引海内外最优秀的学生。

樊建平认为，深理工建成后，将对深圳市乃至粤港澳大湾区的建设和发展产生诸多积极的影响。他表示，一直以来，深圳主要的优势聚集在政策机制和产业基础等方面，但是对标世界其他创新之都，深圳的高等教育资源稀缺，会让其在未来发展的人才寻求上付出更高的成本；而以基础研究为主的科研创新载体的缺位，在源头创新上的短板也会影响深圳的转型。当前，深圳最需要做的是引进高端人才、培养高端人才。“我们希望深理工培养的高水平本科生和研究生，可以留在深圳或者粤港澳大湾区，为深圳、粤港澳大湾区乃至更大范围的创新发展注入源头活水”。

深理工将发挥中科院在粤港澳大湾区的科教优势，依托中科院在粤布局的重大科技基础设施，打造一批特色鲜明、世界一流的核心研究平台，建设脑科学、合成生物学、电子信息材料、生物医药、高性能医疗器械等多个高水平专业研究机构。

深圳先进院是一个产研结合、科教融合的新型科研机构，广大科技工作者把论文写在祖国的大地上，把科技成果应用在实现现代化的伟大事业中，并决心把追求科学真理的精神通过大学教育一代代地传承下去，培养出更多具有国际化眼光的创新创业复合型人才，为深圳建设中国特色社会主义先行示范区、为祖国建设世界科技强国做出新的贡献。

第五章

“科技、管理、文化”三足支撑，织密公共安全防护网①

清华大学合肥公共安全研究院

顶天立地，承启安全与发展重大战略需求

我国在2003年“非典”事件之后，高度重视“公共安全”这一领域，以“一案三制”为核心内容的公共安全应急管理体系获得了快速发展，公共安全成为国家发展的战略需求。党的十八大以来，党中央、国务院和各级政府部门围绕体制机制、防灾减灾、应急管理等方面密集出台多项政策规划，为公共安全的快速发展指明了前进方向、提供了根本遵循。习近平总书记指出：公共安全建设对于构建和谐社会，推动全面小康建设，乃至于中华民族的伟大复兴都具有非常现实和深远的意义。2020年，《中共中央关于制定国民经济和社会发展第十四个五年规划和二〇三五年远景目标的建议》提出统筹发展和安全，建设更高水平的平安中国。因此，深刻认识统筹发展与安全的意义十分重要。

2020年，突如其来的新冠肺炎疫情席卷全球，严重威胁到人们的健康与生命安全。抗击新冠肺炎疫情，对国家公共安全治理体系和治理能力来说是一次大考。中国工程院院士、清华大学公共安全研究院院长、清华大学合肥公共安全研究院院长范维澄表示，“后疫情时代”的公共安全治理，人是关键。坚持科技引领、管理提升、文化培育“三足鼎立”支撑模式，突破传统思维定式完善健全安全领域的法律法规和行业标准规范，推动公共安全行业标准建设，加快相关标准的制定和出台，建立与公共安全发展相适应的科学系统的标准体系着力加强全社会安全能力建设，健全公共安全管理机制，提

---

① 本章编写成员：苏国锋、梁光华、付明、朱海伦、汪贝贝、姜雨朦、赵宇红、郑鑫、张悦、刘天霁。

高公共安全智慧化水平，增强国家和城市的安全韧性等，将成为下一阶段我国公共安全领域的重大课题。

（一）一次公共卫生突发事件引发的思考

2003年伊始，突如其来的传染性非典型性肺炎席卷全球，由于对这种新发传染病认识不足、防控措施不力，社会的经济、政治、文化等方面受到了严重的冲击。“非典”事件之后，党中央、国务院高度重视全社会的公共安全保障和公共安全科技与教育，并将其列为全面贯彻科学发展观、构建和谐社会的重要举措之一，公共安全首次作为一个独立领域被列入国家中长期科学和技术发展规划纲要、“十一五”国家经济和社会发展规划、“十一五”国家科学和技术发展规划。

在深刻总结历史经验、科学分析我国公共安全形势的基础上，党中央、国务院做出了全面加强应急管理工作的重大决策，以“一案三制”（制定修订应急预案，建立健全应急体制、机制、法制）为核心内容的我国公共安全应急管理体系获得了快速发展；特别是2007年颁布实施了《突发事件应对法》，标志着我国应对突发事件的工作进一步走上了法制化的轨道。无论是事前的预防、准备，还是事后的应急反应与恢复，公共安全既关系到国家、经济、社会的发展全局，也关系到人民群众生命财产的安全；既是构建社会主义和谐社会的主要内容，也是落实科学发展观、全面履行政府职能的重要体现。

（二）公共安全成为国家发展的战略需求

公共安全是国家安全和社会稳定的基础，是国家治理现代化的重要保障，对于构建和谐社会、推动全面小康建设，乃至对中华民族的伟大复兴都具有非常现实和深远的意义。新时代我国社会主要矛盾的转化要求牢固树立“以人民为中心”的发展理念，满足人民群众因对美好生活向往而产生的需求。

党的十八大以来，以习近平同志为核心的党中央，站在时代前沿和战略全局高度，从增强忧患意识、防范风险挑战，树立红线意识、统筹安全发展，坚持底线思维、强化应急准备，完善体制机制、加强能力建设，抓好安全生产、推进防灾减灾“三个转变”等方面，对加强和改进公共安全应急管理工作提出了一系列新观点、新论断、新要求，回答了新时代公共安全应急管理工作的一系列根本性、战略性、全局性问题，为公共安全的快速发展指明了前进方向。

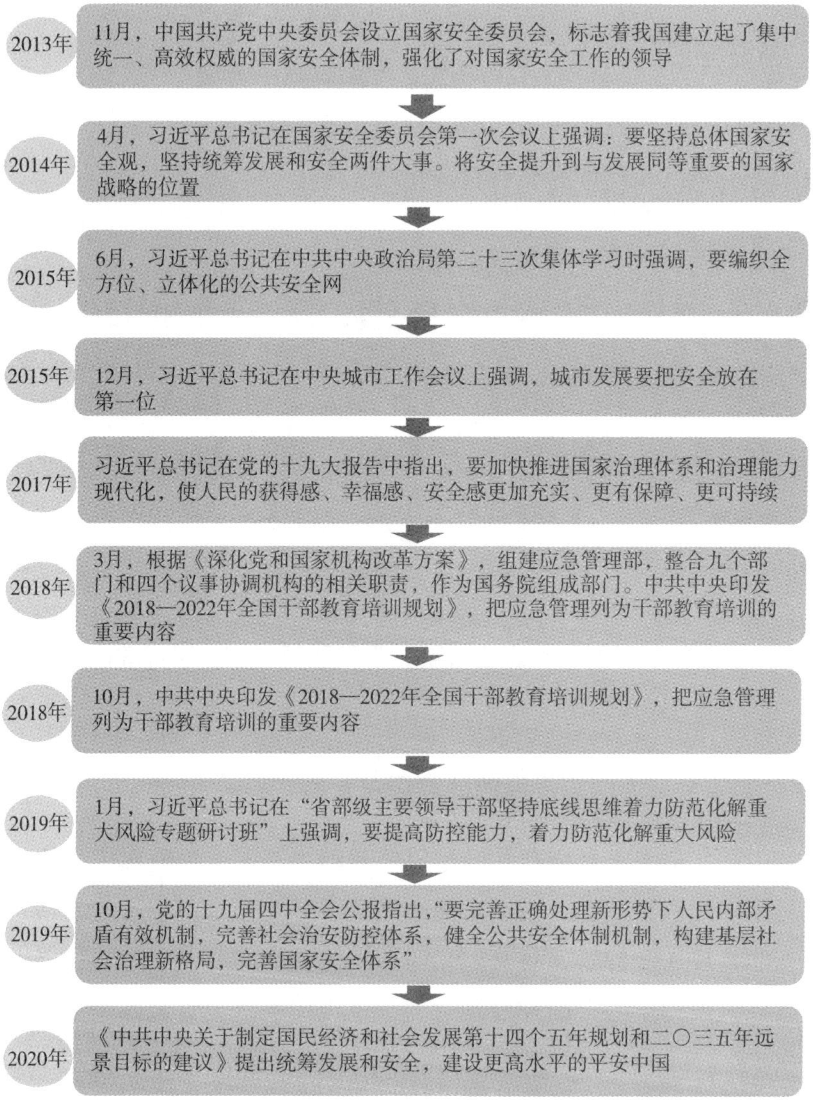

图6-1　我国公共安全相关政策梳理

在这一背景下，党中央、国务院和各级政府部门一直高度重视公共安全的良性发展，密集出台政策规划支持公共安全事业进入崭新的发展阶段（见图6-1）。2013年，国务院发布《关于印发“十二五”国家自主创新能力建设规划的通知》，将公共安全保障能力列为重点工作任务。同时，国家在“十三五”规划纲要中提出健全公共安全体系，要全面提高安全生产水平，提升防灾减灾能力，创新社会治安防控体系并强化突发事件应急体系建设。2014年，习近平总书记在中央国家安全委员会第一次全体会议上首次提出总体国家安全观这一重大的战略思想。2016年，国务院《关于印发“十三五”国家信息化规划的通知》《关于印发“十三五”国家战略性新兴产业发展规划的通知》《关于印发“十三五”国家科技创新规划的通知》等文件均对大力发展公共安全提出一系列指示要求。2020年，《中共中央关于制定国民经济和社会发展第十四个五年规划和二〇三五年远景目标的建议》提出统筹发展和安全，建设更高水平的平安中国。

（三）新时代国家公共安全面临的形势与挑战

登高望远，居安思危。当前我国新时代公共安全形势发生了深刻的变化。公共安全风险呈现新的特征，各种类型公共安全风险相互影响，具有复杂、连锁、不确定的特征。在公共安全风险防控能力不断提升的同时，自然与环境、生产与技术、社会与生活等领域的风险相互交织，显现出风险来源的复杂性、风险发展的连锁性、风险走向的不确定性等特征。公共安全需求呈现出新的特点，一是人民群众对公共安全的关切程度更高，二是人民群众对公共安全风险的敏感度更强，三是人民群众参与公共安全的愿望更加强烈。

与此相适应，公共安全风险治理的方略也有了新的转变。新时代安全风险治理方略，进一步从政治和战略高度认识到公共安全风险治理的重要性，确立了公共安全风险治理的政治性、战略性地位；进一步以系统治理和深化改革的思路完善公共安全治理体系，在制度层面构建全方位、立体化的公共安全网；进一步理顺公共安全治理体制，加强公共安全综合治理，统筹协调部门的力量，理顺“条条”与“块块”的关系，切实落实公共安全的“党委领导、政府负责”；进一步重视公共安全风险治理方法的作用，使风险分析成为公共安全风险治理的基石。

（四）后疫情时代，国家公共安全治理体系和治理能力现代化建设

2020年，突如其来的新冠肺炎疫情席卷全球，严重威胁到人们的健康与生命安全，对经济社会发展造成了巨大的损害。这次疫情是新中国成立以来防控难度最大的一次重大突发公共卫生事件，涉及重大的公共安全问题。抗击新冠肺炎疫情，对国家公共安全治理体系和治理能力现代化来说是一次大考。

国家公共安全治理体系和治理能力现代化，是国家治理体系和治理能力现代化的重要组成部分。习近平总书记一再强调，要坚持统筹发展和安全两件大事，在党的十九届五中全会上又进一步提出统筹发展与安全，建设更高水平的平安中国。所以深刻认识统筹发展与安全的意义十分重要。统筹发展与安全是推动高质量发展的内在需要，是实现人民高品质生活的内在需要，是推进国家治理体系和治理能力现代化的内在需要，同时也是顺利开启全面建设社会主义现代化国家新征程的内在需要。

中国工程院院士、清华大学公共安全研究院院长、清华大学合肥公共安全研究院院长范维澄表示，国家公共安全治理体系和治理能力的现代化是我们未来一个非常重要的任务。就突发公共卫生事件而言，它的鲜明特点为人起到了关键性的作用，统计安全生产（事故）总数就会发现，50%以上甚至在有的领域70%以上事故都是因为人的不安全行为造成的。

因此，全面推进国家公共安全治理体系和治理能力现代化，要牢固树立安全发展理念。科技、管理、文化是支撑公共安全工作高质量开展的三个重要方面。在科技方面，需要发展公共安全综合风险评估、综合防灾和安全规划等技术，研究重大基础设施风险管控等理论方法和技术标准，构建全方位、立体化、多维度的灾害综合治理一体化安全网，提升公共安全的风险预防和管控能力。在管理方面，需要推动公共安全领域的相关部门协同管理、相互配合，提高预警和联动响应、应急处置能力。在文化方面，需要把公共

安全意识培育延伸到社区、企业、单位、个人，提升人民群众的安全意识，形成全社会共同维护公共安全的良好局面，将国家的公共安全决策转化为全民维护公共安全的实际行动（见图6-2）。

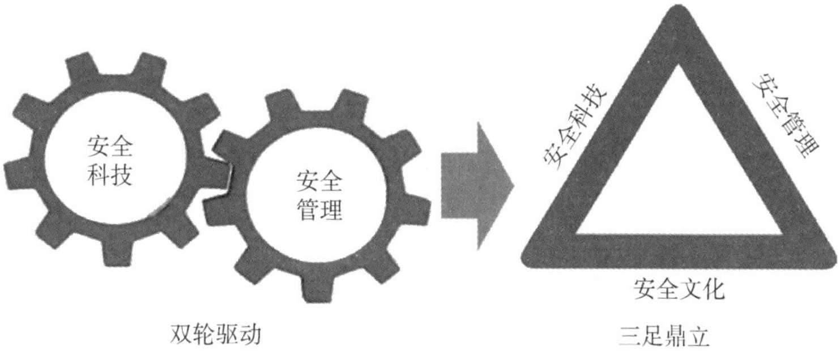

图6-2 公共安全从“双轮驱动”向“三足鼎立”转化

目前我国公共安全治理体系和治理能力建设与日益增长的建设需求相比还存在较大差距，主要表现为公共安全治理法律法规和行业标准体系不健全、公共安全机构设置不完善、偏重于危机事件的应急处置、社会力量参与及智慧化水平不足等。因此，坚持科技引领、管理提升、文化培育“三足鼎立”支撑模式，突破传统思维定式，完善健全安全领域的法律法规和行业标准规范，推动公共安全行业标准建设，加快相关标准的制定和出台，建立与公共安全发展相适应的科学系统的标准体系，着力加强全社会安全能力建设，健全公共安全管理机制，提高公共安全智慧化水平，增强国家和城市的安全韧性等，将成为未来公共安全研究需要突破的关键课题。

新益求新，借力融合区域创新环境

公共安全是国家安全的重要组成部分，是经济和社会发展的重要条件，是国家发展的战略需求。国务院发布的《国务院关于进一步加强企业安全生产工作的通知》首次提出培育安全产业的要求，鼓励大力发展安全产业。安徽省人民政府积极响应国家号召，在推进合芜蚌自主创新综合试验区建设中，把公共安全产业作为重点发展的战略性产业。经过多年的发展，安徽省在公共安全应急、火灾安全、信息安全等诸多安全领域都拥有了一批核心技术和专利产品，公共安全产业已经具备一定的优势和区域特色，安全产业集群初具规模。合肥市通过大力扶持和精心培育，一大批骨干企业茁壮成长，带动了一个新兴产业——公共安全产业迅速崛起。清华大学是最早探索在产学研合作中推动学术发展的高校之一，具有丰富的产学研发展经验。清华大学公共安全研究院具有国际一流水平的公共安全科技智库，为公共安全产业发展提供技术创新优势条件。清华大学合肥公共安全研究院（以下简称“清华合肥院”）在安徽省人民政府、合肥市人民政府、清华大学三方共同支持下应运而生，在探索科研机制创新、促进公共安全产业创新发展、建设全国领先的公共安全产业集群等方面发挥了优势作用。

（一）“一圈五区”：深度融合长三角一体化和高质量发展

长三角是我国经济发展最活跃、开放程度最高、创新能力最强的区域之一，在国家现代化建设大局和全方位开放格局中占据着举足轻重的战略地位。2018年11月5日，习近平总书记在首届中国国际进口博览会开幕式上宣布，支持长江三角洲区域一体化发展并将其上升为国家战略。实施长三角区域一体化发展战略是引领国家高质量发展、完善我国改革开放空间布局、打造我国发展强劲活跃增长极的重大战略举措。

近年来，长三角区域一些城市相继发生重特大生产安全事故，使人民群众生命财产遭受重大损失，城市安全发展重要性进一步凸显。因此在长三角一体化发展格局中，安全产业的布局具有重大的现实意义。为贯彻落实《中共中央　国务院关于推进安全生产领域改革发展的意见》（中发〔2016〕32号）、《工业和信息化部　应急管理部　财政部　科技部关于加快安全产业发展的指导意见》（工信部联安全〔2018〕111号）文件精神，长三角地区积极谋划布局公共安全产业园。目前徐州、南通、合肥等安全产业初具规模，进入快速发展阶段，浙江、上海等地也开始布局安全产业（见图6-3）。

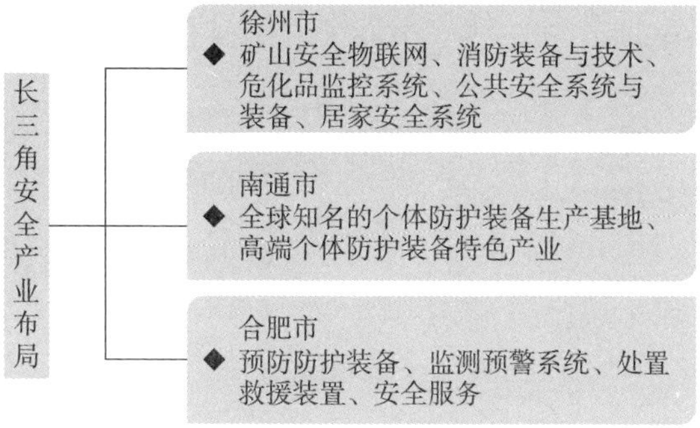

图6-3 长三角安全产业布局

合肥作为长三角安徽方面军的“排头兵”、合肥都市圈的“领头羊”、长三角城市群副中心城市、国家重要的科研教育和产业基地，将充分发挥自身在城市安全领域的科研和产业优势，围绕“四个一”创新主平台，积极融入长三角产业创新体系，构建“高新基”全产业链体系，通过跨区域深度合作，提升城市安全领域科技创新竞争力。

（二）安徽省：占据公共安全科技创新与产业变革的高地

1. 公共安全产业发展条件

我国正处在经济和社会转型期，公共安全面临着较为严峻的形势，呼唤着公共安全产业迅速崛起，而安徽省在这一领域已经具备了一定的产业基础、人才资源和技术优势。近年来，安徽省公共安全产业发展较快，整体实力稳步提升，在矿山安全、交通安全、食品安全、火灾安全、信息安全等领域已拥有一批核心技术和专利产品，形成了一批市场开拓能力强、成长性较好的公共安全产品制造企业。主要形成合芜蚌地区、皖江城市带承接转移示范区两大产业集群，公共安全产品生产制造企业在地域上集中于合肥和淮南等城市，并且从单一产品领域看又高度集中在一个或几个地区，形成产业集群优势（见图6–4）。

随着安徽省安全产业集群初见规模，省委省政府纷纷制定了促进安全产业发展的政策。2010年12月，省委省政府制定了《关于加快和发展战略性新兴产业的意见》，在国务院确定的环保、新材料等七大战略性新兴产业基础上，正式将公共安全产业列入省八大战略性新兴产业行列。省委省政府在推进合芜蚌自主创新综合试验区建设过程中，把公共安全产业作为重点发展的战略性产业，列为六大军民结合高技术产业之首，予以重点支持。

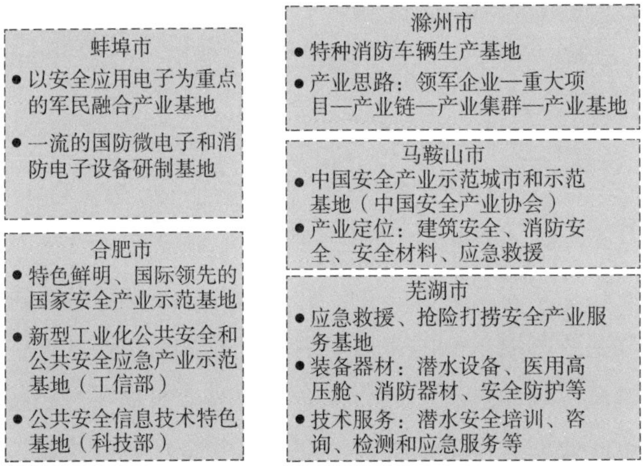

图6-4　安徽省安全产业布局

安徽省经济和信息化委制定的《安徽省工业领域新兴产业发展培育计划（2010—2012）》（皖经信规划〔2010〕53号）明确了要加快实施“863”战略性新兴产业培育计划，重点培育发展节能环保、公共安全、节能和新能源汽车、新材料、生物、新型装备制造、电子信息、光伏八大战略性新兴产业。公共安全产业发展重点是依托高校和企业，形成公共安全产业集群，加快交通安全、生产安全、反恐安全、信息安全、食品安全五大领域技术成果产业化。安徽省科技厅在《安徽省公共安全产业技术发展指南（2010—2015年）》中提出，要面向国家公共安全重大需求，瞄准世界公共安全科技前沿，以民生安全需求为导向、以关键和集成技术创新为动力、以企业为主体、以提升产业自主创新能力为核心，借助安徽省丰富的科教资源优势，构建产学研技术创新体系，以技术创新推进产业集聚和产业升级，催生具有爆发性增长潜力的产业集群，努力把安徽省打造成国内具有较大影响力的公共安全产业基地。

经过多年的发展，安徽省在公共安全应急、火灾安全、信息安全等诸多领域都拥有一批核心技术和专利产品，公共安全产业已经具备一定的优势和区域特色（见图6-5）。

安徽省公共安全产业技术主要包括火灾安全技术、公共应急信息技术、智能交通技术、视频立体监控技术、大气环境监测技术、量子通信技术、煤矿安全技术等。从创新链和产业链布局现状来看，目前安徽省在应急指挥决策及前端风险评估和监测预警、城市安全风险评估与监测预警以及安全文化教育、科普培训服务等方面仍有不足，技术研究与产业实践仍有较大的提升空间。

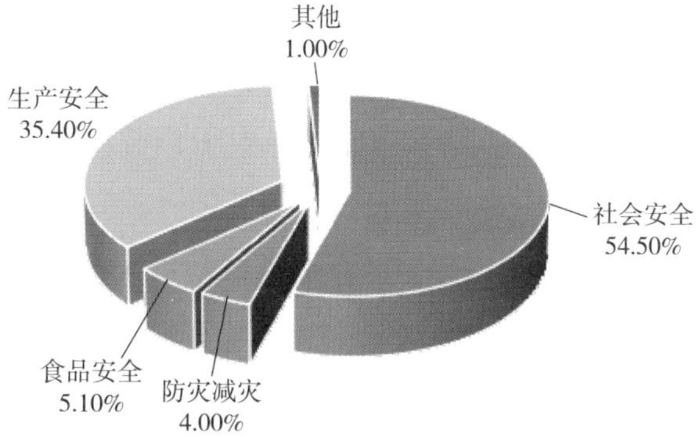

图6-5 各类型公共安全企业分布情况

2. 科技创新政策基础

安徽省坚持把创新驱动发展战略摆在核心位置，突出科技创新特色，注重发挥科技创新在公共安全领域的支撑引领作用，不断促进公共安全产业的创新链与产业链深度融合，重点围绕推进合芜蚌自主创新综合试验区和创新型安徽建设，出台了一系列创新试点政策，推动公共安全科技和产业的发展（见图6–6）。

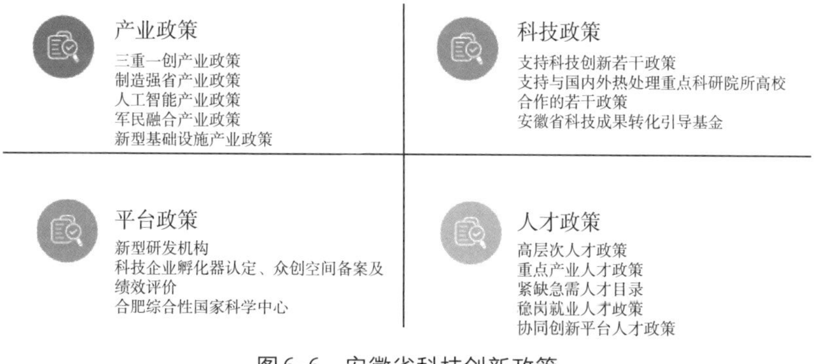

图6–6 安徽省科技创新政策

2012年，安徽省委省政府出台《关于深化科技体制改革加快区域创新体系建设的实施意见》（皖发〔2012〕20号），提出强化企业技术创新主体地位，强化产、学、研、用一体建设和加快合芜蚌自立创新综合试验区建设带动全省科技创新等，加快建设具有安徽特色的区域创新体系。同年，省委省政府印发的《关于建设合芜蚌自主创新综合试验区人才特区的意见》首次提出：鼓励企业整合高校、科研院所科技资源，建立一批重点实验室和新型研发机构，研发转化重大科技成果。

2014年2月，为贯彻落实《中共安徽省委安徽省人民政府关于实施创新驱动发展战略进一步加快创新型省份建设的意见》（皖发〔2014〕4号）精神，省政府办公厅印发了《安徽省支持自主创新能力建设实施细则（试行）》等6个配套文件，并认真总结试行情况，落实新出台的《中共中央　国务院关于深化体制机制改革加快实施创新驱动发展战略的若干意见》（中发〔2015〕8号），进一步提高配套文件的针对性、操作性，省政府决定对支持自主创新能力建设、扶持高层次科技人才团队在皖创新创业、促进科技成果转化、大型科学仪器设备资源共享共用补助、创新能力评价5个实施细则进行修订，将国家重点新产品研发后补助政策纳入促进科技成果转化实施细则，新制定加强实验室建设、科技重大专项、推进科技保险试点工作3个实施细则。2015年7月20日，省政府办公厅正式印发《关于修订印发实施创新驱动发展战略进一步加快创新型省份建设配套文件的通知》。

安徽省人民政府在《关于2016年重点工作及责任分解的通知》（皖政〔2016〕27号）中提出，规划建设合肥综合性国家科学中心，推进中科大先研院、中科院合肥技术创新工程院等新型研发机构建设，对绩效评价优秀的新型研发机构给予补助。

安徽省人民政府办公厅印发《安徽省系统推进全面创新改革试验任务分工等的通知》（皖政办〔2016〕35号），提出支持龙头企业与高校院所建设多形式、紧密型的产业创新联盟和新型研发机构，完善利益共享、风险共担的市场化机制，整合产学研创新资源，在本地化配套、共性技术攻关、行业议价、产业链创新、出资（技术）入股等方面加强合作，推动跨行业、跨领域、跨军地协同创新；加快建设一批适应产业转型升级的具备独立法人资格、运行机制灵活、功能定位清晰、实行企业化管理的新型研发机构。支持境内外高校院所、企业等来皖设立实验室，联合办学或建设新型研发机构，建立符合国际通行规则的成果分享机制。

（三）合肥市：多元举措保障公共安全集聚发展提标升级

1. 公共安全产业基础

合肥市是全国较早开始布局公共产业的城市，具有良好的产业基础。2009年6月，合肥市政府出台了《合肥公共安全产业发展规划（2009—2017年）》，提出了合肥市公共安全产业发展的总体思路和主要目标，即在公共安全产业培育若干个年销售收入过10亿元的龙头企业，形成若干个产业集群，打造一批在国内外有影响力的公共安全产品品牌，部分产品技术性能、工艺装备和质量水平达到同期国内国际先进水平，全面建成全国重要的公共安全产业基地。合肥市规划了公共安全产业七大重点领域，即反恐安全、信息安全、交通安全、防灾减灾、食品安全、环境安全和城市安全，并且针对各个领域的培育目标、主攻方向、重点项目、依托载体进行了具体分析。2011年，公共安全产业已然跻身合肥市重点发展的战略性新兴产业。

近年来，合肥市通过大力扶持和精心培育，一大批骨干企业茁壮成长，“群星”闪耀带动了一个新兴产业——公共安全产业迅速崛起，仅3年时间，产业规模翻了近一番，实现总产值超200亿元。合肥市公共安全产业的骨干企业已超过百家，全球首个规模化量子通信网在合肥建成使用；我国第一部多普勒天气雷达、可移式新一代多普勒天气雷达在合肥问世；水立方游泳馆、世博演艺中心等一批国家重点工程项目的消防灭火系统均是“合肥制造”。合肥市凭借着具有规模的品牌产品和优势技术，占据了产业发展的制高点，公共安全产业已经具备了一定的比较优势和区域特色。

2. 合肥市科技政策发展沿革

作为创新高地，从2006年起，合肥市整合分散在各部门的科技及产业扶持政策和资金，构建并完善“1+3+5+N”政策体系，全面支持本地科技创新、成果转化与产业培育等各项事业（见图6-7）。2016年10月，合肥市出台《合肥市系统推进全面创新改革试验实施方案》，168项改革协同展开，形成了63项重大制度性成果，推出了一批在全省和全国具有示范引领意义的先行先试政策，还陆续出台了《合肥市五大发展行动计划》《创新驱动发展工程实施方案》等一系列重要文件，初步形成科技创新工作顶层设计框架体系，并将目标任务分解到30多个部门和县（市）区、开发区，形成了全市自主创新工作目标体系。通过协同推动科技、产业、资金、人才政策，合肥现已构建形成以创新为核心的高质量发展政策体系。

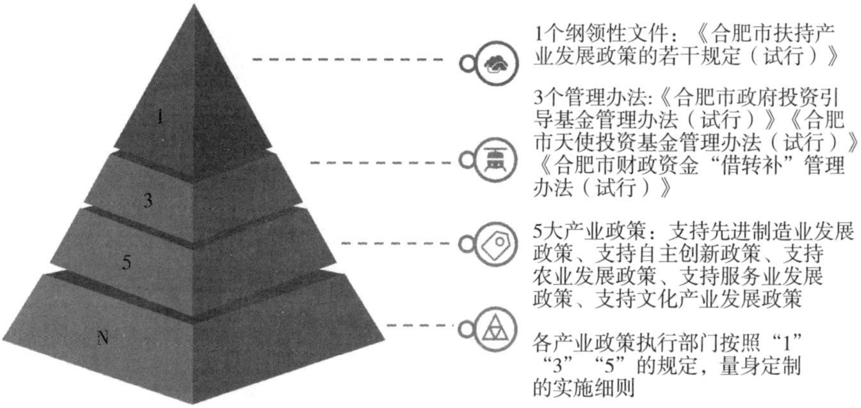

图6-7 “1+3+5+N”政策体系

在政策导向上，重点突出企业创新能力、创新平台建设、创新人才激励、科技成果转化等，努力打破创新资源条块壁垒、突破“孤岛”效应，统筹国内外高校院所创新资源，统筹省、市、县（区）三级联动，统筹社会金融资本支持创新。

在实施措施上，综合运用产业投资引导基金、创业投资引导基金、天使投资基金支持新兴产业项目和高层次人才团队；采用基金、财政金融产品、“借转补”、事后奖补等措施，实现由事后为主向事前事中介入为主转变，由分散使用向集中使用转变，由无偿使用为主向有偿使用为主转变，由直补企业为主向创造外部环境为主转变。

（四）清华大学：公共安全科技智库和实践者

1. 清华大学产、学、研发展的制度体系

当前，我国高校越来越意识到产学研合作对学术发展的促进作用，清华大学是最早探索在产学研合作中推动学术发展的高校之一。清华大学产学研合作主要着眼于三个方面：一要服务国家重大需求，提升合作对国家、对产业发展的意义；二要推动学校学科发展，结合学科发展优势，让合作有利于学校学科发展与人才培养；三要与企业建立深入的合作关系，切实解决企业的技术难题。

清华大学为一些应用性较强的院系在经济发展活跃和技术需求旺盛的地区成立新型研发机构——派出研究院（以下简称“派出院”），开展相关领域的应用研究和基于校内基础研究的二次开发研究。2011—2017年，清华大学已经在天津、成都和苏州等地，先后为8个院系建立了派出院。这些派出院依托院系进行管理，与院系密切对接，一方面，进一步开发和提升院系的原创技术，加快原创技术的成熟落地；另一方面，直接转化院系的科研成果，同时，院系还通过派出院与当地企业开展紧密合作。

清华大学明确了联合科研机构以研发为先、项目为本，通过实质性的科研合作，形成双方以及国家、行业需要的研发成果，依托院系建设并接受学校的统一管理。与发达国家科研机构内部管理通常实行的机构领导负责制略有不同，学校总结出“管理委员会领导下的主任（院长）负责制”组织模式，管委会通常由合作双方主管领导、业内专家和机构负责人等共同组成，负责机构重大事项的决策和协调。

2. 公共安全学科发展优势

清华大学公共安全研究院成立于2003年，公共安全研究院联合清华大学9个一级学科的科学研究力量，奠定了理、工、文、管交叉融合的公共安全科学技术研究的基础。面向国家公共安全重大需求，瞄准世界公共安全科技前沿，以新型管理机制吸引、聚集和培养国际一流人才，实现理工文管大跨度、多学科交叉融合，构建公共安全科学理论体系、技术创新体系和学科体

系，发展公共安全技术的持续创新能力，成为具有国际一流水平的公共安全科技智库和实践者（见图6–8）。

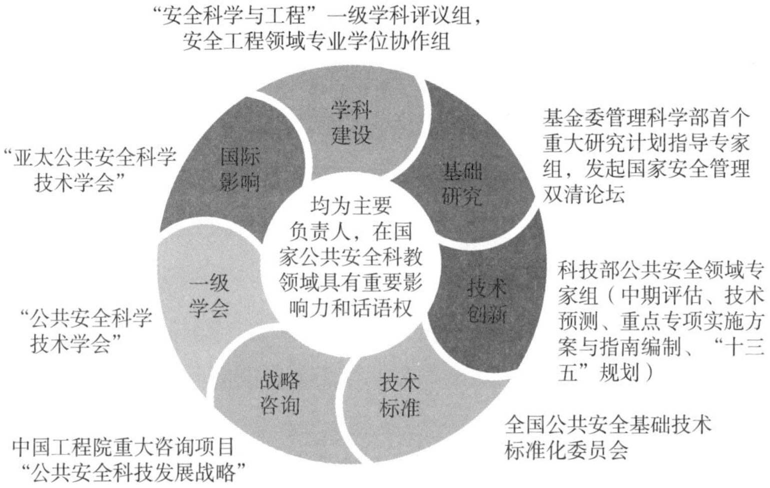

图6–8　清华大学公共安全研究院——国家智库

（五）清华大学合肥公共安全研究院：清华方案—合肥模式

1. 省校共建

安全产业以满足和保障人民生命财产安全、保障城市安全发展等重大需求为根本使命。目前，国家对公共安全及其产业发展高度重视并给予大力支持，安徽省委、省政府更是把公共安全产业当作重点发展的战略性产业，将其列入六大军民结合高技术产业之首，重点给予支持。同时，安徽省公共安全产业对专兼用产品和服务的创新需求进一步扩大，市场空间广阔，成长潜力巨大。

长期以来，清华大学积极探索产、学、研合作推动学术发展，建立的公共安全研究院致力于发展公共安全科学技术，为公共安全事业做出基础性、战略性和前瞻性的创新贡献，其产品具有较强的应用性。安徽省人民政府与清华大学在促进科技成果转化、探索科研机制创新、推动公共安全产业创新发展、建设全国领先的公共安全产业集群等方面目标一致，2011年双方共同签订《安徽省人民政府清华大学战略合作协议》，安徽省加强对清华大学合作项目的支持，通过专项资金积极扶持清华大学技术引导项目，支持在安徽实施孵化与产业化的重大科技项目。

安徽省与清华大学共建联合实验室、工程技术中心和企业技术中心等研发机构，开展技术攻关、集成示范、成果转化服务，集聚清华大学相关领域的高端人才和团队，提供全方位服务和支撑。

2018年，为深入贯彻习近平新时代中国特色社会主义思想和党的十九大精神，促进安徽省和清华大学在更高层次、更广范围、更宽领域深入开展合作交流，在2011年协议的基础上，进一步深化战略合作，构建基础研究、技术研发、成果转化和产业培育体系，建设国际一流、国内领先的公共安全科技创新与产业创新基地。

2. 市校共建

为落实《安徽省人民政府与清华大学战略合作协议》，促进科技成果产业化，服务区域科技创新和经济发展，发挥清华大学的学科和人才优势，推动学校与地方政府、企业的紧密合作，合肥市人民政府和清华大学关联合建设清华合肥院。

在经费支持方面，合肥市向清华合肥院提供建设运营。

在土地建设方面，合肥市经开区向清华合肥院提供发展建设用地。

在人才引进方面，合肥市经开区根据合肥市及经开区制定的高层次人才引进政策，用于清华合肥院吸引和集聚高端人才。

2019年7月，为落实《安徽省人民政府与清华大学深化战略合作框架协议》，支持清华合肥院打造国际一流的科技创新和产业创新基地，合肥市人民政府和清华大学联合建设“清华大学合肥公共安全研究院”二期。

在科研设施方面，将清华合肥院巨灾科学中心纳入合肥综合性国家科学中心项目库争创公共安全应急科学与工程国家级科研平台。

在平台建设方面，联合建设“安徽省城市安全运行综合监测中心”“安徽省城市安全大数据中心”“安徽省智慧消防运行中心”，服务安徽省城市安全运行管理，支撑安徽在全国率先创建安全发展型城市群。打造国家级公共安全技术创新先导区、产业发展示范区、文化培育引领区。

3. 顶天立地、应运而生

在安徽省人民政府、合肥市人民政府、清华大学三方共同努力下，清华合肥院在南艳湖畔拔地而起（见图6-9）。清华合肥院秉承清华大学“顶天立地”的科研指导思想，瞄准国际公共安全科技前沿，面向国家公共安全重大需求，依托清华大学的科技、人才优势和安徽省、合肥市的政策、产业支撑优势，构建公共安全基础研究、技术创新、成果转化和产业培育体系，打造国际一流、国内领先的公共安全科技创新和产业创新基地。

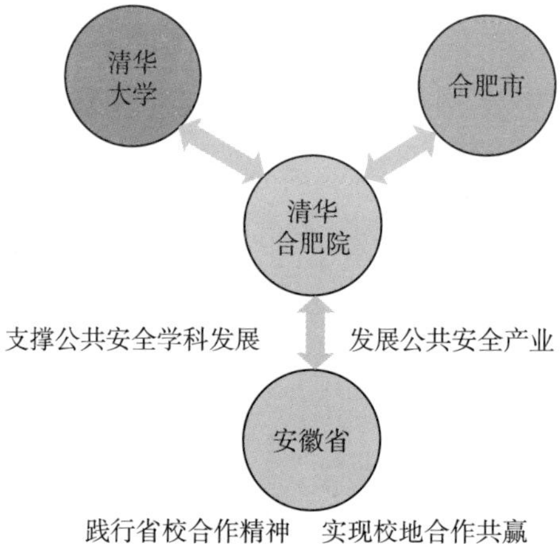

图6-9　省市校三方联合共建清华合肥院

清华合肥院是清华的派出院，有深深的清华烙印，于无声处践行着“清华精神”。清华合肥院获批成立国家级博士后工作站、安徽省院士工作站，集聚了中国工程院院士、教育部长江学者、国家杰青和安徽省特支计划领军人才等高层次人才和团队，多次被评为安徽省优秀引才平台。获批建设灾害环境人员安全安徽省重点实验室，建有亚洲最大公共安全科技基础设施——巨灾科学中心，被纳入合肥综合性国家科学中心交叉前沿研究及产业创新转化平台。清华合肥院承担了数十项国家级科研项目，在城市生命线、消防安全、环境安全、安全文教、人员安全、应急装备检验检测、灾害事故技术调查等方面取得了系统性创新成果并实现规模化产业应用。

需求推动研发，研发带动产业，清华合肥院注重创新成果的应用性和实践性，形成了良性的循环。在建院的同时，配套引入了北京辰安科技有限公司，使市场化机制贯穿科技创新到产业创新的链条。公共安全是需要极大财政投入的领域，清华合肥院可以通过监测和预警挽回可能的经济损失，又以市场化机制贯穿运行，为国家节约了大量的公共安全资金。

同心协力，“科技、管理、文化”筑牢公共安全防护体系

清华合肥院秉承服务清华大学一流安全学科建设并持续支撑安徽省、合肥市城市安全发展和安全产业培育集聚的可持续发展理念，坚持“国家需求导向，顶天立地”的办院宗旨，瞄准国际公共安全科技前沿，依托清华大学的科技、人才优势和安徽省、合肥市的政策、产业支撑优势，构建公共安全基础研究、技术创新、成果转化和产业培育的协同创新发展体系，打造国际一流、国内领先的公共安全科技创新和产业创新基地。

清华合肥院发展立足科技、管理和文化三大支撑，面向国家公共安全重大需求，聚焦安全科学，创新安全技术，发展安全产业，建设了巨灾科学中心、公共安全技术中心、安全产业创新基地，目标是打造公共安全科学研究高地，引领公共安全技术创新发展，培育公共安全产业集群。清华合肥院以科技创新为支撑，分阶段建设了从国家到省、市、区（县）和基层单元的全方位、立体化公共安全网。第一阶段开展了国家应急平台体系全覆盖；第二阶段面向城市，构建了城市安全运行监测与保障体系；第三阶段开始面向基层，探索社会单元公共安全社会化保障体系。在发展过程中，清华合肥院在应急管理、城市安全、人员安全、消防安全及社会化服务、工业安全、环境安全、安全文化教育、应急装备检验检测、灾害事故技术调查等方面取得了系统化创新成果并实现了规模化产业应用，形成了产、学、研、用一体化的良性互动，推进构建安全管理和风险主动防控新模式。

（一）巨灾科学中心：公共安全研究高地

世界多个国家都进行了建设巨灾实验设施的尝试，如美国成立“飓风研究中心”，日本建设“地震模拟实验设施”，我国同样建设了模拟台风、地

震、火灾等单一灾害的实验设施，但综合耦合灾害的实验设施还是空白。因此，建造大型的、耦合的巨灾模拟实验设施，补齐模拟灾害种类的耦合性不足的短板，成为我国的迫切需求。

面向这一国家公共安全的重大需求，清华合肥院开始分期建设世界一流、亚洲最大的公共安全科研基础设施——巨灾科学中心。巨灾科学中心瞄准国际公共安全科技前沿，面向巨型灾难，为保障国家安全，深度整合校地资源，构建基础研究、技术创新、成果转化和产业培育体系，增强国家、城市的韧性保障能力，服务于国家安全、军民融合等国家战略和“一带一路”建设，推动公共安全学科交叉、融合渗透，提升公共安全学科原始创新能力，致力于打造国际一流、产学研用深度融合的科技创新基地和产业培育基地。

巨灾科学中心以“面向巨型灾难，保障国家安全”为宗旨，围绕巨灾科学前沿和关键科学技术问题，以巨灾耦合模拟实现、抵近观测信息获取、预警分析速报发布等为重点，建设国际领先的巨灾耦合模拟装置、城市生命线工程致灾机理综合实验平台、巨灾现场抵近智能观测实验台等，为揭示巨灾灾变机理及动力学演化理论，研究物理社会与智能社会下巨灾的内涵与构建理论，建设“全方位、立体化”的公共安全网，为增强国家、城市的韧性保障能力提供强有力的科技、人才和智库支撑，在国际上形成巨灾安全理论研究、技术创新、管理模式的标准体系，服务于国家安全和国家战略。

巨灾科学中心的复杂性决定了其建设的困难性，科学研究部主任付明研究员回忆起巨灾科学中心建设时遇到的困难和挑战时说：“我们团队用了3年多的时间，才做好巨灾耦合模拟装置的综合设计。”巨灾科学中心的建设分三期推进。一期主要实现大型灾害耦合场景模拟，建成多灾耦合实验平台、人员安全防护实验平台、城市生命线工程安全技术研究实验平台、人员安全与行为实验平台、水环境实验平台等科研设施等；二期重点对大型灾害进行监测和预警，认识巨灾的演化规律和影响，建设监测和预报系统；三期重点实现巨灾的主动应对和科学防控。

1. 多灾耦合实验平台

灾害应急中质量稳定可靠的应急装备是生命财产安全的重要保障，灾害应急环境不同于常规使用环境，同样的物资、装备或设施，特别是新型智能化应急装备，对环境的要求非常高，在复杂的灾害环境下很可能出现不能使用或者性能下降的情况。

多灾耦合实验平台可模拟实现台风、暴雨、暴雪、冰冻、强日照以及严寒、酷热等多种极端灾害环境，能够实现多种灾害耦合发生时的复杂场景。实验段体积3000立方米，满足绝大多数实验件的全尺寸实物测试，是亚洲目前规模尺度最大、灾种模拟数量最多的大型灾害实验装置（见图6-10）。实验平台不仅是实现多灾耦合作用前沿理论研究的基础科研平台，还可以开展多灾害耦合作用的致灾机理、动力学演化、作用规律等研究和装备的环境适应性检验测试。实验平台摆脱天气地域条件的限制，满足高标准军工装备的测试需求，可用于复杂恶劣灾害环境下特种装备、应急救援装备的环境适应性测试，也可用于高层建筑、大跨桥梁的风工程研究，以及大气边界层污染物扩散规律，城市风场、地面交通工具的气动外形，极端环境适应性的测试研究。

图6-10 多灾种耦合实验平台

2. 人员安全防护实验平台

应急救援离不开性能可靠、功能完善的系统化、专业化个体防护装备。但我国的中高端个体防护装备基本依赖进口，仍存在对应急处置与个体防护装备匹配的兼容性、可靠性考虑不足的问题。

人员安全防护实验平台面向灾害环境下人员安全防护的重大需求，突破单一灾害环境模拟实验和小试样测试的局限性，围绕高低温、雨雪冰冻等自然灾害和火灾、爆炸、危化品泄漏等典型事故灾害，开展火灾浓烟、危化品事故、爆炸及其复合灾害环境下人员安全研究以及个体防护装备研发及防护装备检测认证，解决亚洲人种灾害环境适应性和损伤模型的问题，研制自主知识产权的防护装备。平台建成了以复合灾害环境实验装置为基础的核心装置，以个体/群体疏散模拟装置和暴雨逃生模拟装置为专项的支撑平台，以人体损伤与防护评价系统、个体防护装备检验测试平台为应用服务平台的实验条件，整体达到公共安全领域国内领先水平，其中燃烧假人实验室和火爆毒复合灾害实验室达到国际先进水平（见图6-11、图6-12）。实验平台将建成我国人员安全领域的基础研究和检测测试基地，建立我国人员损伤机理、个体/群体行为特征数据库，抢占个体防护科技与装备前沿，提升产、学、研、用协同创新能力，加快推进我国个体防护装备技术和产业发展，形成集研发、生产、服务于一身的创新链条。

3. 城市生命线工程安全技术研究实验平台

随着城镇化快速发展，我国城市系统的复杂性和脆弱性提高，城市基础设施的安全是城市安全运行的保证，长期以来重新建、轻改造，重地上、轻地下，重利用、轻维护的现状，导致城市基础设施承载能力弱，对城市基础设施承灾能力要求提高。增强城市的安全性成为保障城市正常运行的关键问题。

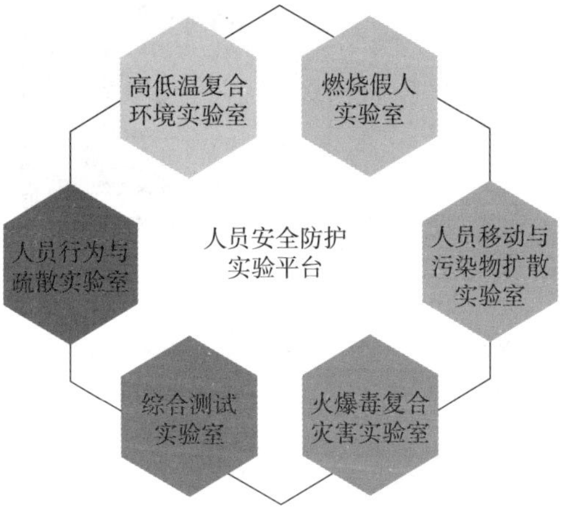

图6-11　人员安全防护实验平台组成

图6-12　人员安全防护实验平台

城市生命线工程安全技术研究实验平台突破单一管线模拟和缩比实验的局限性，建立了世界首个等比例全尺寸综合埋地管线安全耦合实验平台（见图6-13）。平台满足埋地供水、燃气、排水、热力等各类管线单一灾害和耦合灾害机理研究，为城市生命线灾害预测预警技术与关键装备研发及检测提供基础条件，包括为生命线监测系统相关的算法、仿真模型提供实验支撑，也为生命线安全运行监测系统硬件研发提供验证平台。

图6-13　城市生命线工程安全技术研究实验平台

实验平台还围绕城市地下管道微小漏失监测、管道气囊监测等安全监测/检测方法和装备存在缺失的问题，自主研发具有独立知识产权的高精度、高可靠性的城市地下中低压管网漏失溯源定位监测装备。该装备可以用于城市地下的供水、燃气、热力、石油等中低压管网中的微小泄漏、气囊检测。各项指标已达到国际先进水平。该装备的研制成功打破国外技术垄断，填补了我国地下中低压管网漏失检测与溯源定位的空白，改变了我国管网智能化监测技术的被动受控局面，对保护国家基础设施的信息安全、维护国家安全具有重要意义。

4. 水环境安全实验室

水环境是城市生态环境系统中最活跃、影响最广泛的，水是城市产业中不可替代的重要资源。如何解决城市发展进程遗留的水环境污染问题成为城市生态安全的瓶颈，水环境是维系城市生态安全的重要因素之一。

水环境安全实验室面向水环境和辐射环境安全监测预警、污染溯源解析等国家重大需求，开展环境安全预警、污染溯源技术研究、仪器研制、系统平台研发，创新水环境安全监测和污染溯源技术与系统，建设成为国内一流的水环境安全检测监测创新平台（见图6-14）。

实验室依托国家重大科学仪器专项研制了“水体放射性核素在线监测仪器”和“水环境污染预警溯源仪”，针对流域水污染的产生、传输、处理和排放整个过程，构建“源—网—站—厂—河”分级溯源监测体系，研发了工业企业水文数据库构建技术和污染源精确定位技术，建立了云溯源服务中心，形成了水污染溯源从检测、分析到溯源排查全链条技术及服务体系。具有CMA资质的第三方检测实验室，承担了国家重大科学仪器专项、国家自然科学基金、省重大科技专项、省人工智能产业工程等各类科研项目。

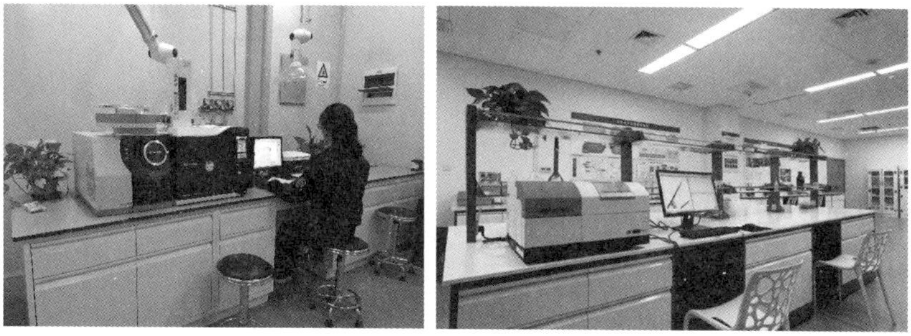

图6-14 水环境安全实验室

5. 消防安全实验平台

社会经济的发展促进了人们生活水平的提高，同时也带来了更多的安全隐患。目前我国建筑呈现出形式各异、形态多样、功能繁杂的建设趋势，导致各种场所火灾风险不降反升，同时也对消防安全提出了更高要求。

消防安全实验平台是我国首个基于建筑结构微元的全尺寸消防安全技术实景化研发、检测平台，由典型建筑特征模拟系统、消防设施运行状态模拟系统和控制系统三部分组成，整体长50米、宽21.6米、高12米。实验平台针对我国消防远程监测和消防社会化服务的重大需求，可以模拟腔室、竖井、走廊等二十类建筑结构，全方位再现消防设施的运行环境和状态，为建筑消防新技术的研究、应用提供基础实验平台与系统级检测条件（见图6–15）。

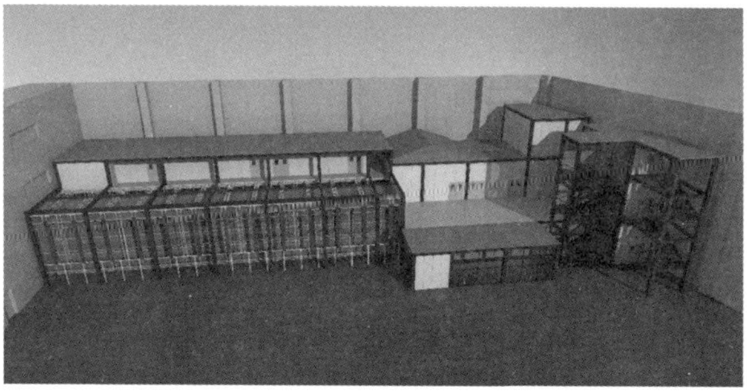

图6-15 消防安全实验平台效果

现在我国绝大多数的火灾探测装置都是单点探测，依靠设备自带的芯片进行简单计算，算力有限，误报率非常高，探测器报警后无人到现场复核的现象极为常见，经常出现小火酿大灾的惨剧。依托这个实验平台，可以开展各类建筑结构下的多探测器耦合火灾探测算法的研究，通过融合建筑结构信息和探测器报警信号时空分布特征，充分利用消防云平台的算力优势，实现消防远程监控层面的火灾真警识别，提升第一响应处置能力。

同时，依托实验平台还可以进行建筑火灾发生、发展、蔓延机理实验研究，开展建筑火灾风险防控、监测预警、第一响应处置等方面的关键技术研发和系统平台研制，推进研发具有自主知识产权的消防关键高技术装备，提升社会消防安全科技水平。

巨灾科学中心的建设不仅服务了清华大学的安全学科建设，还实现了更多清华大学公共安全基础研究的对接。另外，巨灾科学中心还有利于安徽省安全产业集聚和城市安全发展，便于公共安全人才和团队的培养和集聚，以促进政策保障、资金支持和场景应用的有机结合，服务于科研成果的持续创新和深入应用。

巨灾科学中心克服困难，着力建设具备世界领先水平的科研设施，同时根据实际场景进行实验研究和科技攻关，实现技术创新和工程应用的结合，提升国家和城市的安全保障能力，促进安全产业的跨越式发展，使我国逐渐具备应对复杂灾害的高端装备和系统，建立中国模式、形成中国标准、输出中国方案。巨灾科学中心建立以来，被授予国家自然科学基金委依托单位、国家级博士后工作站、安徽省院士工作站、安徽省重点实验室、工程技术中心等称号，获批国家重点研发计划、国家自然基金等共计30项国家级重要科研项目，以及省科技重大专项、省首台（套）重大技术装备等20多项省级项目，并获得国家科技进步二等奖（2018）、安徽省科技进步一等奖（2019）、中国职业安全科技一等奖（2018）荣誉。

依托巨灾科学中心，清华合肥院每两年举办一次南艳湖公共安全科技论坛，打造公共安全科技高端交流平台，成为具有国际影响力的创新名片。主办了2016年第十一届暖体假人与数学建模国际会议，参与承办了安徽院士创新论坛、2017年国家安全监管总局安全生产应急救援科技装备工作现场会、2017年国家人防办全国工程信息化创新管理高峰论坛、2018年工信部全国安全产业座谈会暨安全产业高质量发展论坛等，为公共安全领域科研交流提供了良好平台，助力深化国际合作，发出中国声音。我国积极参与国际公共安全的标准制定，参与技术装备的检测和认证工作，与多个国际组织进行合作，共同探讨这一关乎人类命运的议题，实现技术装备的国际输出。

（二）科技护航“生命线”托起城市安全

城市安全发展已经成为实现人民美好生活的重要前提，城市中的桥梁、燃气、供水、排水、电梯等城市基础设施担负着城市的信息传递、能源输送、排涝减灾的职能，是城市赖以生存和发展的物质基础，是发挥城市功能，确保社会经济和城市建设健康、协调和可持续发展的重要基础和保障，是城市的生命线。城市生命线工程涉及水、电、气、热、交通等，公共性高、涉及面广、相互关联性强，是确保城市居民生活正常运转、维系现代城市功能与区域经济发展的重要基础设施，任何环节发生故障或被破坏都可能影响整个城市系统的功能，甚至导致整个城市瘫痪。

随着合肥市城市建设进程不断加快，城市生命线工程建设规模逐步扩大。合肥市目前拥有224座重要桥梁，城市地下管线总长2.4万余千米，城市承载力持续增强，由于先天不足、维修保养不当、环境影响等多种因素相互作用，造成城市自我保障能力不足，抗灾应变能力脆弱，安全事故频发，给城市生产生活带来严重影响。合肥市生命线工程基本上是建设单位各自为政、条块分割、多头铺设、各自管理，以致各种管线重叠交错、杂乱无章。20多种管线、30多个职能和权属部门，现状不明、“家底”不清。“重建设轻维护”的管理模式，也往往令“小患”积成“大祸”。2013年12月，五里墩高架A3匝道出现桥墩支座老化变形、梁体向曲线外侧偏移和立柱向曲线外侧倾斜等现象，存在垮塌的风险；2015年1月，合肥市马鞍山路与太湖路交叉口附近一段长约20米的路面出现下沉，造成路面开裂；2015年11月，淮河路步行街一条煤气管道被挖断导致泄漏引发爆炸。

合肥市政府对城市生命线的安全高度重视，为落实习近平总书记对公共安全发展的指示，实践国家关于城市安全发展的意见和建议，保障城市运行安全稳定，围绕“大产业、大安全”推动实施安全科技发展战略，合肥市政府依托清华合肥院，在全国率先开展城市生命线工程安全运行监测系统的研发和实施应用，打造城市生命线公共基础设施安全运行综合支撑平台，共同编织全方位、立体化的城市运行安全网，构建“智慧安全城市”新业态。

合肥市政府于2015年5月发布《关于成立合肥市城市生命线工程安全运行工作领导小组的通知》，由经开区管委会、城乡建委、财政局、交通局、重点局、市供水集团、市燃气集团和清华合肥院等单位组成专项工作小组，按照统筹规划、顶层设计、资源共享和集约的原则进行建设，打造合肥城市生命线安全运行综合平台，做到1个平台（24小时全方位监测平台）、2个创新（科技创新、机制创新）、3个统一（统一标准、统一监管、统一服务）、4个全面（全面感知、全面接入、全面监控、全面预警）、5个落地（风险可视化、监管规范化、运行透明化、管理精细化、保障主动化）。

合肥市城市生命线工程安全运行监测项目涉及燃气、供水、桥梁、排水、热力、综合管廊等方面，公共性高、涉及面广、相互关联性强，是确保城市居民生活正常运转、维系城市功能与区域经济功能的重要基础设施。项目建立的监测系统可对城市生命线桥梁、燃气管网相邻地下空间和供水管网等各专项具体风险隐患进行监测识别、预测预警、评估以及应对，系统性建立城市生命线工程安全运行评估、异常事件研判与突发事件辅助决策等管理模式，实现对城市生命线工程关键环节及高风险点区域主动式安全保障，保障人民群众生命财产安全。

开创性、针对性、系统性地建立城市生命线工程安全运行监测系统，可将公共安全科技与物联网、云计算、数据等现代信息技术进行融合应用，实现对城市生命线系统风险识别评估、运行状况实时感知、安全隐患及时发现和突发事件快速响应，建立“前端感知—风险定位—专业评估—预警联动”城市生命线工程安全运行与管控精细化治理创新模式，将科学有效的风险隐患预警技术与完整的沟通对接联动机制相结合，实现由“以治为主”向“以防为主”转变，由“被动应付”向“主动监管”转变。

（1）提升城市整体减灾防灾能力。实时采集汇聚桥梁、燃气、供水、排水和热力等城市基础设施以及城市安全生产运行信息，洞察城市运行规律，及时发现各种风险隐患，实现城市安全监管透明化、服务管理主动化，提升城市减灾防灾能力，提高民众生活安全指数。

（2）构建城市健康运行指标体系。构建城市生命线工程监测标准，建立系统建设、运行、维护、处置、决策和管理一体化的工作机制和流程。基于公共安全科技理论及模型，采集汇总并分析城市安全运行数据，构建城市基础设施及安全风险、风险区域整体辨识、风险要素相互作用、风险发生与演化机理，提取城市健康运行关键性评价指标，为城市安全运行提供管理工具和评价依据，促进政府及各部门采取有效的改进措施，提高城市安全监管能力。

（3）创新城市安全运行体制机制。针对城市生命线工程权属复杂、多部门管理交叉、关联性强、缺乏统一技术支撑等难题，创新了城市安全管理的机制体制，在合肥市成立了国内首个7×24小时值守的城市生命线工程安全运行监测中心，配备专业的值守场所、硬件设施以及高学历、高素质的数据分析、监测值守和系统维护人员，并将监测中心作为市级事业单位，形成市政府领导、多部门联合、统一监测服务的运行机制。

（4）推进公共安全产业发展。健全公共安全体系，推进城市安全防控体系建设与公共安全产业战略，提升城市智能化管理水平。将公共安全产业作为战略性新兴产业，推动传统安全产业转型升级，在安全监测、防灾减灾、预警预判、处置救援的相关产业链和产品线上占据发展先机。

（5）打造城市安全发展新模式。建设城市安全运行监测预警系统是一个系统工程，跨部门、跨行业管理，多学科、多专业集成。为保障系统的实施运行，必须构建精细前端感知、精准风险定位、专业评估研判、协同预警联动的城市安全运行与管控精细化管理模式以充分实现中国城市创新、开放、协调、绿色、共享发展理念。

（6）推行全员性安全意识培训。生命线工程安全涉及的单位众多、业务复杂、岗位专业，安全“木桶效应”使得任何环节都不能存在短板。合肥市生命线工程安全领导小组统一领导建立了面向全员的系统性安全培训机制，上至政府部门领导、权属单位主管领导，中至专项管理和业务管理人员，下至值守和巡检人员，定期、定向、定制性开展培训工作，培训效果可跟踪、可考核、可评价，极大强化了各层级、各类型、各岗位人员的安全意识，有力保障了城市生命线工程的综合安全。

2017年运行以来，平均每月有效报警92.8起，成功预警燃气管网泄漏可能引发燃爆险情204起，沼气浓度超标报警3089起，供水管网泄漏64起，水厂泵站运行异常事件44起，大用户不规范用水2处，路面塌陷预警2起，水锤预警5起，超过75吨的重型车辆超载事件3947起，车辆撞击、桥面重车堵塞等突发事件24起，有效保障了监测范围内的桥梁、供水、燃气管线等城市生命线基础设施的安全运行，避免了城市安全事故的发生，减少了人员伤亡和经济财产损失，提升了城市居民幸福指数。

（三）用数据说话：消防安全治理新模式

当前，城市运行体系日益复杂，公共安全形势依然严峻，安全事故和风险正在从生产安全单一领域向社会公共安全全领域转变，各类风险隐患增多且呈现相互叠加、相互耦合态势，各类风险、灾害类事件造成的损失日益严重。消防安全作为城市公共安全的重要一环，对于保障人民生命财产安全、社会安定有序和经济社会系统的稳定运行具有重大意义。应急管理部消防救援局发布的全国火灾及消防救援队伍接处警情况显示，2020年全国共接报火灾25.2万起，死亡1183人，受伤775人，直接财产损失40.09亿元，其中山西太原台骀山景区“10·1”重大火灾事故造成了重大人员伤亡和财产损失，严重影响了社会经济发展的良性运行，亟须加快实现城市公共安全治理的现代化，提升城市安全发展治理能力。

清华合肥院专家团队通过对我国典型火灾案例进行深入、全面分析和广泛实地调研，发现社会中各单位消防设施丢失、损毁、故障、停用等现象普遍存在，火灾发生时消防设施发挥的作用极为有限，多数单位在消防安全方面投入低，社会整体消防安全形势不容乐观。针对中国现有消防治理模式存在的问题，基于过去数十年对消防业务、技术的理解与积累，在全面调研发达国家的消防治理模式的基础上，专家团队创新性地提出了融合技术、标准、保险的消防安全社会化托管服务模式，设计并打造了集消防设施线上监测、线下服务于一体的消防安全云服务平台。

2018年，“消防安全云”服务创新模式在合肥市经济技术开发区率先使用，打造了全国首个“消防安全云”服务样板区，服务对象包括幼儿园、农贸市场、工业园区、办公类建筑等各类社会单位，接入建筑面积共计130万平方米。服务两年多以来，“消防安全云”专业化服务累计为经济技术开发区18家单位提供超过两万小时的监测报警服务，进行过百余次消防培训，编制了消防分析月报百余份，完成例行维保和应急维保共计两百余次，免费更换各类消防设备千余个；将各单位消防设施完好率提升至近100%，人员安全工作规范率超过90%，消防误报警次数下降超过75%，及时预警并处置十余起初起火情，有效避免了恶性火灾事故的发生，有力保障了人民生命和财产安全。2021年3月23日，“消防安全云”继续服务合肥经济技术开发区消防安全云服务二期项目，致力于全面提升社会单位的火灾防控能力，为合肥经济技术开发区的消防安全提供有力支撑。

“消防安全云”采用物联网、大数据、人工智能、边缘计算等新兴信息技术，对于促进消防安全产业实现高质量发展、产业转型升级具有重要推动作用。目前“消防安全云”服务已走出合肥、走出安徽，在北京、天津、宁波、佛山等50多个城市布局分运营中心，进行市场化运作并提供本地化运营服务，服务总面积超4亿平方米，为2.3万家企事业单位、4.7万家“九小”场所提供消防服务，力争将合肥打造成全国消防社会化服务业务总中心、数据总中心、保险交易总中心和消防设备交易总中心，助力合肥市成为全国消防安全产业转型升级的“领头羊”。

“消防安全云”服务创新模式的应用，有助于城市形成消防安全管理和火灾风险防控预警社会化运营服务长效机制，有效降低火灾风险、遏制重特大火灾事故的发生、减少火灾死亡人数，为人民群众的生产生活环境提供有力的安全保障。

清华合肥院“消防安全云”通过技防与人防的结合，将互联网线上模式与线下传统服务相结合，以线上监管线下，以对业主消防安全损失进行赔付为兜底，为政府、企业、家庭提供可管可控、完整闭环的消防安全托管一站式服务。未来，将覆盖中国超过30个省、150个城市，建立超过200家运营中心，实现20万家企业客户接入。

“消防安全云”以数据、交易为驱动，打造消防产业新生态，创立“消防安全云”总IP，包含服务交易中心、设备交易中心、保险交易中心、数据交易中心四个中心，实现四个中心的产业生态建设，打造“监管+服务”双核驱动的新型城市消防安全管理模式。目前总IP商业模式已初步实现闭环。

“消防安全云”牵引带动消防安全领域咨询服务、数据信息、金融保险、技术研发、产品制造、检验检测、实训演练等产业链条发展，形成集研发、生产、服务于一身的产业链。目前已有50余家设备厂商入驻，数百种设备在平台完成交易，交易金额超过9300万元；合作的消防施工单位50余家，交易总额达8700万元；消防维保线下服务机构130余家，交易额已超4000万元。与此同时，“消防安全云”带动检测机构、风评公司、消防培训学校、物业公司等多行业实现共赢发展。项目的建成有力地促进了相关产业的产、学、研合作，起到催化剂和助推剂的作用。

“消防安全云”属于典型的以高新技术服务业带动先进制造业发展的“双轮驱动”模式，平台创新性地实现了现代保险行业与安全服务业的有效融合，目前已累计为服务单位提供保险保障超40亿元。随着消防安全服务的分工深化与开拓创新，“消防安全云”重点围绕设备生产、设计施工、消防维保、检验检测、培训服务、物业管理、金融保险等领域，推进服务业与制造业融合发展，推动形成一批具有国际领先水平和区域辐射带动力的现代产业集群，不断探索消防安全物联网创新应用，促进产业发展动力变革、效率变革，发挥“双引擎”作用，助推经济结构调整和产业转型升级。打通产、学、研、用一体化协同创新通道，促进科技与经济深度融合，发挥技术创新驱动作用。“消防安全云”及配套服务体系有效带动全国50多家消防设备生产商实现超过9300万元的交易总额，同时维保、施工、检测等线下服务超过1.27亿元。

（四）工业安全：从云端到身边

工业给人们的生活带来了巨大改变，同时也产生了很多的不安全因素，其生产安全问题一直受到社会各界的重视。传统工业企业的一大特点就是科层化和集中式控制，存在生产监管力量不足、技术支撑薄弱等问题，随着科技的进步，加强安全生产监管，改变传统的安全管理、安全监督模式，“物化”安全责任，推进工业安全发展已经成为各省市规划的重要内容之一。多省市出台的“十四五”规划和2035年远景目标的建议中，都对“工业互联网+安全生产”提出了要求，应急管理部、工信部座谈会也提出要推进安全生产监测信息系统的建设，建立常态化、制度化的工作机制，共同研制安全标准，推进融合集成，合力推动风险监测信息化工程实施，建设风险监测预警网络体系，尽快建成中国应急管理工业互联网，实现对重大风险早期识别、智慧研判、精准治理。

以国家需求为导向，清华合肥院组建工业安全科技中心，总体定位于工业安全科技基础及应用研究，面向工业企业安全管理及事故预防的重大需求，针对我国当前企业特点和安全防控现状，密切关注国内外相关前沿科技发展动态，围绕企业灾害事故风险预防与控制，以风险管理为主线，在事故防控关键技术、工业安全服务体系、平台运营服务体系等方面展开协同攻关研究，以形成具有自主知识产权的“工业安全云”平台、技术、标准，适合我国国情的工业安全社会化服务管理模式，提升企业安全管理水平及安全生产投入效益，将科技中心打造成国内一流的集人才培养、技术创新和产业成果转化于一身的综合性平台。

“工业安全云”服务体系构建了安全管理、安全技术、安全文化“三足鼎立”的服务模式，主要建设智慧园区平台、工业安全社会化服务、实验室安全服务、工业安全硬件产品研发、工业安全教育培训实训基地。核心理念是将物联网、大数据、人工智能等先进科技融入工业生产管理，引入保险机制，打造“科技+文化+管理+金融保险”的一体化保障模式，服务于企业安全管理水平提升，服务于城市安全等级提升，形成汇聚安全生产第三方社会化服务力量的新型安全服务体系。做到精确风险评估、精准隐患排查、智慧安全管理、科学应急处置。重点研究适用于企业各类事故灾害场景的智能监测、故障诊断、智能巡检和模拟分析等的防控关键技术，发展新一代基于物联网、边缘计算、人工智能的主动式事故防控技术，为修订和制定相关安全技术标准与规范提供技术支撑。

“智慧园区”平台综合应用物联网、大数据 、云计算、人工智能 、融合通信等成熟技术，实现园区全区域连接设备、连接系统、连接数据、连接人员，同时研发构建48个相关安全事故智能分析模型，研发大气VOCs污染溯源专用设备，提供专业三维建模体系，形成智慧园区解决方案，用科技为园区安全保驾护航，打造新型智慧园区，综合提升园区管理能力并塑造园区形象。

实验室安全管理以检查整改、风险评估、保险保障为切入点，配合全国公共安全技术标准委，依托教育部公共安全与应急管理工程中心，以国际先进 EH&S 体系及国内强制管理要求为抓手，汲取清华大学实验室安全体系建设经验，打造互联网实验室安全管理系统，长期聚焦线上平台及线下服务，整合安全物联网监测预警技术手段，持续提升全国高校实验室安全水平，参与国家人才培养中心工作。

截至目前，“工业安全云”已建设1个国家级平台、7个省级平台、15个市级平台，覆盖10个以上省份，园区建设项目25个，累计帮助监管和服务超过35000家生产经营单位，实现对700多家重大危险源企业监测预警。国家安全生产应急平台投入运行以来，已经预警多起事故，防范了重大事故发生，且在辽宁省阜新万达矿业有限公司“10·18”透水事故、山东临沂事故、江苏靖江事故、杭州爆炸事故、吉林省通化矿业集团八宝煤矿瓦斯爆炸事故等60余起事故救援中得到实战应用，应急管理部副部长孙华山等相关领导多次利用应急平台开展事故救援工作，并给予了高度评价。江苏省危险化学品安全生产监测预警平台对全省14个地市的50个工业园区、300多家重点危化品企业的重大危险源全覆盖，淮北市安全监管信息化平台建立了300多家规上企业和安委会成员单位风险点管控清单和全市安全风险一张图，重点实现了淮北市18家煤矿企业、9家非煤矿山企业、11家危化企业、2家烟花爆竹仓储企业、1家民爆企业以及城市生命线的风险监测预警。总体来说，“工业安全云”平台助力多地市实现危险源动态监测、风险全流程管控和事故预防、事故科学救援，创新了安全监管方式，提升了城市防范化解重大风险的能力。

“工业安全云”不仅强化了企业主体责任意识和政府服务意识，培育了工业安全服务市场，打造了基于第三方社会化专业服务力量的工业安全管理能力提升机制，还提升了安全风险预控与服务能级，充分发挥科技的作用，严格执行关键场所、关键设施、关键岗位、关键工艺的运行监测预警机制及全风险防范化解机制，坚持从源头防范化解重大安全风险，真正把问题解决在萌芽之时、成灾之前。

（五）普及全民安全意识，布局安全文化与应急科普教育新业态

发展安全文化是健全公共安全体系的重要一环，对于国家安全发展具有重大意义。《中共中央关于制定国民经济和社会发展第十四个五年规划和二〇三五年远景目标的建议》提出，“统筹发展和安全，建设更高水平的平安中国”；要求坚持总体国家安全观，统筹传统安全和非传统安全，把安全发展贯穿国家发展各领域和全过程，防范和化解影响我国现代化进程的各种风险，筑牢国家安全屏障。习近平总书记在中央政治局第十九次集体学习中强调，要完善公民安全教育体系，培育安全文化，筑牢防灾减灾救灾的人民防线。因此，发展安全文化教育是坚持“以人为本”发展理念、支撑公共安全保障体系的基础，也是关乎社会安全发展的全局性、基础性和战略性工程。

为响应习近平总书记要求，应急管理部在安全发展示范城市创建工作会议中指出，各地区要从科技、管理、文化三个维度做好“1+3+1”的城市安全重点工作，着力从安全理念、安全制度、安全环境和安全行为四个层次打造好城市安全文化体系，切实发挥文化引领作用，推动群众增强安全意识、掌握安全知识、提升安全技能。

安全文化教育是一项社会性、系统性工程。当前，我国安全文化教育体系仍存在缺规划、少规范、不系统、难持续等系列问题亟待解决。通过分析大量的案例，我们发现许多造成重大人员财产损失的事故都与人们缺乏安全意识、安全知识和安全技能有关。

针对安全文化与应急科普的重大需求，清华合肥院提出了“科技+管理+文化”“三足鼎立”的发展理念，组建安全文化教育与发展中心（以下简称“中心”），以“感受灾害、习得技能”的实践理念为指导，以“提升安全意识，培育安全技能”为目标，构建线上线下一体化安全文化创建模式，以科学系统的安全文化教育知识体系为核心，以线上安全文化教育云平台为传播载体，以具有城市特色的安全文化科普教育体验基地为落脚点，面向政府部门、

社会公众、未成年人、从业人员、专业救援队伍等，提供集科普教育、专业培训、实训演练于一身的安全文化教育服务（见图6–16）。

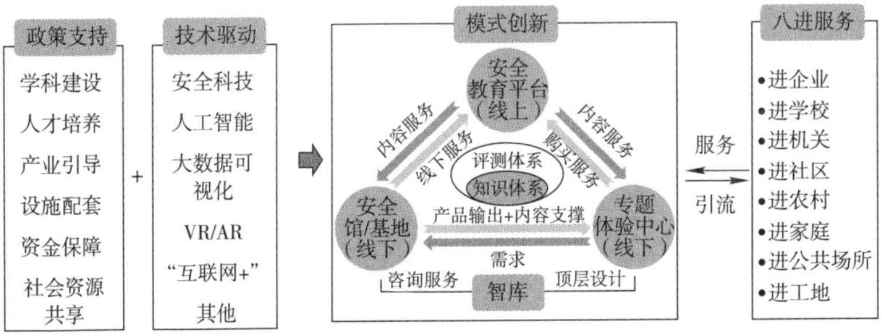

图6–16　安全文化科普教育体系

中心依托清华合肥院的专业知识和科研能力，基于风险理论，综合考虑灾种、场景、受众，分析不同受众可能面临的安全风险，开发了“安知库”——安全文化知识体系。目前，经过不断研究积累，已经形成了包含公共安全、生产安全、青少年安全、政府培训以及职业培训在内约5大类别、120项专题、3600多个知识点的安全文化知识体系（见图6–17）。

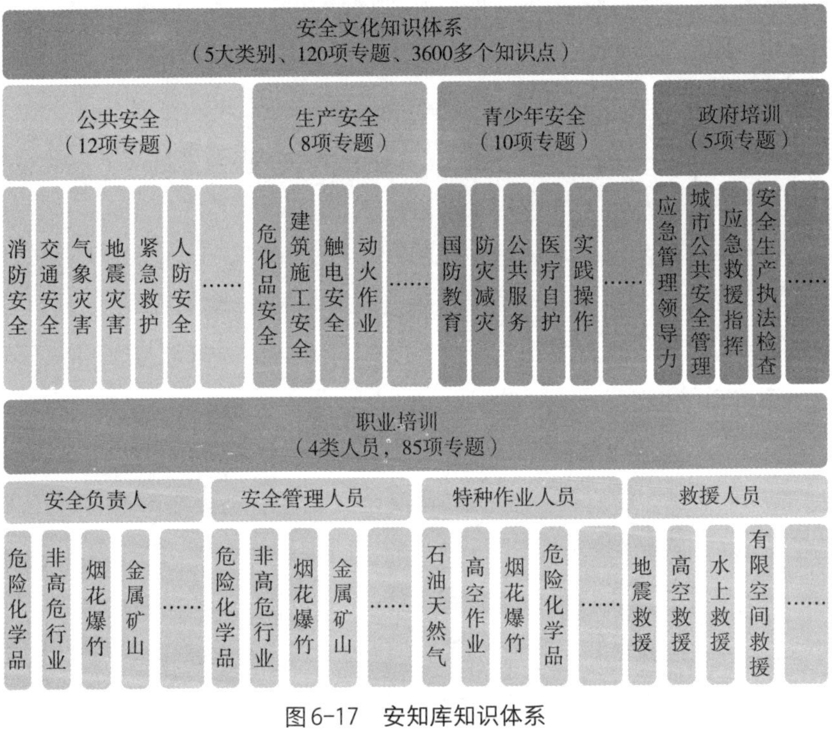

图6–17　安知库知识体系

在安全与应急能力素养评价体系方面，中心基于理论研究与专家访谈，构建三维多元多层测量评价模型，开发了“安意能”——安全与应急能力素养评价体系，对“安全意识、安全知识、安全能力”进行量化评估。以“安全知识”对应知识与技能，以“安全能力”对应过程与方法，以“安全意识”对应情感态度与价值观，对测评者进行全方位考核评估（见图6–18）。

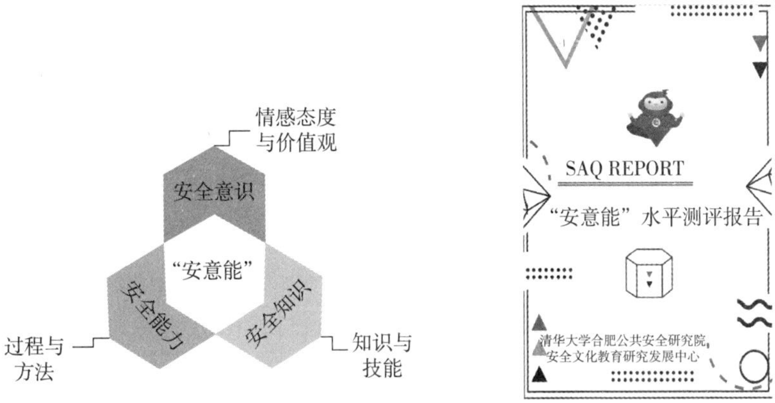

图6–18　安意能测评体系

在线上，中心自主研发的“安教云”，基于“知识、技术和运营”三大体系构建线上云平台，承载知识服务、信息服务和延伸服务，可以实现在线公众安全教育、场馆智能化管控、教育资源共享和体系运维保障等重要功能，旨在为安全与应急科普教育平台及社会化服务项目提供体系化服务。

在线下，中心联动清华大学美术学院交互媒体艺术设计研究所等不同领域的优质企业，深度结合城市的区位优势、产业基础和发展定位，紧紧围绕空间、定位、内容、运营四要素，以得天独厚的科教资源、海量安全知识库数据为依托，形成了从场馆规划设计、展项研发到施工、运营的全产业链输出能力。场馆以视听触觉沉浸式情景交互体验的教育形态，充分化解人与空间和距离的割据，摆脱空泛的说教、枯燥的展示，以人工智能、虚拟仿真、情景交换等形式为支撑，让内容故事化、互动科技化、实训场景化，让知识在多元的重复中融会贯通。

经过积累，场馆已形成了一定的区域覆盖能力，在合肥、杭州、徐州、无锡等多地示范应用，涵盖大、中、小、微多层级安全文化教育场馆，研发了地震安全体验车、水淹汽车、VR综合灾害体验等上百套安全与应急体验科普装置，形成近百项专利和知识产权，年参观量超过400批次，实现了综合性、多元化应用示范。

针对中小学生安全教育，中心首创了校园安全教育一站式托管服务，服务以教育部课程标准为引领，以科学化的体系为支撑，以培训、活动、测评为主要服务形式，以校本教材开发、线上平台服务、安全教室建设等服务项目作为补充，打造全流程托管式的服务模式，帮助学校开展安全教育，同时为教育主管部门的安全教育监管提供助力。该服务已在北京市、安徽省内多所中小学开展示范应用，定制开发安全教育校本教材4本，开展应急疏散演练、安全教育综合实践课20多次，累计服务学生3000余人，获得政府部门、教育主管部门、学校和广大师生的高度认可和一致好评。

中心践行展览、教育、活动同步开发，打造了IP形象“V小超”，依托场馆的空间资源，开展丰富多彩的展教活动，如AHA取证培训、安全模拟实验、安全知识竞赛、疏散演练、研学夏令营等，并与央视及多家地市级媒体联合打造了《第一动画乐园》等一系列安全教育节目，获得了省、市领导的高度认可，被授予“应急安全文化教育基地”“科技旅游示范基地”称号。

中心在全面布局安全文化教育新业态方面的尝试从未止步，通过运营模式创新、技术生态整合，积极融合人工智能、大数据可视化等多种先进技术，整合城市中战略性新兴产业的技术优势，带动城市安全文化新业态蓬勃发展，努力把安全文化元素融入城市每一个场景，推动安全文化教育全覆盖，面向全民全社会，普及安全知识，传授安全技能，提高社会公众的安全素养，让社会公众有能力维护自己的安全！

协同高效，发挥创新集成系统优势

自建院以来，清华合肥院坚持打造公共安全产、学、研、用一体化平台，在机制创新上实现新突破，在动力激发上做出新成效，在载体建设上有新进展，在服务保障上有新作为。秉承清华大学“顶天立地”的科研指导思想，瞄准国际公共安全科技前沿，面向国家公共安全重大需求，依托清华大学的科技、人才优势和安徽省、合肥市的政策、产业支撑优势，构建公共安全基础研究、技术创新、成果转化和产业培育体系，打造国际一流、国内领先的公共安全科技创新和产业创新基地。

清华合肥院深化校地资源整合，健全公共安全基础研究、技术创新、成果转化体系，强化学科发展延伸机构、人才队伍完善平台、产学研用融合基地的定位，经过多年发展，在应急管理、城市安全、人员安全、消防安全及社会化服务、工业安全、环境安全、安全文化教育、应急装备检验检测、灾害事故技术调查等方面取得了系统化创新成果并实现规模化产业应用，形成了产、学、研、用一体化的良性互动模式，以科技创新支撑建设全方位、立体化公共安全网，推进构建安全管理和风险主动防控新模式。

清华合肥院在安全与应急技术攻关、成果转化和产业孵化方面积累了比较丰富的机制体制探索经验，建设了一批国内一流水平的研发平台，取得了突出的技术研发和产业孵化成果，促进带动了安徽省合肥市公共安全产业的整体发展，获得了地方政府的高度认可和行业内广泛赞誉。主要的探索与实践可以概括如下：

（一）精准定位：“三个有利于”引领发展

清华合肥院的定位是：瞄准国际公共安全科技前沿，面向国家公共安全重大需求，通过科技创新、人才培养、成果转化和企业孵化，努力打造国际一流的公共安全科技创新与产业发展基地。清华合肥院之所以选择“公共安全”为主题，一方面是清华大学在公共安全学科和科研力量上全国领先；另一方面合肥是全国率先提出把公共安全作为战略性新兴产业发展的城市，有着较好的产业基础。同时，公共安全又是综合性、应用性较强的学科，科技创新和产业创新融合系数高。学校本部侧重于学科建设、基础研究和人才培养，清华合肥院则侧重于应用研究、技术创新和成果转化，将清华大学的科技、人才优势与安徽省、合肥市的产业、政策优势结合起来，整合校地资源，构建基础研究、技术创新、成果转化和产业培育全链条，可实现“三个有利于”，即有利于清华大学的学科建设，有利于合肥培育公共安全产业，有利于清华合肥院自身发展的目标（见图6-19）。

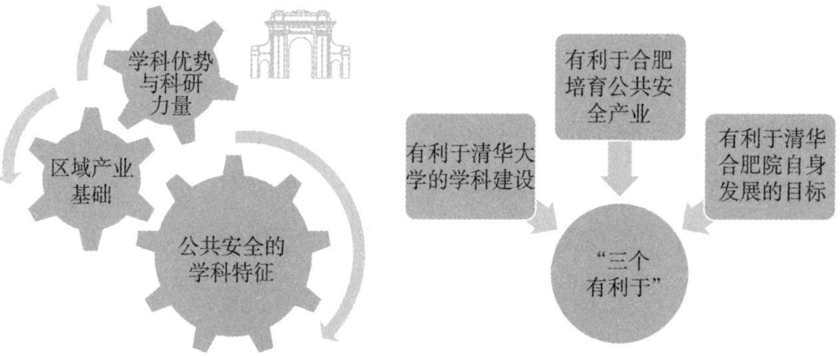

图6-19 “三个有利于”引领发展

在功能定位上，清华合肥院汇集科技创新、关键技术研发、技术转移、科技孵化、项目资本对接、人才培养、产业培育等功能，即把过去单属于某一主体的功能，汇集于研究院系统内部，形成一个创新生态。在要素配备上，除了科研创新平台，还要有配套的创投基金、科技孵化、成果转化企业、既懂科研又懂市场的复合型人才等，形成从科技创新到产业创新全链条的构建与覆盖。

（二）资源聚合、市场导向：打造“政产学研资”创新生态

清华合肥院以国家和社会的重大安全需求为导向，注重创新成果的应用性和实践性，以需求推动研发，以研发带动产业，形成了良性循环。清华合肥院积极对接国家部委、地方政府、大型国企，共同参与重大科技成果产业化，同时引导社会资本对接重大科技成果转化，建立多元化利益共享机制，有效“捆绑”各个利益主体，形成合力，推动产业链、创新链、资金链和政策链深度融合，打造“政产学研资”创新生态。将多个协同创新体有机组合成一个协同创新体，从而在新的协同创新平台上规划和承担任务，解决已有体制机制改革经验在新的协同创新体如何系统地落实与深化的问题；围绕中心使命和目标，进行资源优化配置，发挥强强联合、最佳组合的协同创新体的最大效益，高效地为各项工作服务，真正实现引领和支撑安全与应急新兴产业。

在行业产业发展方面，通过龙头企业的集成发展引领产业的高质量快速发展，根据产业发展及新的科技与产业增长点发展的需要，以互利共赢为基本原则，打造龙头企业群，推动公共安全企业汇聚社会资源，更好地推动产业发展。在建立清华合肥院的同时，配套引入了北京辰安科技有限公司（清华大学公共安全学科成果转化的上市公司），清华合肥院负责科技攻关和技术创新，公司负责成果转化和产业应用，科研人员同时在成果转化企业中兼职。目前北京辰安科技有限公司在合肥成立成果转化企业——安徽泽众安全科技有限公司，与合肥建设投资集团共同出资成立了合肥泽众城市智能安全科技有限公司，独资成立了辰安云服技术有限公司，探索成立了由科研、管理、市场人才持股的混合所有制高新技术企业——辰安天泽智联科技有限公司，主要由上述多家企业负责清华合肥院的科技成果转化和产业化工作。与此同时，清华合肥院积极引进上下游产业链配套企业（机构），截至目前，整个园区共有企业（机构）12家，其中通过国家高新技术企业认定的有7家，初步形成了产业集聚，建立了协同创新和成果转化体系。

清华合肥院以承担中国工程科技发展战略安徽研究院（中国工程院与安徽省人民政府共建）秘书处工作为契机，积极打造高端科技交流平台，为工程院院士在皖开展科研、咨询等活动提供服务保障。清华合肥院先后主办、承办了包括院士咨询项目研究成果交流会、合肥都市圈工业产业（链）联盟成立暨清华长三角产业协同发展峰会、第九届中国创新创业大赛、长三角一体化院士论坛暨第三届安徽院士创新发展论坛、“新形势下的国家能源、资源与城市安全风险研究”学术会议暨第三届南艳湖公共安全科技论坛等在内的十余场国家级科技会议、论坛。

清华合肥院积极与国内外相关高校院所、知名企业开展科技创新合作，打造创新联合体。与中国科学技术大学、合肥工业大学、安徽大学、安徽医科大学、安徽理工大学、安徽建筑大学、东南大学、同济大学、北京理工大学、中国电信安徽分公司和天津分公司、深圳清华大学研究院、上海清华国际创新中心、云南省交通规划设计院、安徽省城建设计研究总院、合肥燃气集团、合肥供水集团等单位签署协议，开展科技创新合作。

（三）管理创新：科学顶层规划、实行联合治理

清华合肥院的发展离不开校地双方的高度重视、高位推动和科学的顶层设计。清华合肥院实行校地联合治理，业务上以清华大学管理为主，实行管委会领导下的院长负责制。管委会由校地双方各委派10名委员组成，主任由清华大学分管校长和合肥市长担任。管委会会议原则上每年召开一次，负责研究审定发展规划、运行机制、年度工作报告和工作计划、预决算报告和其他重要事项。院管理层主要由清华大学委派，中国工程院院士范维澄担任院长，合肥市经开区一名副主任兼职副院长，协调对接政府相关事务。

清华合肥院在工作计划、科研工作、固定资产管理等重要事项上接受清华大学的监督与管理，并接受清华大学的年度述职与考核；在预决算、审计等事项上接受合肥市政府和清华大学的双重监督；每年向管委会报告审议规章制度制定、年度工作总结、年度工作计划、预决算执行情况等重要事项。

（四）机制突破：目标一致、科技成果快速转化

清华合肥院探索出“带土移植、回报苗圃”的高科技成果转化模式。所谓“带土移植”，就是指在科研成果转化过程中，参与研究开发、掌握核心技术的科研骨干一起参与产业化工作，这里所说的“苗”指的是科研成果，“土”就是培育科研成果的人员和技术平台。就好像苗圃里培养的珍奇幼苗，简单地拔出来栽到野外是不容易成活的，必须要与原有的些许土壤一起移植过去。“带土移植”使知识创新与知识运用紧密结合、共同发展。一方面，知识的直接运用使产业化过程中出现的问题能够迅速得到解决；另一方面，产业化过程中出现的问题可以直接反馈回来，从而引导和加速知识创新的进程。“回报苗圃”则进一步增强了苗圃的培育能力，使科技研发和成果转化实现了可持续性的良性发展。清华合肥院具有人才、技术、设施、无形资产等众多优势，相关企业则具有资金、市场、管理、规模化等强项。在各类产业化项目中，提供科研成果的清

华合肥院和承担产业化工作的企业互相促进、共同发展，建立了互补互动和产、学、研相结合的发展机制和运作模式，有效地推动了科研成果转化的步伐。

清华合肥院实现了公共安全工程科技创新与管理科学创新的融合，与合肥泽众城市智能科技有限公司合作研发的“城市生命线工程安全运行监测系统”，包含燃气、供水、桥梁、热力、排水、综合管廊、轨道交通等安全监测专项，2016年率先在合肥市开展试点应用，并向全国推广；研发工业安全危险源监测预警系统，“工业安全云”平台初步建成；消防物联网监测与社会化服务系统已在国内45个城市应用，“消防安全云”平台全国总IP效应初显；研发供水漏失智能监测仪，突破国际“卡脖子”技术并开始工程应用；水污染溯源与水环境安全监测系统技术成熟，实现城市级、流域级工程化应用；启动集科普教育、专业培训、实操演练于一身的安全文化教育体系建设，技术标准和课程标准初步完成。

清华合肥院依托多层次、多体系的技术创新成果与公共安全装备产品，以科技创新支撑建设全方位、立体化公共安全网，推进构建安全管理和风险主动防控的科技成果转化新模式。清华合肥院实现了清华科技成果在合肥市的有效转化落地，形成了城市安全管理的“清华方案—合肥模式”，国家应急平台系统、城市生命线安全运行监测系统、消防物联网监测与社会化服务系统等技术创新成果与装备，已经在国务院、应急管理部等10余个国家部委、全国50多个城市和海外10多个国家开展了设计规划、实施和转化应用。

（五）不囿陈规：创新激励、精准考核

在人力资源组织与考评方面，清华合肥院围绕发挥国家智库、引领科技创新和支持产业的重大任务要求，全方面满足产业对领军人才、骨干人员、复合人才的需要。根据各类人才自身优势，规划不同类别人才培养的体系，推动几大人才培养体系的资源优化配置，发挥教育资源的配置效益，最终实现人才培养的立体化、系统化。

清华合肥院积极为当地提供引进培养人才服务，目前是合肥市创新创业

高层次人才协会创始单位，与合肥市（合肥经开区）合作，先后在美国硅谷、英国剑桥共建海外人才工作站，获评“合肥市海外人才工作站”单位，提供和协助对接高层次人才团队和项目信息。此外，清华合肥院和成果转化企业安徽泽众安全科技有限公司建有国家级博士后科研工作站和安徽省博士后科研工作站，两个博士后科研工作站累计招收博士后26人。其中园区企业安徽泽众安全科技有限公司于2019年获得“安徽省优秀博士后工作站”称号，在全省263个工作站的考核中排名第一。

清华合肥院以开放的平台、灵活的机制吸引集聚人才，整个园区现有科学研究和技术创新人员1100多人，60%以上具有硕博学历，包括中国工程院院士3人（其中2人柔性引进）、教育部长江学者2人、国家百千万人才工程人员1人、国家基金委杰出青年学者2人等。

虽然清华合肥院为科研事业法人单位，但在人才引进方面，合肥市给予了大力支持，提供事业编制用于高层次人才引进，不参加事业单位统招，由院里自主招聘，会同有关部门遴选后按引进特殊人才的政策予以备案认可。清华合肥院解除了限制人力资源全力投入的体制机制束缚，使市场化机制贯穿于从科技创新到产业创新的链条，在学校规定的政策范围内，不囿陈规，创新激励，精准考核。实行灵活的薪酬制度，研发人员的收入与科研产出、产业化收益直接挂钩，有力调动了科技人员的积极性，实现研发与转化的无缝对接，使产、学、研、用密切融合。

第六章

打造新生态领军型科技企业[①]

哈工大机器人（合肥）国际创新研究院

2021年3月12日，由哈工大机器人（合肥）国际创新研究院（以下简称“HRG合肥研究院”）主编的机器人产业蓝皮书《中国机器人产业发展报告（2020—2021）》（以下简称“蓝皮书”）线上重磅发布。

作为我国首部机器人产业蓝皮书《中国机器人产业发展报告（2019）》的接力之作，新版蓝皮书全面剖析中国机器人产业发展的状况、路径和机制，并对产业发展趋势和方向做出了权威研判。

蓝皮书的问世引起了相关政府部门、企业、科研院校、投资机构等多方的高度关注，也让各方对HRG合肥研究院在机器人领域的多年潜心研发和实践经验有了更深入的了解。

其实，这已经不是HRG合肥研究院首次“受人关注”。从2016年8月成立至今，仅五年的时间，这个聚焦机器人、人工智能、智能装备及物联网领域高新技术研发和科技成果转化的新型研发机构，就已成为区域内的一张闪亮“创新名片”，通过“科技+市场”双轮驱动，不断践行探索与改革，持续散发光和热。

从安徽省新型研发机构到国家级科技企业孵化器；从“皖”籍机器人“明星”亮相安徽卫视春晚到作为长三角一体化区域内人工智能代表平台参与央视全球直播；从区域内一块“神秘”科创地变身为合肥市科技创新、战新产业发展的鲜明“地标”之一……HRG合肥研究院“身”倚东风，与国家、省市的顶层规划和政策指引同频共振；“心”聚创新，依托自身资源和优势，着力开展机制体制革新，激活发展动力。

① 本章编写成员：于振中、李文兴、刘速超、孙友杰。

HRG合肥研究院的成长镌刻时代印记，如一篇徐徐展开的文卷，将新时期下新型研发机构的别样发展路径“娓娓道来”。在此，让我们共同横跨地域，走进HRG合肥研究院，以起、承、转、合之势，了解它的科技创新及产业培育模式，感受它的“产学研”新生态构筑之路，分享它着力打造新生态领军型科技企业的经验与做法。

起：应时代之变，擎科技力臂

（一）中国机器人产业繁荣发展背后的“隐痛”

穿梭历史，回到2016年的3月9日，这一天，谷歌机器人AlphaGo战胜了世界顶级围棋棋手李世石。一石激起千层浪，这则重磅新闻瞬间“席卷”全球，有关机器人、人工智能的概念再次风靡世界。包括中国在内，全球主要国家都越发重视新技术的突破、发展与应用。

纵览中国机器人发展史，真正起步于20世纪70年代，与发达国家相比时间稍晚。虽然“起跑”落后，但中国机器人发展速度却“惊人”，中国机器人从无到有，从弱变强，以跨越式发展的态势领先全球。

2013年开始，中国成为全球最大的机器人市场，并连续多年占据冠军宝座。在随后的几年间，中国机器人市场规模平均增长率远高于同期全球机器人市场的平均增长率。但良好的发展态势和广阔的市场前景，却无法掩盖中国机器人产业繁荣发展背后的“隐痛”。

1. 中国机器人关键技术、精密制造工艺与国外存在差距

目前，我国机器人产品的核心零部件依赖进口的局面仍未改变。控制器、伺服电机、减速器被视为机器人的三大核心零部件，占到机器人成本的70%，这也是制约中国机器人产业的瓶颈。

具体而言，国内减速器产品质量、应用可靠性正在提高，谐波减速器逐步实现进口替代，但本土企业与国外企业存在核心技术、设备等条件差异，RV减速器仍依赖进口；控制器技术成熟度有所提高，但产品易用性、兼容性、智能性等方面需要进一步改进；国内厂商注重通用型伺服驱动器技术的积累，但在大型伺服驱动器技术上存在缺失。

除了传统的三大核心零部件存在技术和设备差距外，国产机器人传感器因为受制于产业链制造水平，其设备质量、参数暂时无法满足高端市场应用需求；核心软件的自主化与开发标准化问题也制约着产品的快速发展。

2. 机器人标准体系及管理体制亟待完善

伴随着中国机器人产业的不断发展，机器人产业对标准体系和管理体制有了更多、更高的要求，但现行的机器人产业标准体系及管理体制无法满足机器人产业发展的需求。

目前，部分机器人标准存在交叉重复以及矛盾的情况，造成了相关部门在指定标准过程中人力、物力等资源的浪费，相关部门在执行标准过程中执法不统一的问题也是导致机器人企业标准依据不明确的原因之一。同时，机器人产业跨领域、技术和应用较为丰富，缺乏标准制定规划及推进制度，导致标准制定效率较低、标准缺失和滞后，难以满足产业快速发展需求。例如，机器人操作系统作为机器人的核心软件，缺乏统一软件组件化行业标准，阻碍了操作系统的规模化发展。此外，由中国主导制定的机器人产业国际标准在全球占比较小，对全球机器人产业标准的影响力不大，国际话语权较弱。

3. 资本助推机器人产业发展动力不足

机器人产业由于其独特的特性，具有投资大、开发周期长、技术突破难度高等限制，想要推动产业的发展，对资金有持续需求，且实现盈利的时间跨度较大。

一系列现实因素导致无论是投资机构还是产业巨头投入资源推动产业发展的动力都不足，从而导致机器人市场存在资本助推核心技术发展力较弱的问题，如芯片、RV减速器等产品，技术突破难度高、时间周期长，短期内无法实现资金回报，因此资本机构不愿过多参与。此外，国内机器人产业仍处于发展阶段，部分资本机构未建立完善、明晰的投资体系，常因所注资的初创企业缺乏切实的应用场景、同质化竞争激烈、无法实现商业落地等问题，挫伤其投资积极性。

4. 机器人产业存在人才缺口，人才培养机制不完善

人才是机器人产业发展的关键。在产业高速发展的浪潮下，产业对机器人技术、研发、操作、维修、营销及管理人员的需求大幅提升。

但目前，国内机器人产业面临人才数量短缺、人才培养机制不完善、人才就业行业（或领域）流向不均衡等问题，严重制约了产业发展。据工业和信息化部等部门共同编制印发的《制造业人才发展规划指南》预计，到2025年，高档数控机床和机器人领域人才总需求量将达到900万，缺口为450万人。然而国内机器人产业人才教育仍处于初始阶段，尚未形成完整的教学资源系统，优质的社会培训机构较为稀缺，制约了人才批量化培养的进程；同时，经过机器人技能职业培训的人才，在行业内暂无统一适用的水平或资质评价标准；此外，相关就业者因工作环境、薪资待遇等因素影响，更倾向于选择到理论研发领域工作，致使机器人应用型人才短缺。

5. 中国专利质量不高，专利申请集中度低

2011年以来，中国申请人在机器人领域的专利申请数量迅速增加，在全球专利的申请量中占据了非常大的比例，但目前仍然存在专利质量不高的问题。与全球数据相比，中国单个申请人专利申请数量相对较少，整体布局较为分散。从中国排名前十的专利申请人可以看出，科研院所和大专院校申请专利积极性较高，企业参与度有待提升。目前，中国申请人大多数在国内市场进行专利申请，很少在国外市场进行技术保护。中国的专利制度实施较晚，企业对知识产权的认知相对薄弱，申请人在专利保护方面更关注专利数量、布局，而对专利质量、诉讼技巧的关注度相对较低。

（二）国家力擎“制造业皇冠顶端的明珠”

回溯过往，在2014年的中国科学院第十七次院士大会、中国工程院第十二次院士大会上，习近平总书记就机器人产业发展做了重要指示，强调机器人是“制造业皇冠顶端的明珠”，其研发、制造、应用是衡量一个国家科技创新和高端制造业水平的重要标志。习近平总书记指出：“我国将成为机器人的最大市场，但我们的技术和制造能力能不能应对这场竞争？我们不仅要把我国机器人水平提高上去，而且要尽可能多地占领市场。”

习近平总书记讲话指出：中国作为制造业大国，是全球最重要的机器人市场之一。我国的机器人产业发展要把水平搞上去，要掌握核心技术；同时要更多地占领市场，要有自主品牌。

两院院士大会上习近平总书记关于机器人产业的讲话，掀起了国内机器人产业发展的高潮，也彰显了国家力擎“制造业皇冠顶端明珠”的决心。

同年12月，针对德国“工业4.0”的提出，我国正式提出“中国制造2025”。2015年5月19日，国务院印发了《中国制造2025》，部署全面推进实施制造强国战略。

《中国制造2025》将“高档数控机床和机器人”作为大力推动的重点领域之一，以突破机器人本体、减速器、伺服电机、控制器、传感器与驱动器等关键零部件及系统集成设计制造技术等的瓶颈。同时，在重点领域技术创新路线图中明确了我国未来十年机器人产业的发展重点主要为两个方向：一是开发工业机器人本体和关键零部件系列化产品，推动工业机器人产业化及应用，满足我国制造业转型升级的迫切需求；二是突破智能机器人关键技术，开发一批智能机器人，积极应对新一轮科技革命和产业变革的挑战。

高层规划、顶层设计、密集出台的一系列重磅规划，为我国机器人产业的发展插上了腾飞的“翅膀”。2016年4月，工业和信息化部、国家发展改革委、财政部联合印发《机器人产业发展规划（2017—2021年）》（以下简称《规划》）。《规划》提出，五年内形成我国自己较为完善的机器人产业体系，并列出了针对性的任务。一是推进重大标志性产品率先突破，二是大力发展机器人关键零部件，三是强化产业基础能力，四是着力推进应用示范，五是积极培育龙头企业。中国机器人行业处于产业转型升级需求释放、国家政策红利凸显、资本市场助推的机遇叠加期，机器人产业链上游零部件、中游本体制造及系统集成、下游应用领域的投资潜力巨大。

2016年7月，国务院发布《“十三五”国家科技创新规划》，将智能制造和机器人列为“科技创新 2030 项目”重大工程之一，特别提及下一代工业机器人技术研究、工业机器人产业化、服务机器人产品化、特种机器人批量应用。

2016年9月，工业和信息化部、财政部印发《智能制造发展规划（2016—2020年）》，促进服务机器人的研发和产业化。2016年11月，国务院发布《“十三五”国家战略性新兴产业发展规划》，提出促进专业服务机器人和家庭服务机器人的应用。2016年12月，工业和信息化部、国家发展和改革委员会、国家认证委员会发布《关于促进机器人产业健康发展通知》，探索工业机器人应用市场，推动服务机器人试点示范。2017年8月，科技部印发了《“智能机器人”重点专项2017年度项目专项申报指南》，共同启动智能机器人基础前沿技术、新一代机器人、关键共性技术、工业机器人、服务机器人、特种机器人6个方向42个项目，总投资约6亿元。2017年12月，工业和信息化部发布政策文件《促进新一代人工智能产业发展三年行动计划（2018—2020年）》，提出到2020年，智能家庭服务机器人和智能公共服务机器人将大规模生产和应用，医疗康复、老年护理和残疾援助、消防救援和其他机器人将完成原型制作、技术和功能验证，20多个应用程序演示将实现。2018年4月，工业和信息化部、国家发展和改革委员会、财政部发布《机器人产业发展规划（2016—2020年）》，表示五年来，中国已经形成了比较完整的机器人产业体系。根据工业和信息化部的工作部署，下一阶段相关产业促进政策将解决两个关键问题：一是推动机器人产业向中高端发展；二是规范市场秩序，防止机器人产业无序发展。

2019年以来，中央及各地政府依然在大力推动制造业升级改造，发展智能产业及推动机器人的应用和开发，所推出的政策重点围绕机器人产业链的建设，包括建立机器人产业集聚区、完善机器人产业链、鼓励关键核心技术发展、推进智能化改造升级、推动机器人细分领域应用等。新基建政策从产品技术水平、基础设施建设、活跃资本及打造新应用场景等方面助力机器人产业发展。

2019年，科创板为机器人产业拓宽融资渠道、提供配套支持，同时强调关键核心技术及创新能力，为机器人企业指引创新方向。

“十四五”规划将全面提升中国制造业发展质量和水平作为重大战略部署，以使中国迈入制造强国行列，计划到2045年将中国建成具有全球引领和影响力的制造强国。提出要强化国家战略科技力量，瞄准人工智能等前沿领域，实施一批具有前瞻性、战略性的国家重大科技项目；要发展战略性新兴产业，推动互联网、大数据、人工智能等同其他产业深度融合，构建战略性新兴产业增长引擎。

科技的发展、时代的需求、政策的助推，必然将进一步推动我国机器人、人工智能等关键领域的升级与发展，而与此相对应，适配于高新技术创新和成果培育的新型研发机构与平台的探索之路，也将越发被人关注。

（三）中部崛起核心增长极的创新“呼唤”

面对新一轮科技革命和产业变革的巨大发展机遇，我国中部地区紧抓时代机遇，奋力追赶，将机器人等新兴产业作为推动区域经济高质量发展和实现弯道超车的有利契机，以创新驱动发展战略，引领地方转型升级。

安徽作为中部崛起的核心增长极之一，以大手笔、大心力，着力建设创新安徽，推动区域不断发展进阶。多年来，尤其是党的十八大以来，安徽省把产业结构调整作为主攻方向，把高新技术企业作为主力军，把高新产业开发区等作为主阵地，把各类平台作为重要载体，把高校、科研院所作为重要依托，全力推进自主创新和战略性新兴产业发展，走出了一条具有安徽特色的创新发展之路。

创新“一子落”，发展“满盘活”。科技创新这个“关键变量”，正将安徽产业地标从过去的煤铜钢等资源型“铜墙铁壁”，转变为今天的创新型“芯屏汽合”“集终生智”。“关键变量”渐成安徽高质量发展的最大增量。

在“十三五”期间，安徽省积极落实国家发展战略，把创新驱动发展作为面向未来的核心战略，根据《中共中央　国务院关于深化体制机制改革　加快实施创新驱动发展战略的若干意见》等政策指导，因地制宜地出台一系列政策，包括《支持自主创新能力建设实施细则（试行）》《关于实施创新驱动发展战略　进一步加快创新型省份建设的意见》《关于修订印发实施创新驱动发展战略　进一步加快创新型省份建设配套文件的通知》《中国制造2025安徽篇》等，加速推进科技创新、产业创新、市场创新、管理创新，不断释放改革红利，做强创新主体，聚焦优势产业。

2020年8月，习近平总书记在安徽考察时强调，要深刻把握发展的阶段性新特征、新要求，坚持把做实、做强、做优实体经济作为主攻方向，一手抓传统产业转型升级，一手抓战略性新兴产业发展壮大，推动制造业加速向数字化、网络化、智能化发展，提高产业链供应链稳定性和现代化水平；要牢牢把握扩大内需这个战略基点，努力探索实现新发展格局的有效路径；要对标世界一流，加强前沿探索和前瞻布局，加大关键核心技术攻坚力度；要发挥好改革的突破和先导作用，依靠改革破除发展瓶颈、汇聚发展优势、增强发展动力。

安徽的创新之路越走越宽、越走越活，为各种创新主体的改革增添了“底气”，为创新资源的配置增强了活力，为创新平台的搭建提供了条件。全省上下同心，围绕创新链、产业链、人才链、资金链，持续强链、延链、补链，并不断招引外部创新力量，协力发展，互融互促，围绕机器人、人工智能、量子、能源等重点领域持续发力，将安徽省打造成为世界一流的综合性创新平台。

（四）与科创名城合肥的“皖”美“联姻”

安徽正依托“三地一区”（科技创新策源地、新兴产业聚集地、改革开放新高地、经济社会发展全面绿色转型区）打造引领高质量发展强大引擎，为新阶段现代化美好安徽建设筑势赋能。习近平总书记为安徽擘画的宏伟蓝图正一步步地变成生动现实。

合肥作为安徽创新引领与发展核心，凭借多年来的积累沉淀、果敢锐进，成为目前全国唯一集综合性国家科学中心、国家自主创新示范区、国家创新型试点城市、国家系统推进全面创新改革试验区、中国制造2025试点示范城市五大“国字号”创新品牌于一身的城市，已然成为中国创新版图中的“重要一极”。

创新高地、大湖名城、科教之都……合肥以“和煦暖人”的政策“春风”和“养分合宜”的创新“土壤”，积极“走出去”，真诚“引进来”。其中，与哈工大机器人集团（HRG）的“联姻”更凝结出了区域新型研发机构探索创新的有益成果。

2016年6月24日，时任安徽省委常委、合肥市委书记吴存荣亲自带队赶赴哈尔滨，与哈工大机器人集团相关领导进行深入交流并签署战略合作协议。

2016年7月10日，“哈工大机器人集团项目”签约仪式在合肥市政务中心举行。项目落户合肥国家级经开区智能科技园，由哈工大机器人集团与合肥经开区共同建设，包括HRG合肥研究院和哈工大机器人集团华东产业基地。项目的落地，旨在助推区域构筑完整的机器人及智能装备产业体系，打造机器人产业集聚区，同时有力促进区域制造业转型升级，为落实“调转促”战略形成重要支撑。

HRG合肥研究院暨HRG华东产业基地项目从签订战略协议到正式签约落地，用时仅半个月，凸显“合肥速度”，令人惊叹！但看似快如“闪电”的“联姻”之举，却是经过长期调研、反复研讨之后的水到渠成，是双方核心优势与发展需求的彼此匹配、完美契合。

哈工大机器人集团成立于2014年12月，以政、产、学、研深度融合的方式，推进机器人及相关智能装备领域的技术研发服务，推动区域创新体系建设和地方产业转型升级，构建了面向机器人及相关智能装备领域的研发机构集群。

HRG秉承“聚天下力，争世界先”的发展理念，依托研发机构集群的建设，通过联合研发、委托研发、自主研发，构建面向产业的创新研发服务体系。目前，HRG已拥有一支由院士、长江学者、万人计划等专家领衔，规模逾1200人的创新创业人才队伍，建成了涵盖全链条、全要素的技术创新体系；已申报专利2200余项，其中授权专利1300余项，每年新增专利300余项；已研发和推出30余类、200余种产品；在智慧工厂、工业机器人、服务机器人、特种机器人、文旅机器人、医养康助机器人以及产教融合等方面形成了产业集聚和协同共生的发展态势。

2016年出台的《合肥市国民经济和社会发展第十三个五年规划纲要》中，明确提出要牢牢把握世界科技发展方向、全球产业变革趋势，依托合肥丰富的科教资源，聚焦能源、信息、材料、生命、环境等科学领域，努力建设国际一流水平、面向国内外开放的综合性国家科学中心，服务国家战略，成为国家创新体系的基础平台、科学研究的制高点、经济发展的原动力。要建设高端协同创新平台，创新研究院管理运行体制，支持国内外著名高校和研发机构面向产业发展需求，创新建设和运行模式，与合肥共建新型协同创新平台。要建设一批共性技术研发平台，支持龙头企业与高校院所建设多形式、紧密型的产业创新联盟和新型研发机构，联合开展核心、共性技术攻关，推进建设人工智能、机器人等一批技术创新平台。要聚焦机器人、精密制造等重点领域，打造国内重要的高端装备制造产业集群。加快发展工业机器人系统集成、本体制造以及减速器、控制系统、伺服电机等核心零部件，形成工业机器人全产业链。培育发展服务机器人以及医用、建筑和军用等专用机器人，建成全国具有重要影响力的机器人产业基地。

方向确定，细则落地。合肥市陆续出台《合肥市推进人工智能产业发展若干政策》《合肥市人民政府关于加快推进新一代人工智能产业发展的实施意见》等多项官方文件，促进合肥市积极抢抓人工智能发展的重大战略机遇，打造具有影响力的人工智能创新创业高地。2020年合肥市人民政府印发的《合肥建设国家新一代人工智能创新发展试验区实施方案（2020—2023年）》中，明确将HRG合肥研究院建立机器人智能开放服务及支撑平台作为加快建设创新平台的重点任务之一。

与时代发展同频共振。HRG合肥研究院从建立之初，就明确自身定位和主营业务，着力聚焦机器人、人工智能与智能装备等领域的高新技术研发和科技成果转化，贯通科技成果转化路径全环节链，推动区域创新体系建设和地方产业转型升级。

HRG合肥研究院矢志践行“用科技解放人、服务人，让生活更美好”的使命担当，努力实现“造就一批领军型科技企业”的愿景，不懈追求立身全球新一轮科技革命和产业变革潮头，瞄准科技创新前沿，打造一支具有持续创新能力的科技人才队伍，培育一批具有全球竞争力的机器人及人工智能科创企业。

昔日的一片黄土，如今已成为合肥市代表性的人工智能科技地标。园区内的一草一木、一砖一石，都是静默的时光“观者”，见证了HRG合肥研究院从萌芽启新到发展壮大。HRG合肥研究院的成长史，也是合肥市智能机器人、人工智能领域飞速崛起的缩影。踏着时代的和弦，HRG合肥研究院将自身发展与地方需求密切结合、紧紧相连，着力探究新型研发机构的创新发展之路，在机制体制等多领域大胆尝试、积极实践，初步摸索出了一条兼具HRG和地方特色的经验样板，并不断予以完善、丰富、拓展。

承：植科创基因，蓄创新动能

2019年9月科技部印发的《关于促进新型研发机构发展的指导意见》指出：新型研发机构是聚焦科技创新需求，主要从事科学研究、技术创新和研发服务，投资主体多元化、管理制度现代化、运行机制市场化、用人机制灵活的独立法人机构。要充分发挥新型研发机构在体制方面的优越性、承载资源的多维性、完善创新体系的功能性等作用，基础和关键依然是秉持并发扬其不同风格的科创属性。

HRG合肥研究院深植科创基因，从成立之初就前瞻布局创新平台，明晰自身发展目标，以使命为己任，以愿景为目标，围绕机器人、人工智能、智能制造和物联网等领域，着力打造科技创新策源地、人才资源集聚地、科技成果转化地、优质产业集聚地，并依托地方、集团、自身特色资源和优势，以立体研发模式、双轮驱动引擎，构建循环创新体系。

（一）贯通科技研究脉络，构建技术创新体系

2019年7月20日，以“打造工控产业生态系统”为主题的第二届中国核心技术创新发展峰会在南京隆重举行。峰会由南京市雨花台区人民政府、中国（南京）软件谷主办，翼辉信息技术有限公司、哈工大机器人集团、中控集团、华中数控股份有限公司共同承办。峰会期间，融合类脑智能和类人行为功能的智能—实时一体化机器人专属操作系统——“哈工轩辕”正式对外发布并获业界强烈关注。

“哈工轩辕”操作系统由HRG合肥研究院项目团队“五年磨一剑”倾心打造。该操作系统为国内智能机器人产业发展提供了核心技术支撑，是一款真正意义上的智能—实时一体化机器人操作系统。

发挥科创属性，坚持创新为魂。“哈工轩辕”正是HRG合肥研究院发挥平台优势、集聚资源谋创新、集中力量办“大事”的实际表现。

从立项到落地、从萌发到培育，HRG合肥研究院以深植于蓬勃“血液”中的科创基因为基础，以市场需求、产业发展为导向，着力于基础性科学、产业共性技术等方面的科技攻关与创新突破，倾力构建贯通“行为智能—类脑智能—云脑智能”的智能机器人研究脉络，打造了涵盖智能核心部件、机器人本体、机器人系统平台在内的智能机器人技术及产品体系，充分发挥“科研+市场”的强劲驱动力，点燃科技发展新引擎。

聚焦机器人及人工智能领域高新技术研究和科技成果转化，HRG合肥研究院前瞻布局，特设智能装备、人工智能、应急装备、工业机器人及系统、康养装备、微纳机器人等多个前端科研产业研究所。其中，智能装备研究所主要围绕高端智能制造装备，机器人操作系统、控制器等核心软硬件及相关前沿技术，开展深入研究与产品开发；人工智能研究所专注于机器人领域的视觉检测、目标识别，机器人行为数据采集与云存储，深度挖掘与辅助决策等技术研发；应急装备研究所聚焦无人化技术，面向军事、公共安全、灾害救援等特种领域，研制高可靠性并具有特种适应能力的机器人、智能装备与网络体系；工业机器人及系统研究所主要研制面向工业领域的智能装备、核心零部件、特殊板材设备与工艺、自动化设备及解决方案；康养装备研究所致力于康复、养老、助残领域机器人及辅助、教学设备的高新技术和产品研发；微纳机器人研究所主要针对微纳机器人自动化、生物医学仪器、微纳精密检测等相关领域开展技术创新与产品开发。

从高端技术引领到“接地气”的市场落地，全面而科学的研究方向的制定，为研究院的发展奠定了基础，铸造了“牢而稳”的“骨骼架构”，避免了新型研发机构发展中常见的思路不明晰的“通病”。

HRG合肥研究院通过体制机制和模式创新，手持知识探索和技术创新的“利刃”，在开展科技研发、加速成果转化、培育创新人才、建设创新创业文化等方面不断突破。针对原创性理论基础薄弱、重大产品和系统缺失等重点难点问题，建立机器人基础理论和关键共性技术体系，着力打造全国领先、国际一流的科技创新策源地，壮大机器人高端人才队伍，形成在机器人、人工智能等领域的持续创新力。

HRG合肥研究院结合自身资源和能力，不断地进行技术知识创造和产品知识创造，完成对技术知识和产品知识的积累，实现研究院的科技创新水平整体提升。同时，新产品和新技术会不断受到检验，并通过新技术、新产品投放后的市场反馈加以改进和完善，以技术水平、成熟程度、产业化基础、投资分析、市场情况、经济效益与社会效益、风险分析等作为产业化科技成果评估指标，最终有效推动科技成果的产业化。

（二）构建立体研发模式，持续产出高质创新成果

全方位吸纳科技资源，集中力量开展创新研发，“放得开”“能干事”，是新型研发机构的优势所在。HRG合肥研究院立足自身与高校、科研院所紧密联系的优势，进一步拓展在技术、人才、项目资源等方面的渠道整合能力，扬长避短，协同合作，为真正做到“打通创新链、对接产业链、融合资本链”奠定稳固基础。

目前，HRG合肥研究院的创新研发主要包括以下方面：一是面向市场需求的应用技术和产品研发，二是面向行业的关键技术、共性技术、核心零部件和产品研发，三是创业团队项目预孵化阶段的技术研发。基于研发方向，研究院构建了涵盖自主研发、委托研发、联合研发在内的立体研发模式，不断提升创新研发能力，持续产出高质量的科技成果。

1. 自主研发，“硬核”献力

2020年6月5日，名为《你好，长三角》的央视新闻——长三角一体化特别节目面向全球观众进行直播，其中HRG合肥研究院自主研发的“哈工轩辕”机器人操作系统、智能机器人控制器、驱动关节等智能机器人核心软硬件及下一代人机协作机器人通过网络精彩亮相。

为国产智能机器人“铸魂强核”，是HRG合肥研究院孜孜以求的研发目标，也是合肥研究院“硬核”自主研发能力的集中体现。

“哈工轩辕”机器人操作系统团队自2016年成立，连续克服“人才荒”“经验少”“范例缺”等困难，依据量身打造的“三步走”战略，首先解决“有没有”的问题，再解决“好不好用”的问题，最后解决“安全自主可

控”的问题。

明确的目标和发展路径，辅以平台资源支持，团队发展逐渐步入正轨。2018年，团队完成系统初步版本的开发，并启动了适配应用测试工作；2019年，系统实现了国产化硬件层适配和功能分核分区，采用Linux通用内核和RTOS实时内核虚拟并行，突破性地解决了以往操作系统智能性和实时性难兼容的问题，让机器人等智能终端具有了思考决策、肢体协作、危险防护等能力，并可进行硬件抽象化的高精度同步，并完成了1.0版本的发布，在业界引起极大关注；截至2021年2月，团队已申请了20余件国内发明专利和4件国际发明专利，实现将近10个大行业应用场景的推广，包括足式机器人、轮式机器人、履带式机器人、类人型双臂机器人、智能装备等多种应用。据统计，团队在试运营阶段已经服务客户15家，完成订单25笔，累计收入金额近千万元。

机器人控制器作为工业机器人最核心的零部件之一，对机器人的性能有决定性的影响。由HRG合肥研究院自主研发的智能机器人控制器，进一步提升了机器人的“大脑”性能，针对机器人智能化和柔性化发展趋势，创新性地将运动学、动力学、控制算法、轨迹规划、人机协作、人机界面等核心技术融合在一起，有效保证了机器人的可靠性、准确性、快速性，并具备较强的抗干扰能力；同时通过工业实时通信或5G通信接口，打造云端一体化智能控制平台，让机器人开发更简单。

2.“委托+联合”，发挥创新主体优势

除自主研发软硬件产品与智能装备外，HRG合肥研究院还深入对接市场，联合各类创新主体，开展委托研发和联合研发，进一步发挥新型研发机构的科技“献智”与服务功能。

相比企业自主研发，企业委托研发具有费用低、风险小、效益好等优点，也成为企业与新型研发机构密切合作的方式之一。HRG合肥研究院充分发挥平台在领域内的科研软硬实力，针对需求“定制”方案，以解决企业的技术攻关、装备研发等难题。

空间旋转护理床就是常州市某医院委托HRG合肥研究院康养装备研究所为其“量身打造”的产品，主要用于辅助患者进行肾脏排石，通过驱动三个旋转轴实现床体空间角度的变化，改变卧床患者身体姿态，使肾脏内的残石在重力作用下自主排出。

在前期的方案制订阶段，研究院的工程技术人员与医护人员就应用场景进行详细沟通，由院方对方案的合理性进行评估，双方共同确定最终的实施方案。在方案实施阶段，双方在样机的安全防护、操作便利性以及应急处理等方面进行细化，技术人员采用CAE核验安全系数，完成科研样机的制作；科研样机依次通过空载、负载以及用户模拟等测试后，交由客户验收并顺利通过，技术人员则负责对医护人员进行操作培训和相关服务。通过一系列严谨的流程把控和效果评估，研发过程顺利，研发成果也得到实践验证，取得了良好的应用效果。

对于围绕联合研发，进一步发挥各创新主体特长，融合各类创新资源，合力打造目标产品，HRG合肥研究院也进行了诸多探索，如同企业联合研发的烟草智能解包线、智能焊接产品等。其在明晰各自职责、规范合作流程、进行节点把控、有效评估效果、明确产权分配、规范法律权责等方面加强机制、组织保障，让联合研发真正发挥作用，取得实效。

通过构建和完善立体研发模式，并提供试制、检测、装配和调试条件，HRG合肥研究院实现了自我优势的最大化和创新资源的有效配置，为平台业务拓展、市场化服务提供了有力支撑，有效满足企业需求，与企业一同打造品牌产品，为技术向产品转化、产品向商品转化提供支持，同时也提高了自身的可持续发展能力。

（三）强化双轮驱动引擎，促进产需精准对接

2020年11月13日，“小墨”系列新品发布会在HRG合肥研究院举行，来自国内商业清洁领域的30余名行业专家、资深人士共同见证了HRG商用清洁机器人的公开“首秀”。

本次发布会推出两款产品，即“小墨一号”——扫地擦地吸尘一体机器人与“小墨二号”——洗地扫地一体机器人。这两款产品都是瞄准国内商业清洁领域的需求“痛点”与发展“关键”着力打造而成的，无人化清洁、高效环保等智能属性让产品一经推出就受到了业内的关注与好评。

“小墨”系列产品的诞生，正是HRG合肥研究院坚持科研与市场双轮驱动战略的结果，而双轮驱动力的联合“加持”，也赋予了科技创新更明确的“靶向性”，有效解决了科研与经济“两张皮”的窘境。

1. 明确“主线”，立足“五性”

面向市场需求，HRG合肥研究院进一步加强横向课题引育，为企业提供技术服务，提高科研项目的针对性和实用性；同时为优秀创新成果提供培育和推广服务，培植创新成果，解决市场需求。横向的研发课题能够较快地实现市场化销售，从而增加研究院的造血能力和持续创新的后劲。

如何将知识转化为金钱？HRG合肥研究院为创新研发和转化设置了清晰的“主线”，从技术开发到项目开发，再到产品开发，在产品设计阶段就明确了“五性”原则。第一，可靠性，产品在规定的条件下和规定的时间内完成规定功能的能力；第二，维修性，产品在规定的条件和规定的时间内，按规定的程序和方法进行维修时，保持或恢复到其规定状态的能力；第三，安全性，不可导致人员伤亡，不危害健康及环境，不给设备造成损失；第四，测试性，能及时、准确地确定产品状态（可工作、不可工作或性能下降）并隔离其内部故障的一种设计特性；第五，保障性，装备的设计特性和计划的保障能力。

“五性”原则是产品市场化的集中体现，也是产品应对需求、满足需求、参与竞争的内在要求。而除了明确“主线”外，在项目管理阶段，HRG合肥研究院也始终以市场为导向，加强产需精准对接，持续发挥科研与市场的“双引擎”作用。

2. 适度监管，内部竞争

HRG合肥研究院的项目管理主要包括科研项目的立项管理、过程管理、结题评审、成果产业化。

在立项环节，立项审查分类进行。技术研发类项目的立项注重市场导向，兼顾长远发展；应用技术和产品研发项目的立项强调市场成熟度，瞄准当前市场需求。规范立项管理是确保研发质量的第一道关口，有效保障了研究院的项目质量，限制质量不高或不符合市场需要的项目，提高资源利用的有效性，为真正有理想、有能力的科研人员提供资金、场地、设备等软硬件条件，建立让其放开手脚、施展才能的灵活的科研机制和环境，增强科研人员的创新意愿、创新动力和成就感。

在项目过程管理中，HRG合肥研究院遵循适度监管与内部竞争相结合的方式，在充分发挥项目团队自主性、能动性的基础上，把稳发展方向，将优质资源集中到优质项目中去，避免资源浪费。

（1）适度监管。市场发展瞬息万变，同领域内的竞争也异常激烈，HRG合肥研究院基于市场需求的变化，定期或针对“里程碑”节点对项目分阶段进行考核，分析项目研发进度与市场需求的契合度，对项目的研发方向和内容进行把控和指导，如符合要求则继续按计划推进，如已滞后，无法满足当前的市场需求或者在同类竞争中已处于劣势，则要督促其尽快进行方向调整或内容优化，以保证创新产品的竞争优势。

（2）内部竞争。为集中优质资源赋能优质项目发展，HRG合肥研究院遵循市场化运作规律，对科研项目实行内部竞争、优胜劣汰，进一步调动科研人员的创新驱动力。对市场前景广、发展态势好的项目予以重点培育，利用平台和集团资源加速其稳健发展；对无法满足市场需求、竞争能力弱的项目，及时进行调整优化，或终止项目，避免资源浪费。

3. 紧盯需求，抢占先机

敏锐的市场“嗅觉”是新型研发机构立足自身服务产业升级、持续健康发展的优势所在。HRG合肥研究院时刻瞄准各方面的需求动向，及时转换思路，积极发挥可调动资源的广泛性，灵活调整研发活动，第一时间抓住机遇，抢占先机。

2020年被誉为“新基建元年”，是中国经济转型发展的关键之年，要以科技革命成果实现国家生态化、数字化、智能化、高速化、新旧动能转换与经济结构对称。建立现代化经济体系的国家基本建设与基础设施建设，成为各方关注和发力的重点。

HRG合肥研究院也基于新基建的三大领域，即信息基础设施、融合基础设施、创新基础设施，围绕人工智能、工业互联网等优势领域积极布局，深入谋划。

2020年5月，安徽省正式发布全国首个新基建领域技术产品服务目录，其中，由HRG合肥研究院自主研发的智能控制器、智能机器人操作系统、机器人减速器检测系统、协作机器人、工业视觉系统等共13项解决方案被列入名录。诸多创新项目的汇聚，为HRG合肥研究院发力新基建、赋能新产业奠定了基础，也为HRG合肥研究院的发展创造了更大的空间。

新型冠状病毒肺炎疫情发生以来，很多行业都被迫按下了“暂停键”，这为无人化、自动化、智能化科技成果的应用提供了良好的契机。HRG合肥研究院基于现实需求和抗疫需要，迅速组织团队在春节期间加紧研发，仅耗时20天，就研制完成防疫弥雾消杀机器人。

防疫弥雾消杀机器人具有高效安全、操控简单、续航能力强、多场景适用等优势，它的喷雾距离超过5米，单次作业可覆盖5000平方米的区域，相当于8名传统人工的作业量，可完成在医院、车站、机场、商场、园区等多场景的室内外防疫、消杀、消毒作业，不仅极大地提高户外防疫消杀工作效率，还可有效降低作业人员感染病毒的风险。

除了防疫弥雾消杀机器人之外，研究院还研发了无人消杀机器人、智能巡航消杀机器人等系列防疫科技产品。这些防疫科技产品也于2020年5月作为创新代表成果参与安徽省“抓创新、抗疫情、促六稳”科技成果发布暨线上交易会，取得了良好的社会和经济效应。

（四）活“血”强“身”协同聚力，激发创新自生动力

作为平台立根的基础，HRG合肥研究院发挥自身体制机制优势，不断夯实科技创新能力，通过人才、政策、资金、知识要素保护等多方面的协同聚力，不断激发平台创新的自生动力，为推进构建创新体系和助力产业转型升级提供保障。

1. 多措并举，活跃人才“血液”

人才是科技创新的关键，HRG合肥研究院格外注重对人才的招引、培养和激励，有效地发掘人才的创新潜能，调动人才的积极性，充分发挥人才的创新能力。

（1）人才招引“有标准”。HRG合肥研究院建立了灵活的用人机制，以打造激发创造活力的创新氛围，在团队建设上不拘一格，面向全社会乃至全

球招引适合研究院发展的高水平人才，组建最优团队。

与传统科研机构不同，HRG合肥研究院的人才范围更广，主要包括以下五类：一是专业技术人才，针对机器人、人工智能、智能装备和物联网等领域，整合包括机械、自动化、电子、电器、软件、大数据等专业的技术人才。二是应用技术人才，包括产品开发、工程类技术人才，面向核心零部件、整机、系统集成以及产品制造的技术人才。三是技术性创业人才，主要是以创业为目标，面向市场开展产品或技术研发，成功后携带成果创业的个人或团队。四是服务性技术人才，与研究院开展联合研发，或通过研究院平台为产业技术需求提供技术服务。五是经营管理人才，包括创业型企业的领军人才、创业服务的运营人才、企业经营管理人才等。

HRG合肥研究院整合人才资源注重实效、方式灵活，为外部人才资源提供了多种合作方式和合作渠道，并且业务范围和技术需求覆盖多个专业领域。

（2）人才激励有举措。HRG合肥研究院破除“唯学历、唯资历、唯论文、唯奖项”倾向，突出工作能力和业绩考核，注重市场认可和对企业的实际贡献，将专利成果、技术突破、工艺流程、标准开发、成果转化等作为人才绩效评审的重要内容，进一步完善以市场评价为导向的内部标准体系，并通过薪酬激励、成长激励、文化激励等多种激励方式激发人才活力。

薪酬激励：HRG创新研究院提供地区及行业领先的薪资和福利待遇，同时让薪酬与工作绩效挂钩，建立完善的创新工作考核办法，激发团队人员的工作积极性，充分挖掘他们的潜能和创造力。除了实行合同制、建立完善的薪酬福利体系之外，研究院还依据自身特点，将风险与利益挂钩，将责任与利益分配结合，绩效考核采取动态薪酬及末位淘汰制，建立风险共担、成果共享的激励机制，借此形成HRG合肥研究院内部的创新动力，鼓励研发人员以更大的热情充分发挥自身的能量与智慧。

成长激励：HRG合肥研究院为创新人员提供发展空间，充分发挥其专业知识和技能，并随着研究院的发展提升个人水平；建立切实有效的培训机制，提供公平的学术交流机会，满足人才成长、发展的需求；增加知识技能的深度和广度，帮助人才更好地应对激烈竞争所带来的挑战；还特别设置了专业的创业导师，为创新人员做专业的辅导。

文化激励：HRG合肥研究院注重营造宽松自由的工作环境，减少刻板固定的工作安排，可根据自己的状态、工作轻重缓急来调整自己的工作时间和工作内容，如设置弹性工作制等；同时树立勇于创新、允许失败的价值观，营造团队配合与知识分享的文化氛围，强调团队合作与知识分享，让具有不同知识结构、专业特长和思维方式的成员在一起和谐、愉快地工作，进行知识分享和交流，迸发出创新的火花。

（3）人才培育有成效。多措并举激发人才活力，为HRG合肥研究院积累了一批高素质人才，在科技创新领域持续献智献力。

截至2021年4月，HRG合肥研究院已形成以多名院士级首席科学家为技术领衔，涵盖各领域专家、科研及产业人才超800人的专业团队；已申报各类知识产权达1009项（其中美国专利4项、国内发明专利379项）；主持或参与国家及行业标准制定10余项；承担多项国家、省级重点项目；荣获安徽省“115”产业创新团队、安徽省新型研发机构、安徽省引才平台、安徽省博士后科研工作站、安徽省技术领军人才、庐州产业创新团队等多项荣誉。

2. 多元汇力，促进创新发展

除充分发挥人才资源能力外，HRG合肥研究院还积极发挥多元优势，连接和导入其他资源，在资金、政策、平台、知识产权保护等方面共同汇力，为科技创新、成果转化增添动力。

HRG合肥研究院通过多种方式获取资金：一是技术研发项目资金和配套资金，如重大专项，横向技术服务、技术检测项目；二是各类政策项目的配套资金，如研发基础设施、双创基地、人才队伍建设等扶持政策；三是技术转化收益，如技术成果转化、无形资产入股；四是孵化项目股权收益。

充分发挥平台对接优势，在政策层面寻求支持。这里的政策主要包括：一是项目类政策，如创新创业平台、新型研发机构等建设项目；二是科技类政策，如新技术、新产品研发等；三是人才类政策，包括各类高端人才和团队的建设政策、扶持政策、人才培养政策等；四是产业政策，指产业发展所涉及的相关产业扶持政策。

利用多地区布局集群构建进行地方联动，充分融合各自优势资源，实现各种创新要素的内部交流、共享与互促，在广域维度上全面有效地开展合作。

在自主创新到科技成果转化过程中，自主知识产权尤为关键。HRG合肥研究院基于此，建立了相关保护机制，有意识地对自身领域及相关领域底层技术进行战略性专利覆盖，大力支持与鼓励申报发明专利，促进专利技术实施应用；同时注重知识产权保护及策略制定，实现专利申报工作规范化，并通过专利许可对技术知识产权等进行合法保护，提高知识产权保护力度，有效保护自主创新成果。

转：健平台功能，创融合生态

作为政府、高校科研院所伸入市场的前沿“触角”，新型研发机构建立的目标和功能在于实现科技成果有效转化，打造科技成果、技术需求在产业最前沿双向流动、对接的重要阵地。

HRG合肥研究院始终坚守“用科技解放人、服务人，让生活更美好的”使命，不断追求“造就一批领军型科技企业”的愿景，以科研创新为基础，发挥国家级科技企业孵化器职能，通过全方位赋能，为科技成果转化筑造“高速公路”；发挥自身“强磁场”效应，服务优质产业公司，助力地方战略性新兴产业发展；立足当下，着眼未来，发挥集团与自身优势资源，为新时代科创人才、产业人才的教育培养拓新献力。

HRG合肥研究院在围绕创新链、产业链的深度融合、互促发展的道路上，多维发力，融会贯通，不断发掘平台潜能，通过脚踏实地的探索，做出实效成果，积累经验财富。

（一）多维创新要素赋能，加速科技成果转化

让科技成果真正落地，实现市场价值；让科学家完成企业家的角色转变……HRG合肥研究院结合行业背景、地方资源、平台优势，围绕机器人、人工智能、智能制造与物联网领域，积极推进高新技术成果转化，服务高端人才创业，培育实体经济创新创业项目，助力产业发展。

经过五年多的探索，HRG合肥研究院构建了全方位赋能服务体系，对科创项目的全生命周期进行了个性化的资源“加持”，打造科技成果转化的“高速公路”，让科创企业尤其是初创型公司顺利跨过“死亡之谷”，为其健康发展“保驾护航”。

1. 全方位赋能项目

作为国家级科技企业孵化器，HRG合肥研究院暨HRG华东产业基地整合布局，构建了涵盖资金扶持、商务办公、企管培训、生产制造、市场推广、生活配套等在内的全面孵化培育体系，为科研成果转化的创业项目导入人才、技术、资金、供应链、品牌、场地等，提供“全方位、一站式”的培育资源，有效赋能科技成果转化，打通科技成果从科研机构到市场的产业化道路。

资金支持：HRG合肥研究院培育的项目，大多属于高新技术成果转化、高端人才创业、面向实体经济的创业项目。此类项目普遍存在创业者缺乏投资能力、创业项目的资金需求量大、缺乏业绩支撑、抵押物不足等情况，融资成为其生存与发展的关键。HRG合肥研究院通过发掘政府投资平台、银行、外部基金公司、集团平台等方面资源，为项目导入如银行融资、股权融资、政策资金等多维资金支持，同时研究院还联合政府部门和相关机构，设立“机器人产业发展基金”，为优质科创项目发展提供经济助力。

技术加持：依托研究院的科研及技术优势为项目提供技术咨询服务，助力创新科技企业攻关技术难题，为企业发展提供强大的技术支撑；同时，研究院可利用自身平台资源，广泛对接产业界的技术服务资源，帮助项目迅速得到相关技术支持，获得解决方案。

市场帮扶：科技型创业公司在创业初期往往面临如应用案例缺乏、营销队伍能力不足等市场问题，获取订单的难度较大。HRG合肥研究院为项目提供市场支持，包括拓展市场渠道、建设营销队伍等，通过营销客户资源引入，对接技术支持服务、商务服务、会务支持等市场营销服务，帮助企业与客户达成意向合作，最终顺利签单。研究院还组织企业参加各种类型的宣介活动，如世界机器人大会、世界制造业大会、上海工博会、深圳高交会等大型综合性展会以及其他专业性展会，进行展会赋能和宣介，扩大企业知名度和影响力。

人力赋能：在项目发展初期，HRG合肥研究院灵活利用自身人力资源，以共享等形式，帮助项目招才引智，组建产品技术团队、市场营销团队、企业运营团队等；在项目人才团队建立之后，进行相应的人力资源赋能，帮助项目建立完整的人力资源体系。另外，研究院还引导团队带头人和核心骨干不断进步，通过集中培训、座谈交流、路演比赛等形式，营造创业学习氛围，培育带头人的市场思维。

政策服务：HRG合肥研究院为项目提供政策类服务，包括产业政策、科技政策、人才政策、金融政策等。如新技术、新产品研发的支持和市场准入政策，科技成果转化、项目孵化、科技人员创业的扶持政策，产学研合作平台、科技创新平台建设的支持政策，政府招商引资政策等，指导培育企业申报各级各类项目计划，协助企业进行“专精特新中小企业”“高新技术企业”等相关评定。

管理提升：提升管理能力是科创企业发展的重要方面，HRG合肥研究院通过多种方式，综合提高培育企业的管理水平。行政管理方面，通过业务模块化，统一业务的流程和标准，如会议、接待、印章证件、后勤物业等，提高效率和质量。财务管理方面，包括财务制度建设、财务队伍建设、预算结算管理、成本管理、税费管理、固定资产管理等。人资管理方面，包括人资管理制度、人资工作队伍建设、人资规划管理、绩效考核、劳动关系管理等。品牌管理方面，包括品牌管控制度、宣传平台建设、宣传队伍建设、宣传材料审查等。法务管理方面，包括基础法务事务支持、法律文件审查、法律事务处理、法律风险防控等。

配套保障：科技型初创企业由于资金有限，在租用场地、水电费、物业费、配置办公用品等费用支出方面都存在现实困难，HRG合肥研究院利用自身资源，对接政府和园区，保障企业在创业期基础资源的配置，在场地租赁、水电费、物业费等方面予以适当减免，为企业发展减轻压力。

2. 定制化资源菜单

根据不同项目涉及的技术难度、市场状况、团队建设情况等综合因素，研究院设置了不同的项目发展规划周期与路径，并辅以重点不同的资源配置，结合企业发展需要，进行连续跟进和动态调节。

定制化的资源“菜单”，让赋能企业更具针对性，能有的放矢地投入产品技术、营销渠道、财务管控、技术创新等，注重资源合理匹配、权责利对等，尊重市场规律，既考虑近期的投入产出比，也考虑项目持续成长，将近期绩效与持续发展相结合。

HRG合肥研究院还特别设置创业导师，为企业提供创业辅导和服务咨询。创业导师由领域内具有资深经验和知识储备的专家组成，他们可充分发挥自身能力，借力研究院平台资源，帮助企业解决问题，陪伴企业发展成长。

3. 持续助力“毕业生”

HRG合肥研究院对培育项目进行全生命周期赋能，不同于一般新型研发机构的项目“毕业”即结束的情况，研究院格外重视对“毕业”企业的跟踪、数据统计和分析、绩效评价。

（1）“毕业”企业跟踪。根据《安徽省科技企业孵化器认定和管理办法》的规定，对达到“毕业”要求的企业，认定为孵化“毕业”。目前，研究院暨基地有近20家企业达到“毕业”条件，已分别“毕业”，研究院建立了一套完整的“毕业”企业跟踪流程，对“毕业”企业给予各方面的支持。

“毕业”企业跟踪流程：

安排“毕业”企业在园区其他空间的后续发展，或向其他区域介绍推荐，以帮助“毕业”企业寻觅到更合适二次创业的发展空间。

建立“毕业”企业回访、跟踪制度。在生产经营用地、招聘人才、政策优惠、资金需求、市场开拓等方面继续提供服务，支持企业做强做优。

建立“毕业”企业资料库，继续做好“毕业”企业经济统计工作。

定期举办“毕业”企业座谈会，一方面促使优秀“毕业”企业与在孵企业之间进行广泛交流，为初创期企业成长提供宝贵经验；另一方面了解“毕业”企业的整体发展情况，为产业链之间互动创造条件，满足企业不同发展时期的需求。

（2）数据统计。建设专门的数据统计管理部门，每个月由相关管理人员对培育企业的数据进行填报，填报结束后，由相关专业人员对数据进行评判，评判结束后，上报到上级科技主管部门，同时建立资料库，做好“毕业”企业数据统计工作，帮助企业健康快速发展。

（3）绩效评价。建立科技企业绩效评价体系，进行绩效考核常态化管理。对于积极开展科技创新工作并取得成效的培育企业，平台给予适当奖励，并继续协作争取外部的资源支持，扶植其做大做强；对于发展情况不好的企业，收回其享受的场地等优惠政策，避免资源浪费。

4. 体系助力企业“崭露头角”

通过构建综合性与定制化相结合的全方位赋能体系，HRG合肥研究院有效加速科技成果转化，培育科创项目成果。2020年，研究院首批8个科创项目顺利完成转化，其中安徽领云物联科技有限公司（以下简称“领云科技”）是一家集研发、生产、销售、服务于一身的高科技军工企业，围绕物联网、人工智能、大数据等先进技术，专注于军队业务的深度创新，针对部队军械库、兵器室、器材室、机关车场等重要场景，涵盖武警、海警、陆军等多个军兵种，提供多场景、多兵种、多产品的一体化、模块化的端到端AIoT解决方案。

领云科技以“科技强军、为国铸盾”为使命，承担武警部队装备领域“智慧磐石”工程全国试点建设。依托HRG合肥研究院的多维赋能，公司掌握了多项核心技术，并自主研发了如业内首个“七合一”智能监管一体机等关键设备。目前，领云科技拥有50余项自主研发可控的知识产权，多项技术产品在全国武警部队试点应用。凭借卓越的品质和服务，领云科技自2019年成立后，短时间内就将公司业务拓展至全国近20个省，并与多支部队达成深度业务合作，截至2021年3月，武警装备“智慧磐石”市场占有率全国第一。

领云科技良好的发展态势也赢得了投资机构的青睐，收获了多轮投入资金，天使轮估值近亿元，企业发展步入高速稳定的“快车道”，先后获得2019安徽省优秀信息化解决方案、2019WMC“创新产品金奖”、2019“物联中国”全国总决赛第三名、2019全球物联网创新成果50强、2020年省级科技型中小企业、2020年合肥市高科技人才团队等多项荣誉。

与领云科技类似，其他培育企业也纷纷在各自行业“崭露头角”，业务内容涉及机器人核心零部件、机器人本体、系统集成和软件服务等智能机器人上、中、下游产业。首批企业的成功培育，也为后续项目的“破茧成蝶”奠定了基础、积累了经验。

（二）强化“磁场”集聚效应，助力产业集聚发展

新型研发机构有别于高校、科研院所的灵活性和针对性，对产业需求有着更强的“敏感性”，对不同类型的产业主体有着更强的吸引力，能够有效集合产业优质资源、培育产业协同发展集群，带动区域传统产业升级与新兴产业增长。

HRG合肥研究院以明显的优势，进一步强化自身“磁场”集聚效应，深度对接科研资源与产业需求，连接龙头企业、优质企业、潜力企业，锻造完整产业全链条，开展多维服务，促进优势互融互补。截至2021年4月，HRG合肥研究院暨HRG华东产业基地已打造成为集聚超30个产业链上下游优质项目、具有鲜明特色的产业平台，深入布局智能制造、智慧城市、智慧教育、服务平台等多个产业领域，建立健全了涵盖核心关键零部件、机器人本体、系统集成、软件服务在内的全产业链融合发展生态。

1.“广域视野”集纳优质项目

2021年5月10日，第60届全国制药机械博览会在青岛举办，合肥哈工龙延智能装备有限公司（以下简称“哈工龙延”）作为国内药品后道包装自动化设备细分领域头部厂商之一应邀参展，其研创的全自动装盒机、全自动制托入托装盒生产线、全自动薄膜捆包机、开装封码垛一体机等先进产品在展会上大放异彩，备受关注。

但谁能想到，三年多前，哈工龙延仅是一家在上海并不知名的小公司，而造就哈工龙延“蝶变”的是来自合肥的“橄榄枝”和一场义无反顾的“迁徙”。

2017年，在准确把握制药装备自动化转型升级的巨大市场，并对企业进行综合评估之后，HRG合肥研究院暨HRG华东产业基地决定引入哈工龙延。针对企业特性和发展需求，HRG合肥研究院为哈工龙延的加入提供了全方位的软硬件支持，而这份“货真价实”的满满诚意，也是哈工龙延敢于从上海整体迁至合肥的“底气”。

依托HRG合肥研究院暨HRG华东产业基地的品牌、科技、办公场地、生产厂房、市场营销、资金等，哈工龙延迎来了发展的“高速期”。公司以医药行业为突破口，为大型医药企业提供智能化包装设备及整体解决方案、机器人搬运系统集成应用、后道包装自动化及各类非标自动化设备。中包三维形式一体机包装线、侧推式散盒分体装箱线、机器人码垛装箱分体包装线、双工位机器人码垛包装线、多列包装生产线、制托入托线……多系列高科技的产品，让哈工龙延迅速在市场“站稳脚跟”，并成功服务拜耳医药、阿斯利康、辉瑞制药、国药集团、联合利华、白云山等国内外知名企业，赢得了良好的行业口碑。2020年，哈工龙延营业收入已超亿元，正向国内药品后道包装细分领域第一的位置稳步迈进。

哈工龙延仅仅是HRG合肥研究院暨HRG华东产业基地“广域视野”集聚优质企业的一个代表。依托自身在机制体制方面的优越性，HRG合肥研究院暨HRG华东产业基地在全球范围内集纳产业链优质企业，进一步夯实产业链上、中、下游的实力，同时依托外围产业基础，充分发挥自身的技术优势，让科技创新有的放矢，避免“盲目创新”，降低失败风险。

2.“因需赋能”促进企业成长

赋能企业发展，服务产业进阶，HRG合肥研究院暨HRG华东产业基地依托自身平台优势和集团资源，为企业进行品牌、技术、市场、人才等多维赋能，并辅以生产厂房、办公楼宇、人才公寓、餐饮食堂、文体休闲等综合配套。其中，技术服务、生产服务、市场服务是最主要的服务要素。

技术服务的功能是支持产品持续改进。完整的自动化、智能化产品需要机械、电子电气、自动化、软件、工业工程、材料、工艺等方面的技术支持，需要研发、试制、检测等环节的技术服务。HRG合肥研究院为企业提供多方面的技术服务，如技术咨询、工业设计、检测、装配调试等，同时广泛调动集团和高校院所的人才资源，为企业产品的创新研发提供持续的技术支持。

生产服务的功能是支持产品批量生产，包括供应链、机加工、人力资源、法务等方面。针对企业发展的供应链需求，HRG合肥研究院暨HRG华东产业基地进行了有效整合，编制了相关采购管理制度，规范大宗物资的采购流程并成立“采购联盟”，整合平台的大量供应商资源，构建信息共享平台，并根据供应商资质进行筛选分类，实现供应商资源共享，并灵活采用集中采购、就近采购、以多贷少等方式，为企业提供方便、节约成本。同时，针对本地机加工资源有限的情况，完成了配套机加工中心的组建，配有加工中心、铣床、数控车床、普车钻床、中丝、平面磨床、外圆磨床、焊接、三坐标等设备，并搭配具有丰富机加工经验的团队，让企业足不出户就能享受机加工服务。

HRG合肥研究院暨HRG华东产业基地还为企业提供市场渠道、营销、品牌等市场营销服务，主要包括市场信息服务、营销过程服务、营销体系建设、项目投标服务、合同谈判方案设计等，结合实际帮助企业完善营销体系，提高市场营销的业务能力。

在综合赋能的基础上，HRG合肥研究院暨HRG华东产业基地还根据企业的不同发展阶段和发展需求，进行针对性的重点要素赋能，帮助企业解决“燃眉之急”，助力企业早日步入正轨，实现更好更快的发展。

合肥哈工库讯智能科技有限公司（以下简称“哈工库讯”）是一家专业从事智能巡检机器人、智能物流装备、系统研发生产及销售的科技型企业。刚入驻HRG华东产业基地时，公司只有寥寥数人，处于技术迭代和新产品开发的初始阶段。为了增强企业的核心竞争力，HRG合肥研究院在技术层面为其提供重点服务，帮助企业完成产品研发。截至2021年3月，哈工库讯共申请专利40项，其中发明性专利16项，形成了以AGV、立体仓库、智能仓储系统、智能巡检机器人为核心，涵盖智能仓储、智慧物流及工业自动化等领域的产品研发与服务能力，其中，室内外电力巡检机器人和室外北斗导航激光叉车等产品技术特性行业领先。哈工库讯也被评为国家高新技术企业、双软企业、安徽省专精特新择优企业和合肥市高成长种子企业。

随着企业在技术端的逐渐成熟，HRG合肥研究院暨HRG华东产业基地也将赋能的重心转移到了市场端，依托自身平台和外部资源，以展会推广、企业宣介、政府活动、品牌推介、媒体宣传等多种形式为哈工库讯提供市场助力。2020年，即使受到疫情影响，哈工库讯的营业收入也超2000万元，并呈现阶梯式上升的趋势。未来，根据企业发展需求，HRG合肥研究院暨HRG华东产业基地的重点赋能要素和赋能手段也将进一步优化，为企业解决阶段性痛点、难点，帮助企业做大做强。

3.“抱团出海”实现合作共赢

“磁场”效应除了吸纳集聚以外，还具有增强个体“磁性”，实现紧密的互联互动的能力。HRG合肥研究院暨HRG华东产业基地遵循联动发展模式，利用平台广泛整合资源，依托产业链各主体在行业分工、技术层级、市场等方面的共性与互补性，持续增进共享、加强协同，促进资源的精准对接、快速对接、低成本对接，实现资源的高效配置，促进创新链与产业链的互融互促，以“抱团出海”的集合优势，实现互利共赢。

（1）增强多维共享，优化整合资源。作为紧密关联的利益共同体，实现各主体之间的资源共享是增强平台聚合功能、发挥平台整合作用的有力保障。HRG合肥研究院暨HRG华东产业基地充分利用自身资源优势，持续拓展渠道，进行信息共享、设施共享、服务共享与资源共享。

信息共享中的信息包括市场信息、资金信息、供需信息、供应链信息、政务信息等多个方面。HRG合肥研究院暨HRG华东产业基地通过自身集纳、辨别、梳理、整合信息的优越性，为平台企业发展提供帮助，并利用政府资源，通过广“搭台”等形式，开展企业对接、集中签约，直接为项目“牵线搭桥”。

设施共享和服务共享，为企业合作提供了必要的软硬件基础，有效降低了企业间的沟通成本，提高了交互的有效性。而平台与企业间目标、任务、利益的一致性，让资源共享的价值得以最大化，无论是发展渠道还是发展条件，涉及的如技术、人才、项目信息、市场拓展渠道、融资渠道等多维共享，共同汇力，持续优化产业链的“活性”。

（2）加强交流合作，增进功能协同。进行产业培育，实现功能主体的优势互补、资源共享、协同共生，其中协同机制的构建极为重要。有效协同是增进内部联系、拓展外部资源的有力抓手。

面向培育项目，基地企业定期开展的联席交流会，是HRG合肥研究院暨HRG华东产业基地开展内部联系交流的特色形式之一。在交流会上，各项目和企业负责人会详细介绍企业情况、最新动态与发展难点，并共同研讨、合力解决。

这种“面对面”的沟通交流，有效打破了平台内部的信息壁垒，增进了项目、企业的彼此了解，各主体能进一步发挥其优势资源，有效进行技术合作攻关、业务资源共享、行业协同配合。常态化沟通，也让创新链和产业链的衔接更紧密，需求对接更顺畅。

同时，针对市场需求，各主体在功能上也协同配合，提供更高质量的整体解决方案，增强市场竞争优势；面向生产需求，在供应链、生产管控、零部件配套、生产条件和设备能力方面协同合作，有效控制成本、质量、工期；基于技术需求，在平台内加速人才、技术、项目集聚，通过技术资源协同合作，为企业的研发、生产、售后等环节提供技术支持。

（三）践行多维人才培育，积蓄创新发展力量

创新发展的关键在于人才，HRG合肥研究院充分发挥新型研发机构在科创、人才资源等方面的集聚、创新的优势，集合平台、政府、地方等渠道的教育资源，践行教育服务，聚力人才培育，积极构建涵盖职业教育、高等教育、企业教育的多层次人才培育体系，着力培养创新研发型人才、产业工匠型人才、创业领军型人才，为满足中国智能制造对新型人才需求、实现从“科学家”到“企业家”的转变提供助力。同时，HRG合肥研究院还积极践行社会责任，开展社会科普教育，为提升全民科学素质贡献力量。

1. 聚焦职业教育，输出新型产业人才

2020年7月，人社部中国就业培训技术指导中心联合阿里钉钉发布《新职业在线学习平台发展报告》。据报告统计，未来5年，新职业人才需求规模庞大，其中，人工智能人才的需求近500万，工业机器人系统操作员和运维员需求均达到125万……其实，人工智能人才缺口问题，早在人工智能行业大规模起步的2016年就已经被正式提及，但因中国人工智能企业的快速增长以及人工智能人才培养的周期性，人工智能专项人才依旧稀缺，无法满足产业发展。

作为致力于人工智能、机器人与智能制造领域的科创平台，HRG合肥研究院集聚各方资源，在高端智能制造的应用型人才与研发型人才培养方面走在了领域前列。

合肥哈工海渡工业机器人有限公司（以下简称“哈工海渡”）是HRG华东产业基地入驻企业。公司专注于先进制造业教学装备和教学体系建设，依托研究院暨基地赋能，历经四年发展，已从工业机器人教育装备研发，延伸至智能制造、工业互联网、人工智能等多领域。

哈工海渡持续深化产教融合，自主研发出一系列贴近工业实际应用并且针对教学需求的先进制造业教学装备，广泛用于职业院校和培训机构的应用型人才培养、本科院校和科研类单位的研发型人才培养。配合自主教学资源（教学APP、教育网站、教学视频、专业教材和课件），公司开展丰富的教学活动，自主编写并出版全系列工业机器人教材，建设智能制造产教融合实训基地，已构建起独具特色的一体化先进制造业培训教学模式和教学体系。

2019年，人社部发布了工业机器人系统操作员与工业机器人系统运维员两类新职业，公司积极参与了新职业国家职业标准的开发工作，同时，还承担了安徽省人社厅工业机器人操作和装调2个专项职业能力以及机械行业机器视觉系统技术应用师职业标准与题库的开发工作。同年，公司还承办了合肥市人社局主办的第二十届工业机器人操作工与装调工职业技能竞赛。

2017年以来，合肥哈工海渡先后与合肥理工学校等30余家省内院校达成校企合作，就学校专业与学科建设、学生实践、师资队伍等开展务实工作，开展工业机器人专业及课程建设，进一步扩大校企人才和技术共享的互补优势。

2020年3月18日，由哈工海渡自主设计的先进制造业互动教学平台——海渡学院，成功上线“学习强国”APP，以数百个课时的“海量”课程助力中国智能制造人才培养。

2. 赋能企业教育，培养创业领军人才

为培育一批领军型科技企业，真正发挥新型研发机构在科技成果转化、服务产业发展方面的实效，HRG合肥研究院着力搭建平台，选拔和培养创业领军人才，帮助“科学家”转化为“企业家”，提升创业成功率。

繁星学院是HRG内设培训机构，其创办的目的是针对科技人才创业的常见问题，为创业项目和培训对象提供定制化的培训服务，开设至今，取得了不俗的成绩。

繁星学院的培训和服务主要围绕创业相关的意识、知识、能力以及实务展开，课程设置面向实际需要。课堂教学突出理论和实践相结合，包括研讨式教学和实践教学。研讨式教学指的是师生围绕具体的创业主题展开讨论；实践教学则是结合学院的工作实际进行总结。

繁星学院的教师包括高校专家、创业成果的企业家、资深的基金从业人员、孵化器负责人以及长期从事创业辅导的教育者和创业者。

除繁星学院外，HRG合肥研究院暨HRG华东产业基地还广泛开展实践活动，如举办基地层面的创新创业大赛，为科创项目提供展示交流、资源对接和质量优化的平台，助力项目团队打通“技术逻辑”+“市场逻辑”的发展路径，提升团队的创业意识和创业能力，有效培育并扶持一批在机器人、人工智能、智能制造等领域有竞争力的创新项目和创业团队。

3. 汇力高层次教育，引育产业高端人才

高端人才在高科技理论研究和创新研发方面发挥着巨大作用，无论是对平台自身发展还是对国家科研水平的提升都有着极大裨益。HRG合肥研究院一方面广泛开展资源联动，在硕士研究生培育等方面进行探索与尝试；另一方面依托自身科研、人才等优势，为广大学生实践提供平台，同时发挥高端产业集聚特性，引育高端产业人才。

HRG合肥研究院利用自身优越的软硬件资源，为培养工程硕士等教学活动的开展提供必要条件。通过理论与实际相结合的教学活动，学习者掌握了系统的管理理论、现代的管理方法以及相关工程领域的知识，为行业发展培育具有创新精神、创新能力，能独立担负工程管理工作，具有较强的计划、组织、协调、决策和控制能力的高层次、应用型工业工程与管理专业人才。

加深理论理解，丰富实践知识。HRG合肥研究院为广大在校大学生、研究生提供学习、实践的平台。研究院通过组建“导师”队伍、健全实习制度等措施，保障学生通过亲身参与项目科研，真正实现“有所得”“有所悟”。后备高端人才的培养也为行业的未来发展积蓄了不断前进的力量。

同时，HRG合肥研究院暨HRG华东产业基地，通过汇集高端产业项目，不断集聚产业高端人才。因为产业发展需求的多样性，人才属性也呈现多样化，涉及科研、品牌、营销、金融等多个领域。HRG合肥研究院暨HRG华东产业基地通过疏通内部交流渠道，开展多种形式的专项培训、讲座、沙龙分享等活动，进一步提升产业人才的专业化水平，更好地发挥高端人才能力。

4. 践行科普教育，提升全民科学素质

HRG合肥研究院暨HRG华东产业基地积极践行习近平总书记强调的“科技创新、科学普及是实现创新发展的两翼，要把科学普及放在与科技创新同等重要的位置”的论述，发挥新型研发机构的社会责任，助力培养青少年的科学兴趣，提升全民科学素质。

截至2021年4月，基地已建成区域内以“智能机器人”为主题的科普研学及创客教育“地标”，形成科技特色鲜明、研学内容丰富、软硬条件优良的“学思研践”融合发展局面；累计开展170余期形式丰富、影响广泛的科普活动，辐射科普对象近30000人次；先后获评安徽省科普教育基地、合肥市科普教育示范基地、合肥市中小学生研学旅行基地、合肥市科技旅游示范基地。

合：融协同创新，践科创使命

资源集聚的广泛性、资源配置的灵活性、多元主体的协同性，新型研发机构的这些“特性”正是其“先进性”的体现。而如何针对平台的不同发展阶段和发展需求，充分发挥自身资源优势，运用科学管理运营手段，保证持续有效的创新态势、成果输出、利润增长，是众多新型研发机构，也是HRG合肥研究院持续探索的主题。

HRG合肥研究院结合自身特点，在合作机制、管理模式、沟通渠道、文化塑造等方面不断发力，协同助推平台联动发展模式的持续优化完善，践行使命，共达目标。

（一）合作机制：构建多层次合作，释放创新动能

伴随着新一轮产业革命浪潮，机器人应用市场需求巨大，行业内的合作机会与合作需求也迅速增加。依托自身优势，HRG合肥研究院构建多层次合作模式，一方面实行严格的准入机制，把好“入口关”，保证多主体合作质量，满足市场创新需求；另一方面打破常规，灵活转变合作形式，实现资源优化配置，达到合作共赢。

1. 结合市场需求，实行严格准入机制

HRG合肥研究院充分总结经验教训，将满足市场需求摆在产品研发、项目引育、产业合作的关键位置，避免“闭门造车”或“盲目自信”，摆脱新型研发机构常见的“两张皮”窘境。

企业居于创新主体地位，对市场需求最为敏感。与一线企业充分对接是新型研发机构获取真实有效的市场需求，有的放矢地进行科技研发，减少人财物不必要浪费的有效手段。在实行多元化主体灵活合作的基础上，HRG合肥研究院进一步严格准入机制，做好翔实的企业调研，关注企业领头人的素质，以保障合作质量和目标达成。

首先多渠道对项目、企业进行“摸底”，明晰、发掘合作方的发展潜力，一方面发挥自身的科创实力，满足项目、企业的研发需求，有针对性地快速解决市场技术难题或进行产品优化，使成果快速投入市场运用，以时效性和功能性迅速抢占市场；另一方面通过企业的自有渠道，有效保证产品的落地，大大缩短产品到商品的价值转化距离。

其次重视人的因素，尤其是项目带头人的综合素质。“火车跑得快，全靠车头带”，项目带头人的竞争意识、市场意识、挑战意识强不强，对于团队的发展尤为重要；另外，带头人是否有与HRG合肥研究院企业文化相匹配的理念，也是双方是否能够相融相促、携手同行的关键。

2. 以多层次合作模式，抢占市场先机

为发挥合作效能、实现共赢目标，HRG合肥研究院在合作模式上积极探索，在与创业项目和产业项目的合作中，与时俱进，灵活应用。

创业项目是指由创业团队拥有发展主导权，通过科技成果转化带动产业

化发展的培育项目；产业项目是指围绕产业链整体发展与布局所招引的外部项目。

在创业项目的合作模式上，HRG合肥研究院通过股权投资、专利注资等方式，为项目“量体裁衣”，专门设计转化路径，通过灵活的评价、作价转化等形式，带动股权增值，促进合作共赢。

2021年，HRG合肥研究院在合作模式上进行了更广泛的探索，进一步推进“产学研”各板块的融合，改变以往部分资源存在的相互割裂、交流受阻的局面，实现创新、创业、产业更为紧密的结合。

HRG华东产业基地与山东某农机项目的自行投资实施转化合作模式便是其中的一个典型案例。该公司是一家在行业内具有一定实力的农机制造商，但因关键技术受制于国外，发展乏力，尤其是受到疫情冲击后，他们更加急切地想要突破核心技术实现农机国产化。HRG合肥研究院针对企业需求，以技术嫁接的形式，与其达成项目合作，以技术特长帮助其突破核心技术难关，开发新产品；企业也通过入驻合作、核心业务本地迁移等方式，保证了新研发产品的本地产业化，实现整体业务嫁接。

从简单化、模式化的股权合作、无形资产合作到更多元、更深入的自行投资转化、作价投资转化，HRG合肥研究院跳出表层赋能，持续加大探索的深度和广度，不断尝试更具现实意义和实操意义的合作模式，并予以复制推广，进一步激发创新动能。

（二）管理模式：健全运营机制，提升转化效能

HRG合肥研究院集聚全产业链的资源要素，以资金、技术、场地、品牌等为赋能要素，不断推进项目的纵深管理，确保资源要素的高效利用与精确分配，形成了融强化项目过程管控和跟踪评价管理为一体的管理模式，构建“绑定”机制，保障科技成果的有效转化。

1. 实行跟踪评价，强化项目管理

开展跟踪评价，信息摸排是第一步。为避免只看数字不关注趋势、只看表面不注重实质的敷衍情况发生，研究院产业发展中心下沉工作重心，每月以实地走访或集中会谈等形式，获取项目信息，保证信息真实、新鲜、可

靠。产业发展中心通过对上月度项目进展情况的跟踪管理，进一步了解项目技术研发、产品开发、专利申报、行业状况、市场订单、人员变动等情况，并结合项目预算资金使用明细，做出综合性评价。

另外，HRG合肥研究院定期组织召开项目现场联席会，主要针对在研在孵项目的整体发展情况进行阶段评审，从项目团队配置、市场与竞争、产品与技术、商业模式、业务订单、项目计划与实际情况对比、项目动态配资等方面进行综合考察。

2021年，针对项目管理，研究院还启动了电子化、信息化的专项管理，设立专门项目报告板块，实时掌握每一个项目的动态信息，如已研专利数量、已花费资金、已签订单金额、产品研发进度等，并以人为中心进行考核；同时，根据项目进展拟定发展建议，为项目提供必要的提醒、意见和参考。

2. 构建“绑定”机制，提升团队效率

为保证项目推进实效，调动团队科创热情，切实推进科技成果转化，HRG合肥研究院摒弃了常规的资金投入形式，从一次性投入转化为分阶段投入，并构建“绑定”机制，由团队参与配资。研究院对项目运行质量实行动态监管，并制定考核标准，依据时间节点，进行综合考核测评。

“绑定”机制就是除HRG合肥研究院出资以外，团队需按照一定配资比例缴付资金，待首批资金使用将尽时，研究院将及时结合项目阶段性目标达成情况，综合评价是否对项目继续投入资金，并出具书面通知；如确定继续投入，则研究院和项目团队按照之前的比例继续进行资金配置。其间，如果团队资金总额超出预算资金的一定标准，超出部分可以通过债转股的形式增加团队对项目公司的持股比例。

“绑定”机制进一步增强了团队成员与项目之间的利益关联性，大大提高了团队的成本意识、责任意识和风险意识，有效避免了预算超标、项目进展缓慢等现象。

严格阶段性考核，通过综合分析、优胜劣汰，及时淘汰那些已经偏离市场需求、研发质量不高的项目，将重点资源集中到优质项目上，提升优质项目的转化能力。对于入驻企业同样如此，围绕重点企业给予重点支持，并根据企业发展有针对性地赋能，实现有限资源的最有效投入，保证后期的价值成果产出。

（三）沟通渠道：打破信息壁垒，互为价值放大器

为进一步实现平台内的资源共享、共生，HRG合肥研究院深化内部合作，搭建信息共享渠道，加强产需关系的精准对接和协同联动，让各创新主体在平台内建立信任合作关系，成为利益共同体，互为价值放大器。

加速信息交流，构建畅通、持续、有效的联通渠道，是实现合作的基础。HRG合肥研究院暨HRG华东产业基地通过组建社群、组织联席会议、开展同领域专题活动等多种手段，加强内部交流沟通，实现产品信息、项目信息、市场信息、供求信息的共享，推进内部合作。

如针对智能焊接领域开展的专题座谈，集聚了基地焊接行业相关的上下游企业，大家现场交流经验，分析市场趋势与受众需求，企业现场达成合作意向，就行业技术难题开展联合攻关；同时，彼此合作也进一步提升了项目承接能力，形成联合优势。

在打破平台内部信息阻碍的同时，HRG合肥研究院暨HRG华东产业基地也十分注重搭建外部市场信息的共享渠道，帮助项目、企业紧扣市场需求，提升市场敏锐度和即时应对能力。研究院定期制作下发市场资讯简报、市场分析报告，精选行业最新发生、最具有前瞻性的信息，帮助企业实时掌握市场最新动态；落实《项目跟踪评价管理办法》，通过跟踪评价，了解企业、项目进展，通过分析有效提醒企业应对外部市场存在的机遇和竞争风险，帮助企业紧密围绕市场需求开展产品研发与市场运营；组织代表性产品参加展会，深入市场端，了解产品的市场竞争力，并进行品牌包装和市场推广，进一步扩大影响，树立良好品牌形象。

通过打破信息壁垒，建立有效的信息共享渠道，HRG合肥研究院既实现了内部资源的优势互补、充分整合，也加大了同外部市场对接的广度和深度，帮助企业在参与价值创造的过程中，更好地配置自有资源、调动他方资源，形成抱团合力，提升整体竞争力。

（四）文化塑造：激活精神内核，强化使命担当

企业文化是企业的灵魂，是推动企业发展的不竭动力，是企业在生产经营实践中逐步形成的、为全体成员所认同并遵守的、带有本组织特点的使命、愿景、宗旨、精神、价值观和经营理念，这些理念在生产经营实践、管理制度、员工行为方式和企业对外形象上都有体现。

虽然企业文化的重要性为众人皆知，但在实践中，企业文化却往往流于形式，仅仅是一些口号，没有发挥实质性作用。制定与企业发展真正契合并切实可行的企业文化尤为关键，对于新型研发机构而言同样如此。

2020年，HRG合肥研究院进一步梳理总结自身发展经验，并积极汲取外部的优秀经验，优化、提炼、凝聚、丰富了自我的企业文化内容，形成了独具特色的金字塔形文化体系，并多管齐下、踏实践行，将员工培养成有责任心的人，通过文化的力量，促进“科创产”各模块的良性发展与彼此间的互融互促。

1. 打造兼具“高站位”“接地气”的企业文化体系

企业文化不是虚无缥缈的“空中楼阁”，需要在深刻剖析企业自身的基础上提出目标、规划路径、明确抓手、制定方法。

2020年8月，《HRG合肥文化手册》出炉，这是HRG合肥研究院暨HRG华东产业基地落地四年来的经验总结。书中明确表示，基地企业文化以长期经营实践为基石，并充分借鉴先进企业文化，是凝聚集体智慧、遵从发展规律、与现代企业制度相适应、具备自身鲜明特色的共同价值理念和行为方式。

HRG合肥研究院打造了独具特色的金字塔形结构，涵盖了除规章制度以外的经营管理价值准绳和行为准则。其中既有使命（用科技解放人、服务人，让生活更美好）、愿景（造就一批领军型科技企业）、价值观（创新、品质、坦诚、协作、高效、奋斗）的“高站位”，也有行为规范、管理方法、实操工具的“接地气”，层层推进，逐步升级。

尤其对人的要求，根据岗位职责不同，提出了不同的标准，并且给定了明晰的落地抓手和研判标准。对于普通员工而言，要领会基地的使命、愿

景、价值观，进一步统一思想、明确目标，形成步调一致、信念一致的队伍，并通过给定的实操条令，将“散兵游勇”的个体培养成为“有责任、敢担当”的团体；而对于领导层而言，则要承担更大的责任，其中，企业文化在管事、管人和增强领导力等方面，为领导者提供了切实可行的实践方法并提出了自我提升、自我完善的明确要求。

2. 强化文化落地，构建平台和谐发展的精神“内核”

文化是一种力量，激发力量发挥作用，需要通过多种手段、坚持不懈地履行实践。HRG合肥研究院通过培训学习、主题活动、领导宣贯、优秀分享、应用考核等方式，增强全体员工对于企业文化的认识、理解和自觉运用，把每一个人都培养成为文化的建设者、践行者和传承者。

而在持续深入践行企业文化的过程中，文化作为平台和谐发展精神“内核”的作用也在逐步凸显，并反作用于平台“科创产”各模块的实际发展。

在创新端，企业文化的落地进一步激发了创新活力，促进技术创新、产品创新、管理创新，营造了敢为人先、脚踏实地的创新氛围，不断提升个人及团队的创新能力，持续产出具有前瞻性、科学性、功能性、市场性的科创成果。

在创业端，企业文化直接或间接地影响着创业者的思维方式和行为方式，加速造就适应新时代要求的创业领军人物和创业团队，大大提升了科技成果转化的成功率，培育了一批在各细分领域具有市场竞争力的科创型企业。

在产业端，企业文化成了企业间合作互联的隐形磁石，相似的使命追求和发展愿景，让各企业成为紧密联系的利益“共同体”，在统一的生态系统中，充分协调、调度内部资源，共享外部渠道，合力构建产业融合发展链条，形成集聚资源和优势共同发展的局面，实现产业的规模效应和集聚效应。

立己达人，格物明德，续写未来

五载春华秋实，矢志砥砺耕耘。HRG合肥研究院在探究新型研发机构的发展之途上步履铿锵、心志愈坚，以创心、恒心、决心，在总结过往经验和教训基础上，持续优化完善自身发展模式，并以更加开放的胸襟，汇力求同，合作共赢。

面对新时期的历史进程和百年未有之大变局，HRG合肥研究院将直面产业变革的滚滚浪潮，发挥自我能力，忠于“立己”，不断求新求变，促进创新创业和谐发展，服务产业转型升级；善于“达人”，以科技成果转化持续助力区域经济增长；持于“格物”，探求“科创产教”融合发展规律，持续造就领军型科技企业；志于“明德”，在实现用“科技解放人、服务人，让生活更美好”使命的征途上上下求索，勇往直前。

第七章

筑巢引凤，打造新材料国家科创高地[①]

温州大学新材料与产业技术研究院

借体制机制创新之力，创“四不像”研发平台

新型研发机构是时代的产物，是科技和经济改革的必然结果。新型研发机构自出现之日起即成为一股不容小觑的、促进新型产业腾飞的重要力量。国家和政府十分重视新型研发机构的发展，不断加大对其的支持力度，通过一系列行之有效的政策，加速其在全国落地的步伐。各地新型研发机构也在积极探索适合自己的举措，以体制、机制创新为基础，走出一条具有旺盛生命力的发展之路。

新型研发机构在继承传统研发机构的基础上创新。在机制构成上，新型研发机构既是大学又不完全像大学；既是科研机构又不完全像科研机构；既是企业又不完全像企业；既是事业单位又不完全像事业单位。正是因这“四不像”，导致其投资主体可以相对多元，管理体制更加现代化，运行机制更加市场化，用人机制更加灵活。在研发活动中，组织研发和学术自主的权力相对较大。在基础研究、产业化发展方向上有着显著优势。

因此，在科技创新进入新时代的背景下，新型研发机构作为区域科技创新环节重要组成部分之一，如何充分发挥科研优势，更好地为产业转型升级服务，支持研发开花结果，推动社会可持续发展，已成为其首要任务。在此情形下，温州大学新材料与产业技术研究院（以下简称“研究院”）以服务地方为抓手，紧密联系地方产业和政府，全链条多要素打通校地合作，扎实推进研究院的建设和发展，实现了产、学、研多要素协同创新，激发了研发产业活力。

---

① 本章编写成员：王舜、张礼杰、金辉乐。

研究院积极响应国家创新驱动发展战略，通过体制机制创新，聚焦新材料与新能源领域，促进相关产业科研水平提升，为其他科研院所创新发展提供了借鉴。

（一）打造“三位一体”模式，促进科技成果加速转化为现实生产力

研究院是2016年由温州浙南科技城管委会和温州大学共同设立的具有事业单位性质、自收自支的独立法人机构，实行理事会领导下的院长负责制。其坚持以“政府引导、企业参与、市场化运作”的三位一体模式，以化学、材料科学、工程学3个全球ESI前1%学科为支撑，致力于新材料、新能源领域，建立“需求分析—人才会聚—技术研发—成果转化—企业孵化”产业化模式，推动产、学、研深度合作，促进“创新链”与“产业链”相融合，促进科技成果加速转化为现实生产力。

研究院立足三级组织架构，实行不同层级的专业化分工，建立产学研联合研发模式与机制，设置院长1名、执行院长1名、常务副院长1名、副院长3名，并设有院长办公室、综合行政部、技术创新部等部门（见图8–1）。理事会负责研究院建设规划及方案的审订、建设和运行过程中重大事项的决策；院长履行理事会决议，组织、协调、推进研究院建设并负责综合体日常经营决策；综合行政部、技术创新部分别负责日常运行、科技管理、产业对接、设备财务等具体工作。

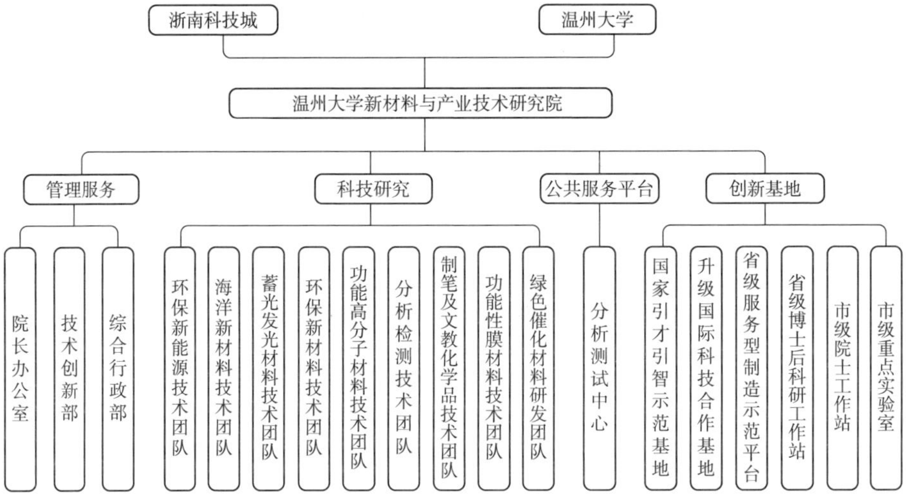

图8–1　温州大学新材料与产业技术研究院组织架构

在人员聘用上，研究院按院长、团队负责人、专职管理人员等实行人员分类聘用，采用多元化用人机制。由院长依据研究院相关规章制度全面负责研究院各项事务，自主选聘团队负责人和其他管理人员。根据科技研发工作和运营工作的需要，团队负责人自主组建相对稳定、开放运行的服务团队；全面负责团队日常管理，统筹使用团队运行经费；全面负责团队学术研究，包括把握团队研究方向、牵头规划和申请大型科研项目、带领团队协同开展项目研究、策划团队系列成果的出版和使用；带领团队主动承担重大科技攻关项目；负责对团队成员的考评，决定是否予以续聘、解聘和惩戒。

另外，研究院遵循新型研发机构的发展规律，构建研究院相应岗位的日常考勤、绩效考核等管理模式，涵盖经济效益、科技效益、日常管理等方面，保证研究院各项工作能顺利开展，在保障本院职工合法权益的同时，达到研究院自我提升、健康发展的目的。

（二）构建“一院三中心”新格局，助推地方经济发展

1. 建设“公共检测平台”中心，服务地方产业发展

近年来，伴随着经济发展方式变化，公共检测平台服务于地方经济的作用越发不可忽视。而检测要素作为现代制造业的必备环节，已成为新一轮区域经济发展和竞争的重要战略资源。

为进一步拓展检测市场，研究院全面提升了服务地方经济建设能力、科研及学科建设承载能力。研究院下设的分析检测平台从2019年底开始筹建，旨在搭建温州地区轻工产品、农产品、环境监测和新材料分析服务公共技术平台，聚焦泵阀、高分子材料、金属材料等领域，现已通过国家计量认证（CMA）。该平台为有机化学、材料、环境、生物、药物、皮革等领域提供优质的分析检测服务，拥有一支高学历、高职称、实践经验丰富的技术队伍，为客户出具公正、准确的检测数据。实验室拥有原子吸收分光光度计、原子荧光光度计、气质联用仪、吹扫捕集气质联用仪、电感耦合等离子体质谱仪、十万分之一天平、紫外可见分光光度计等精密仪器设备。检测对象涵盖了水和废水、生活饮用水、环境空气、土壤和沉积物等。建立了标准化、综合化、资源化的管理模式，持续为客户提供及时、准确、全面的数据，是客

户值得信赖的专业化数据库。

分析检测平台遵循“科学、规范、准确、有效、公正”的质量方针，以“团结拼搏、务实向上”的企业精神为导向，牢固树立“以人为本、诚信服务、优质高效、追求卓越”的经营理念，教育员工刻苦学习，钻研技术，以在操作中认真仔细、技术上精益求精、服务上周到满意的工作作风，力争实现社会效益和经济效益双丰收。积极拓展更广阔的检测服务空间，努力开创合作共赢新局面，立志打造成为温州乃至全省第三方检测优秀平台。目前已通过科技创新券承接地方单位的科技研发及测试工作。未来，分析检测平台将建设成温州地区一流的开放性综合分析测试及技术服务平台，为全市经济发展做出更大的贡献。

2. 创建“院企联合研发”中心，深化产、学、研合作

研究院打造“企业出题出资、院所出智出力、企院联合攻关”模式，创建院企联合研发中心，促进企业与研究院技术团队开展产、学、研合作，探索共赢机制，为双方搭建更多合作渠道。

联合研发中心的建立汇聚了双方科研、平台、人才、技术等优势，以管理制度和体制创新为保障，以增强科研力量和提升服务社会能力为目标，吸引了一批高层次的人才，围绕该领域在新型产业发展中的技术难题联合开展应用基础研究和产业技术开发，着力推进科技成果的转化，开发有自主知识产权的核心技术，助力合作企业在竞争中拥有更多市场份额。

3. 架设“创业生态网络”中心，落实创新驱动发展

新型研发机构在作为产、学、研融合桥梁的同时，也是孕育孵化企业的加速器。基于对此的深刻理解，研究院积极探索创新科技生态网络体系的建设，使构建创业孵化器和创业培训并行发展、相辅相成，形成人才、资金和资本以及它们反哺科研的生态发展机制。

目前，研究院已引进并孵化了7家掌握核心技术的企业，分别是温州金佳慧昌环保新材料有限公司、温州优泰新材料有限公司、温州落地企业管理咨询有限公司、温州知融信息科技有限公司、温州泽铖科技有限公司、温州市升泰环境科技有限公司、温州昊昇环境科技有限公司。

此外，研究院为与新材料、新能源制造相关的地方企业提供订单式人才培养服务，配置一流的国际科技合作资源，导入前沿的产业科技创新要素，构建了一个开放、具有特色的创新创业服务平台，着眼于落实创新驱动发展。目前研究院已为华峰集团有限公司、得力集团有限公司、温州市爱好笔业有限公司等企业培养了研究生、本科生100余人。

研究院从成立之初就开始探索和推进产业化发展进程，通过校地合作，为地方产业融合、弥补重新配置高校创新链拆除“象牙塔”的围墙，实现服务体系的创新。通过建设面向社会的科研平台、孵化中心和检测中心等，落实TRL评价体系，夯实基础研究，落实技术开发与转化，构建完整创新产业链体系，立足市场应用，并依托这一创新体系支撑产业链和城市发展，让核心技术产出连绵不断，让人才纷至沓来。创新体系与产业融合的协同发展大幅提高了科技成果转化效率。

（三）组建科技行业协会，高效沟通业内资源

研究院已成立了“温州大学新材料与产业技术研究院”科学技术协会，目前正在筹备成立温州市化学与材料学会。行业协会作为联系政府、企业、科研机构的重要纽带，发挥着重要的协调服务功能，如协助政府制定各类标准、提供相关咨询服务、研究行业问题、进行市场调研和预测以及开展人才培训工作，为行业发展保留原始驱动力。

另外，2020年5月，研究院与中国化工学会、平阳县塑料包装协会、温州市科学技术协会共同签署《科技经济融合（塑料包装产业）学会产业联合体合作框架协议》，推动成立科技经济融合（塑料包装产业）学会产业联合，充分发挥中国科协与全国学会、地方科协“一体两翼”的格局优势，发挥好中国化工学会的积极作用，建设科技经济融合（塑料包装产业）学会产业联合体，推进产、学、研平台规范化、实体化运作，推动温州塑包产业高质量发展，助力浙江省重点产业转型升级及温州市现代产业集群建设。

同时，依靠科技行业协会间的沟通，高效了解业内资源的状况，从而实现资源优化配置，缩短科技创新进程，推动市场化运作。

（四）布局人才建设，焕发创新光芒

人才是新型研发机构健康、高质量发展的关键。研究院通过规划和构设岗位需求建设人才队伍，以“不求所有，但求所用”的原则，实行目标责任合同管理，聘请和引进一批高层次材料创新人才。其中优先引进应用基础研究及产业化的急需人才，建立以德、能、绩为重点的人才考核评价机制，精确对标考核标准，坚持全面系统考察，严格规范考核程序，确保人才考核评价质量。

研究院建设完善的工作和生活设施，从办公设备到宿舍、食堂、运动场等生活设备一应俱全，给予人员必要保障。目前研究院会聚了一批高层次创新创业人才，包括国家、省、市等各级专家，现有科研人员70余人，其中教授、副教授占45%，博士占52%，先后有10余人入选各类人才工程，形成了较为完善的人才梯队，有力地推动了科技创新和进步，使研发平台焕发出创新的活力 。

搭学术出版交流平台，筑“碳能源”学术高地

当今时代，科技实力作为综合国力的重要组成部分之一，已成为国与国之间较量的重要手段。创新作为现代科技发展的内驱力，在推动科技发展的过程中起着举足轻重的作用。创新离不开创新主体对各类知识的汇总吸收，在头脑中形成知识风暴，进而衍生出新的观点和思路，这种衍生不是简单机械、封闭的过程，而是开放、包容的过程。要想形成真正意义上的思维震荡，需要创新主体积极主动与外界进行交流，将内化的知识与外部资源相结合，从而形成创新成果。研究院为了进一步提高自身科研水平，更好地为科技事业服务，不断加大与外界学术交流的力度，多措并举，提升国内、国际影响力，为社会和经济的发展做出应有的贡献。

（一）聚焦交流，打造多元创新模式

1. 协同创办*Carbon Energy*杂志

*Carbon Energy*是由温州大学和世界著名出版集团Wiley联合创办的旗舰期刊，2018年11月创刊，由英国皇家化学会会士、百千万人才工程国家级人

选王舜教授担任主编，美国俄勒冈州立大学的纪秀磊教授、韩国延世大学的Jong Hyeok Park教授、加拿大温莎大学的王继昌教授、新加坡南洋理工大学的王昕教授、天津大学的钟澄教授、德国柏林洪堡大学的Nicola Pinn教授担任副主编，国内外享有盛誉的32名著名学者（14名院士）担任顾问编委。该杂志以刊载碳能源领域新理论、新技术、新成果，促进学术交流，推动成果转化，传播先进技术，提高我国在该领域的科研应用水平和国际影响力为办刊宗旨。面向材料、化学、环境、物理及交叉学科，重点关注碳、碳减排、清洁能源等前沿领域，既重视碳与能源研究的有机结合，又涵盖前沿研究领域如光、电、热催化下的碳增反应、碳减排等。旨在成为展示国内外优秀科研成果的高端平台、国家重大科研战略的助推器、广大科研工作者的有力工具。

自2019年9月*Carbon Energy*出版第一期以来，汇集了美国凯斯西储大学的戴黎明院士、加拿大西安大略大学的孙学良院士、加拿大滑铁卢大学的陈忠伟院士、美国斯坦福大学的崔屹教授、美国阿贡国家实验室的Khalil Amine研究员和陆俊研究员、澳大利亚悉尼大学的陈元教授、澳大利亚伍伦贡大学的郭再萍教授、新加坡南洋理工大学的Li Hong教授、韩国首尔国立大学的Ho Won Jang教授、乔治梅森大学的董培教授、美国加州大学河滨分校的郭居晨教授、韩国延世大学的Jong Hyeok Park教授、韩国科学技术研究院的Da Hye Won教授、韩国国立蔚山科学技术院的Kim Jin Young教授、韩国高丽大学的Soo Young Kim教授、美国劳伦斯伯克利国家实验室的刘杲教授、西北太平洋国家实验室的肖必威研究员、澳大利亚格里菲斯大学的张山青教授和姚向东教授、新加坡南洋理工大学的刘彬教授、德国伊尔梅瑙工业大学的雷勇教授、加拿大国立科学研究院的孙书会教授、新南威尔士大学的赵川教授、上海大学的张久俊院士、北京大学的邹如强教授、清华大学的朱永法教授和张芳教授、天津大学的钟澄教授、中山大学的卢锡洪教授、南开大学的牛志强研究员、中国科学技术大学的余彦教授等全球碳能源领域专家学者的71篇力作，上线的文章被超过120个国家的科研工作者下载，下载量总计10万次。

自创刊以来，*Carbon Energy*勇攀高峰、不断前行，取得一个又一个令人惊艳的成绩。2019年11月，*Carbon Energy*入选由中国科协、财政部、教育部、科技部、国家新闻出版署、中国科学院、中国工程院组织的“中国科技期刊卓越行动计划”高起点新刊项目；2020年3月被全球最具影响力的开放存取期刊目录Directory of Open Access Journals（DOAJ）正式收录；2020年7月被国际著名数据库Chemical Abstracts Service（CAS）正式收录；2020年9月，获批国内统一连续出版物刊号（CN-33-1419/TK）；2020年12月又获得国际出版刊号。2年内完成了四级跳。2021年仍喜讯不断，3月，被Emerging Sources Citation Index（ESCI）数据库收录，这是继*Carbon Energy*被CAS和DOAJ数据库收录后入选的又一国际重要数据库，*Carbon Energy*的国际影响力正在快速提升，也标志着该刊物的国际学术影响力自此迈上一个新的台阶。同月，被全球顶尖学术出版机构——爱思维尔（Elsevier）公司旗下Scopus数据库正式收录，该数据库也是目前全球规模最大的同行评议文献（科学期刊、书籍和会议发表）摘要与引文数据库，收录了全球超过5000家出版机构出版的23000多种学术期刊。Scopus作为与另一大国际顶尖学术研究数据库Web of Science（WOS）齐名的学术研究数据库，被全球重要大学和学术机构视为关键的学术评估系统。

*Carbon Energy*主编在杂志一周年访谈中也曾讲道：在未来，*Carbon Energy*将继续以“碳”所未知、“能”见未来为办刊宗旨，立志成为“碳+能源”领域高影响力的旗舰杂志，进一步提升我国科技期刊的国际地位。

2. 协助举办国际碳能源材料大会

随着产业结构的调整，转型升级成为摆在政府、企业、科研院所面前的一道难题。温州现今处于新一轮科技革命的关键时期，在丰富和完善产业链方面，以新能源、新材料领域为突破口，通过政策扶持、加大技术投入力度等手段，加速行业高端化，加速创新产业集群落地温州。近几年，温州已出台了培育发展五大战略性新兴产业的行动计划，新材料作为五大战略性新兴产业之一，具有广阔的发展前景，要求政府、企业、科研机构积极投入，政府统筹把握，企业参与，科研院所加强关键领域研发工作，政、产、学、研一体为经济发展插上腾飞的翅膀，多措并举，做好产业转型升级。

研究院以探讨新能源材料的前沿方向和产业化发展为出发点，连续两年协助举办国际碳能源材料大会，邀请海内外200多位新能源材料领域专家学者参加会议，聚焦新能源、碳材料领域的发展热、难点问题，由专家学者各抒己见，共同探讨如何在动态变化环境中构建产业发展新格局，凝聚社会多方力量，促进人才队伍的培养和建设，通过学科交叉，形成新的创新发展点。引进海内外人才每年通过上课、做学术讲座等方式培训1000多人次。联合举办科技成果转化交流会，搭建融知识产权、宣传、服务等为一体的全方位科技成果转化服务平台，支持和引导院内技术团队进入市场，加快科技成果产业化、抢占市场份额的步伐。

3. 协助举办世界青年科学家峰会

研究院连续两年协助举办世界青年科学家峰会，促进交流合作，提升创新研究水平，助力区域经济发展。

2019年，由中国科学技术协会、浙江省人民政府主办，浙江省科学技术协会、温州市人民政府承办的世界青年科学家峰会在温州隆重召开。峰会以“会聚天下英才，共创美好未来”为主题，围绕化学、催化、环境、材料领域展开，共有超过100个国家和地区的800余名青年代表出席，其中还包括诺贝尔物理学奖获得者邓肯·霍尔丹、国内外著名专家及行业代表等。此次峰会是一场科技交流的盛会，在人才交流上，在推动全球科技创新、促进产业转型升级上，在深化人才合作上，均发挥着重要作用。

4. 参加浙江·温州创业创新博览会

2019年11月15日，浙江·温州创业创新博览会在温州国际会展中心开幕，会期三天。温州大学作为院校创意展区的参展单位之一，以“智汇温大：守初心创未来”为主题，规划了“智能科技”“文化创造”两大模块，汇聚了27个高科技的创新创业项目参展，内容涵盖制造、化工、教育、建筑、文创等多个领域，既有像“智能解耦式电动伺服制动助力系统”“低压电器数字制造孪生车间及系统”“全自动海水淡化净水器”等以“高精尖缺”为导向的自主创新科技项目，也有像“数字三维写意水墨山水动画”“柔性电池”“全自动家用洗鞋机”“LED创意灯”等贴近生活的“接地气”文创项目，吸引了众多市民前来参观，更有一批批中小学研学团前来学习。

在创博会上，研究院有9个创新创业项目参展。展览过程中，通过实物展示、互动体验等方式，多维度、全方位地展示项目的亮点和创意点。展品分为两个区域进行展出，一部分是以全自动海水淡化净水器、LED创意灯、柔性电池、聚乳酸基包装用薄膜材料、液晶调光复合膜&智能光控隔热膜、UV解粘压敏胶、高强度泡棉压敏胶、水性聚氨酯树脂为主的实物展示区域，另一部分是以蓄光发光微晶玻璃为主的互动体验区域。展会期间，各级领导先后莅临研究院展区参观并参与项目体验。

5. 参加长三角·温州创新创业大会

2020年由浙江省人力社保厅指导，温州市人民政府主办，温州市人力社保局承办，温州市教育局、市卫健委等部门协办的2020长三角·温州创新创业大会在温州国际会展中心隆重开幕。本次双创大会是温州创业创新博览会的升级版，在双创大会上，研究院有3个创新创业项目参展，包括聚乳酸可降解材料、功能PVB膜材料、新型环保高分子笔头。展览过程中，多元互动等方式激发了双创热潮，有助于实现高质量发展的目标。

研究院经常组织开展此类科创活动，旨在培养多层次人才，为创新创业提供人才支撑。

6. 主办精彩路演活动，绽放科技创新魅力

2020年7月10日，温大资产公司科技成果转化系列活动之研究院“膜”专场在温州大学（茶山校区）岩松堂举行。温州大学新材料与产业技术研究院和温州大学资产经营有限公司联合网易媒体平台，依据各自的优势资源，搭建融知识产权、宣传、服务等为一体的全方位科技成果转化服务平台，为高校科技成果向市场转化、构建自主核心产权、持续增强市场竞争力提供了有力支持。

路演现场，研究院环保新能源技术团队、海洋新材料技术团队、功能性膜材料技术团队相关人员分别针对“聚乳酸基薄膜材料的研制”“高透气、强过滤性、长寿命PTFE薄膜口罩的产业化”“面向产业的电化学及膜过程关键技术与装备”“功能PVB膜材料的制备”4个科技成果项目进行了精彩的讲解。

研究院自成立以来，积极响应国家创新驱动发展战略，履行温州大学服务社会职能，为提升温州新材料与新能源领域自主创新能力和产业化发展水平做出贡献。未来，研究院将继续秉承“双创”精神，在科研上下功夫，在创新上添活力，助推温州经济高质量发展。

（二）聚焦“碳能源”，探索“碳”创新的源头活水

为响应国家科技发展战略大方针，提高自身核心创造能力和核心竞争力，研究院通过多种创新举措实现目标。研究院开展工作以来，求真务实，从各方汲取养分，内化于自身，积极探索属于自己的发展道路。随着平台规模的持续扩大、平台建设的不断完善、技术创新能力的不断提升，综合效益也随之显现。

由研究院院长王舜教授担任主编的杂志*Carbon Energy*，主要聚焦材料、化学、环境、物理及交叉学科，重点关注碳、碳减排、清洁能源等前沿研究领域，旨在成为国内外优秀科研成果展示的高端平台、国家重大科研战略的助推器和广大科研工作者喜爱阅读的科研工具。自创刊以来，期刊传播范围、显示度和学术影响力日益扩大。*Carbon Energy*短短两年时间内被多个国际数据库收录，也是对温州大学办学实力和学科影响力的认可。近年来，温州大学化学、材料等学科先后入选ESI排名全球前1%，2020年，化学和材料双双入选软科世界一流学科排行榜。在自然指数最新排行榜中，温州大学排名跃居省内高校第4位（含浙大）和国内高校第81位（不含港澳台高校），国内高校排名较上一期提升了10位，创近年来最好成绩，学科科研实力和办学美誉度日益提升，研究院的综合实力也随之不断增长。

碳材料在战略性新兴产业中起着核心的作用，研究院连续两年协助举办国际碳能源材料大会，引导院内技术团队进入市场，大力支持科技成果市场化，不断增强市场竞争力。并且，研究院还连续两年协助举办世界青年科学家峰会。习近平总书记指出，当前新一轮科技革命和产业变革蓬勃兴起，科技的未来在青年。开展科技人文交流，推动青年创新合作，是各国共同的愿望。希望与会嘉宾围绕“会聚天下英才，共创美好未来”主题，交流思想，互学互鉴，筑牢友谊基石，扎紧合作纽带，让更多青年科技人才施展抱负、成就梦想，以科技创新引领经济社会发展，共创人类发展的美好未来！会议

的召开，对提升区域整体创新研究水平、孕育多层次创新人才，进而助力区域经济发展起到了积极促进作用。

研究院瞄准发展定位和目标，统筹布局，实施并组织一系列重大的科研创新活动，向国际、国内展示了研究院的自主创新能力，在一定程度上提高了研究院的软实力，孕育了一批有实力的科研团队。同时提高了服务市场的能力，让科研成果走出“象牙塔”，加快市场化步伐，产生最大的经济效益、社会效益和服务效益。

对国内市场而言，“十四五”时期是我国实现第二个百年奋斗目标的关键期。党的十九届五中全会提出，“十四五”期间要在质量效益明显提升的基础上实现经济持续健康发展。高质量发展是我国经济的内在需求，加速科技创新是调整经济结构、实现高品质发展的重要抓手。

现今，科技成为世界的主流趋势，在综合国力大比拼中占据重要地位，新型研发机构作为我国创新体系中重要组成部分，是承载创新任务和实现创新目标的主要平台，作为一股新兴力量正在发展壮大、逐步兴起。兼容、开放、自主、创新是新型研发机构发展的原则，创新的本质在于知识的再造。知识再造受众多因素影响，这个过程不仅需要创新主体从大量文本和实验中获得经验，也需要在互动交流中汲取新养分、互通信息，从而丰富知识储备和外部资源。抓住机遇，坚持高水平对外交流，有利于促进高层次人才流动，开拓政府、高校、新型研发机构、企业之间合作共赢新局面以及实现资源对接，构建良好的创新创业生态。

建国家引才引智基地，攻“卡脖子”技术瓶颈

党的十八大以来，习近平总书记反复强调：“核心技术受制于人是我们最大的隐患。”掌握核心技术，无论对新型研发机构自身，还是对国家科技行业发展，都有着举足轻重的意义。

研究院从《中国制造2025》重点领域技术路线图和《“十四五”规划纲要》、浙江创新驱动战略、温州（高新区）国家自主创新示范区建设的需求出发，围绕制约国家新材料与新能源产业发展的技术壁垒，开展人才引

进、技术攻关、新产品开发、科技成果转化等工作，引进和会聚了一批面向新材料、新能源产业的高层次人才，建成了具有国内先进水平的研发检测平台，孵化出一批掌握产业关键核心技术的科技型中小企业。其目标是建成集高水平合作研究、高水准国际杂志出版、高频度人员互访、高层次人才培养于一身，在先进材料与清洁能源领域具有重要国际影响力的、可持续发展的国际合作研究基地、学术交流和科技人才联合培养中心以及新兴产业技术孵化器。

（一）筑巢引凤，花开蝶来

1. 入选“国家引才引智示范基地”

2020年4月，研究院作为温州市唯一一家成功入选的2020年度国家引才引智示范基地（产业技术创新类），坚持面向世界科技前沿、面向经济主战场、面向国家重大需求，充分发挥平台引领示范作用，坚持将人才作为科技创新的第一资源，着力聚焦“高精尖缺”引才重点，全面提升服务国家重大战略的能力，统筹落实科教兴国战略、人才强国战略和创新驱动发展战略，加快“一带一路”科技创新合作，统筹项目、人才、基地，充分发挥了高端专家在开展前沿领域研究、培育发展战略性新兴产业、促进经济提质增效升级方面的重要作用。通过吸引外国专家开展应用基础研究、技术开发、产业化、博士/博士后联培、国际学术杂志创办以及国际会议联合召开等途径引进先进技术和高端人才，在先进碳材料与清洁能源、高性能氟基高分子材料、制笔材料等领域取得了突破性进展，相关的技术和产品有效提升了当地的经济、生态效益，奠定了坚实的引才引智工作基础，为引领新材料产业科技创新提供了强有力的技术支撑。目前国家引才引智示范基地与多家发达国家高水平研发机构进行全面合作，拥有包括双聘院士、兼职院士在内的一批高层次人才，相关人员承担国家重点研发项目、国家科技支撑计划重点项目、国家自然科学基金重大国际（地区）合作研究项目、科技成果产业化项目等，发表*Chem. Soc. Rev*、*Nat. Commun*、*JACS*、*Adv. Mater*、*Angew. Chem. Int. Ed*等高水平学术论文50多篇，授权国内、国际发明专利50余件，在参与“一带一路”科技创新合作、推进国际技术转移等方面起到了引领和示范作用，能够更有效地利用全球资源协同创新，为研究院引领先进碳材料与清洁能源领域潮流提供引擎和动力。也意味着在今后的国际合作中，研究院将拥有更大的优势和更加广阔的发展空间。

2. 获批“浙江省微纳结构碳材料技术国际科技合作基地”

浙江省微纳结构碳材料技术国际科技合作基地于2019年正式获批，主要依托研究院，以浙江省重点发展的新材料、新能源等产业为导向，致力于碳基微纳材料、新能源的基础研究及应用技术开发；同时将围绕国家发展新材料的科技创新规划以及加快新材料技术突破和应用的战略要求，以高水平国际合作、培养高层次人才、促进学术交流为目标，建成在先进碳材料与清洁能源领域具有国际影响力的国际合作研究基地，促进新兴产业技术孵化。通过国际合作，重点解决先进碳材料与清洁能源等领域的重大科学和技术瓶颈问题，提升国际知名度和创新能力。目前已与澳大利亚新南威尔士大学、美国加州大学圣芭芭拉分校、伍伦贡大学、迪肯大学以及加拿大滑铁卢大学应用纳米材料与清洁能源中心等十余所著名高校和科研院所开展了紧密的合作，联合培养博士和博士后，开发先进能源材料与器件。通过国际合作，重点解决先进碳材料与清洁能源等领域的重大科学和技术瓶颈问题，提升国际知名度和创新能力。

3. 获批“浙江省服务型制造示范平台”

2021年5月，研究院新材料与新能源综合服务平台成功入选浙江省服务型制造示范平台。研究院在服务型制造领域，按照“国家急需、世界一流”的总体要求，按照“市场化导向、企业化运作、专业化服务”的原则，坚持面向世界科技前沿，面向国家重大需求，面向国民经济主战场，以创新驱动发展，大胆创新科技体制机制，以“协同创新”的理念与机制，整合国内外的创新资源，完善产业体系建设。研究院将继续完善产、学、研深度融合的技术创新模式，发挥自身优势，作为高校和企业之间的桥梁，整合平台资源，继续为区域经济建设发挥积极的示范作用。

4. 获批“温州市市级重点实验室”

2020年3月由研究院牵头申报的温州市环境功能材料技术与应用重点实验室成功获批“温州市市级重点实验室”。该实验室以研究和开发环境功能材料的新原理、新方法、新产品、新装备为目标，结合环境分析及检测平台，致力于打造温州地区环境功能材料领域的专业化、高水平、国际化的科研平台。重点实验室借助温州发达的中小民营企业群体，结合温州大学相关学科建设、科研方向，搭建校企合作平台，加强与企业的紧密合作，结合教学与实践，让科研成果走向生产线。同时，通过重点实验室的产、学、研服务平台，积极参与大中型企业的技术革新，利用科研设备和技术优势为地方提供技术服务，通过将技术成果直接推广和应用于地方经济建设等多种形式促使学校科研成果及时转化为生产力，为环境功能材料、技术在传统产业改造升级中的应用推广提供服务，助力解决当前存在的环境问题。未来，温州市环境功能材料技术与应用重点实验室将进一步提升环境功能材料的研发能力，争取成为市级具有鲜明特色的技术研发中心、产学研平台、人才培养中心和技术推广中心，为“两个健康”先行区建设和温州经济发展以及“国家自主创新示范区”建设做出应有贡献。

5. 获批温州市重点科技中介服务机构

2021年5月，研究院成功入选2021年温州市重点科技中介服务机构。研究院会进一步提高服务能力，发挥学科、人才、信息等优势，拓宽服务领域，规范服务方式，优化服务功能，充分发挥在促进技术转移、成果转化和科技咨询、评估、代理、服务中的重要作用，为科技中介服务提供支撑，推动温州传统产业的转型升级和新兴产业的培育发展。

6. 设立“浙江省博士后工作站”和“温州市院士专家工作站”

2018年2月，浙江省博士后工作办公室发函，同意研究院设立省级博士后工作站。工作站的建立，将加大研究院对高端人才的吸引力，加速培养造就一批尖端科技人才，并推动新材料技术的进步。

2017年12月，温科协发文同意将研究院命名为“温州市院士专家工作站”。院士工作站的建立让院士专家技术的引领作用得到充分发挥，有效集聚各类创新资源，突破关键技术制约，发挥高端人才在研究院重大项目、高层次人才培养、科技合作与交流等方面的作用。同时对研究院培育科技创新团队，实现院士、专家及其创新团队与研究院技术研发团队的结合起到了积极的促进作用。

（二）科研成果，深水静流

研究院自落地龙湾以来，面向新材料与新能源等领域积极推进新材料技术研发和成果转化，加强应用基础研究和关键核心技术开发，为产业创新保驾护航，进一步发挥自身优势，积极探索，充分调动各方面因素，着力突破“卡脖子”难题，目前部分产品已具备较好的市场前景。

ETFE膜材料。乙烯/四氟乙烯材料（ETFE）是一种四氟乙烯和乙烯结构相互交替的含氟聚合物，如将其加工成膜则具有透明、耐蚀、耐热、耐候、雾度低、电绝缘好及难黏着等特性，在航天航空、光伏产业、电子半导体、5G及薄膜建筑等领域具有广泛的用途。而ETFE膜材料是无织物基材的透明膜材料，其延伸率可达420% ～440%。ETFE膜材料的透光光谱与玻璃相近（俗称为软玻璃）。其性能优异，具有良好的化学稳定性能与防腐蚀性能，耐候性能极佳（见图8–2）。

图8–2　ETFE膜材料

但目前ETFE的生产技术难度大，其核心的生产、加工技术由杜邦、旭硝子、大金等国外公司掌握，存在国外垄断制膜装备，加工设备、加工技术有待研发，制膜工艺不完善，高温成膜困难，表面不光滑，异杂点多等亟待解决的问题。

研究院联合巨化集团组建研发团队，依托国家工程中心、国家引才引智示范基地，成员中既有百千万人才工程国家级人选、省级专家等著名学者、教授级高工等行业技术领袖，又有一线工程技术人员，专业结构合理，满足复杂系统工程对交叉学科的要求。通过设备和工艺的改进、助剂的选择以及原料的处理实现ETFE薄膜连续生产，突破了国内高温成膜困难、表面不光滑、异杂点多等关键技术难题，同时研究院自主设计开发了ETFE成膜—收卷—清洗一体化生产设备。目前研究院制备的ETFE膜已达到了进口膜材料水平，其中部分性能领先国际先进水平，已达到产品表面光滑、透明、平整不起皱、柔软性好，耐高温、透光率大、阻燃性好、膨胀系数小，以及密度、宽度、厚度均一，抗污性强，屏蔽性能好，介电常数低，通信频率衰减低等指标。

TPU膜材料。热塑性聚氨酯弹性体（TPU）是一种集橡胶的高弹性与热塑性塑料的成型加工性于一体的特殊材料，有聚酯型与聚醚型之分（见图8-3）。TPU因其优越的性能和环保优势日益受到人们的欢迎。目前TPU已广泛应用于医疗卫生、电子电器、工业及体育等方面，凡是使用PVC的地方，TPU均能替代，但TPU所拥有的优点，PVC望尘莫及。TPU可采用常见的热塑性塑料的加工方法进行加工，如注塑、挤出、压延等。同时，TPU与某些高分子材料共同加工能够得到性能互补的聚合物合金。TPU具有良好的耐候性、优异的抗撕裂性和抗弯强度，但在实际的配方设计和工业生产中，原材料（多元醇、多异氰酸酯和扩链剂）的相互限制使开发和使用变得非常困难。通过引才引智，研究院开发的汽车玻璃贴膜用TPU/EVA复合材料，能够隔绝太阳能热量，减少眩光，阻隔有害紫外线对皮肤的伤害，并能在玻璃被撞碎后有效防止碎片再次伤人。

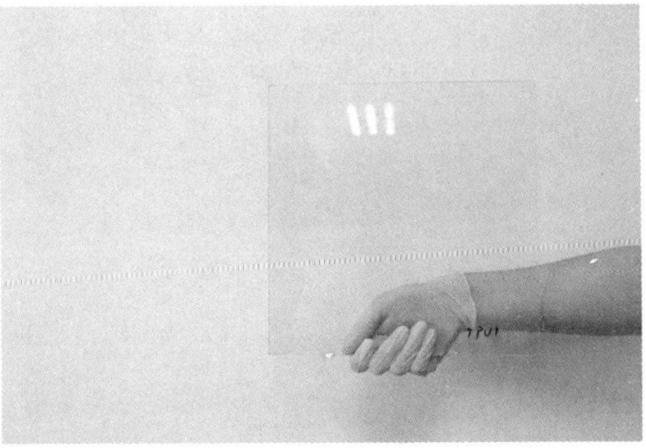

图8-3　TPU膜材料

聚乳酸包装用薄膜材料。快递包装袋等薄膜产品的大量使用，对生态环境造成严重破坏，以可生物降解聚合物替代不可降解聚合物是解决上述环境污染问题的有效方法。聚乳酸由一年内可再生的植物淀粉经过发酵产生的乳酸聚合而得，不仅摆脱了对石油的依赖性，而且针对环境污染问题，聚乳酸交出了完美的答卷，在自然条件下聚乳酸完全能够降解为二氧化碳和水，成为新时代最具前途的材料之一。然而，聚乳酸属于线性聚合物，其分子结构中支链及其缠结点少，熔体强度低，耐热性差，柔韧性差，断裂伸张率小，生物降解周期难以控制，价格比较昂贵，不能直接以吹膜工艺生产包装用薄膜。淀粉因其来源丰富、价格低廉而应用前景十分广泛，不仅可以用于食品行业，在化学领域也有广阔的应用空间。除了作为食品的可食用性，淀粉还具有可再生、可完全生物降解等优点。但淀粉与聚乳酸共混时相容性极差，拉伸强度低，断裂伸张率小，耐水稳定性差。

通过国家引才引智，研究院成立环保新材料技术团队，该团队经过刻苦钻研，对聚乳酸的改性、纳米复合、淀粉固相酯化等关键技术进行开发，提升聚乳酸的熔体强度和柔韧性，构建理想的聚乳酸/淀粉相容界面，以使聚乳酸基复合材料的性能满足包装用薄膜材料的国标要求。产品不仅无毒、无害、可完全生物降解，而且其主要原料为一年内可再生的植物淀粉及其衍生物，符合社会可持续发展要求，可广泛应用于快递、外卖、购物袋等领域，具有广阔的市场和应用前景（见图8-4）。

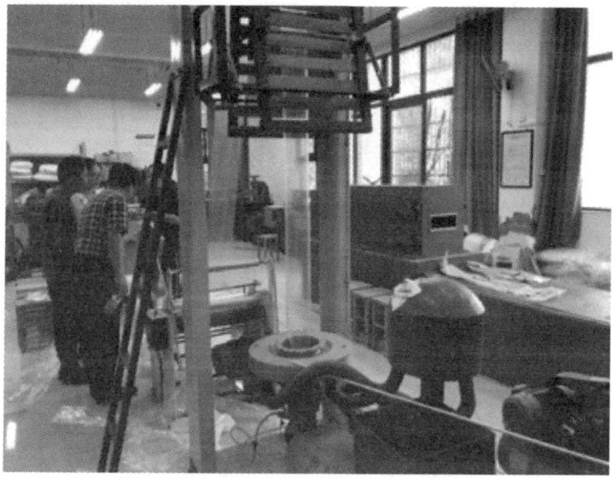

图8-4　环保新材料技术团队研发聚乳酸材料

环保可降解眼镜。环保可降解眼镜是研究院环保新材料技术团队又一研发成果。该技术团队着力于聚乳酸（PLA）材料的研发，针对其脆性大、韧性差、抗冲击和抗撕裂强度低、对缺口敏感等问题，设计及优化新型生物高分子材料的结构，提升其熔体强度、柔韧性和耐温性。经过改性后的PLA材料集成了优异的力学和热学性能，并且在自然条件下可以完全生物降解，克服了废弃塑料难以降解的问题。技术团队通过配色、打磨、喷漆等一系列工艺，打造出了环保可降解眼镜（见图8-5）。这款眼镜的诞生预示着研究院在利用PLA材料方面的技术已达到新高度，为推动PLA的大规模市场化应用奠定了基础。研究院研发的这款眼镜材料，在满足良好的机械加工性能、降低成本以及高低温下的尺寸稳定性等要求的同时，全生命周期绿色无污染。未来，相关技术将广泛应用于眼镜、玩具、包装材料、一次性餐具、家电外壳、纤维、3D耗材等，为地区环境保护做出贡献。

图8-5　环保可降解眼镜

筑院企联合研发中心，破“新材料”应用难题

当今时代，科技与经济同步发展，而科技成果产业化作为促进经济和社会发展的重要手段，在推动产、学、研融合的道路上起着举足轻重的作用。科技成果产业化是一项长期、复杂的工程，其创新发展，需要多方参与、合力推进。如何将基础研究转化为市场所需的技术产品，提高科技成果转化效率，服务于经济社会发展，不仅是科研院所、科研人员所面临的挑战，也是创新驱动发展道路上一道难题。

材料工业作为我国七大战略性新兴产业、“中国制造2025”重点发展的十大领域和科创板六大领域之一，有着广阔的前景。我国新材料产业发展迅速，总体发展水平良好，但目前上游关键材料环节仍属于“卡脖子”环节，被外国掣肘。只有将技术、产业的命脉牢牢掌握在自己手里，才能行稳致远，才能将新兴产业培育壮大，成为推动产业升级的动力之源。

同时，温州正着力打造“5+5+N”产业体系，高规格谋划数字经济、智能装备、生命健康、新能源、新材料五大战略性新兴产业。研究院自建院以来，坚持面向经济社会、面向企业开展订单式服务，构建院企联合研发中心，以市场倒逼方式，为企业量身定制技术服务，从企业实际需求角度进行合作和委托研发，破解新材料领域应用难题，为地方相关制造企业产业技术升级保驾护航。

1. 凝心聚力，厚积薄发

聚乙烯醇缩丁醛（PVB）膜以其优良的光学性能、机械性能成为生产各类安全玻璃的必需原材料（见图8–6）。它是一种不可或缺的高档高分子材料薄膜，自面世以来，被广泛应用于汽车、建筑安全玻璃等民用领域以及航天、军事和高新技术等相关领域。但PVB膜行业产能发展极为不均衡，长期以来，美国的伊斯曼公司以及日本的积水化学、可乐丽等公司掌控了90%的高端市场，几乎垄断了中国中高端市场，并从原料到工艺对中国进行了全面的技术封锁。

图8–6　PVB膜

面对PVB膜广阔的应用市场，2017年，研究院与浙江德斯泰新材料股份有限公司本着优势互补、平等互利和长期合作的原则，联合创办国内领先、国际一流的“功能性膜材料联合研发中心”。双方以联合研发中心为载体，主要从事汽车、建筑、光伏应用领域玻璃配套用相关功能性薄膜产品，如PVB隔音膜、PVB隔热膜、PVB光伏高透膜、PVB电致变色膜、PVB智能化（记忆、HUD成像、发电）膜、瓷白EVA光伏膜、高透EVA光伏膜等的科学研究工作，以及PVB原材料合成及改性技术研究工作。双方致力于共同推动玻璃应用领域的功能性薄膜技术研究，联合开发功能性薄膜新产品，积极转化科技成果为生产力，推动高新技术产业发展。

该团队致力于建设膜材料检测与鉴定中心，建立创新成果转移转化信息平台，培养工程技术创新人才，实现产、学、研联合共建，助推企业、大学、研究院深度融合，为人才强省、创新强省、经济强省的建设提供坚实保障；整合优化各方资源，研制出多种复合功能PVB膜产品，保障重点民生、能源相关产业的需求；打破国外的技术垄断，提升我国复合功能PVB膜的技术水平，推进PVB膜相关产业的高端化、优质化发展，为实现制造强国的战略目标出力。

目前研究院通过对基础原料的修饰改性、对合成工艺的提升改进和在加工工艺技术方面的突破创新，研制出具有光学调节功能、电子显示功能、声学阻隔功能、安全强化功能等在不同领域具有自主产权的PVB膜产品，保障了高端交通运输（如防弹玻璃、高速列车玻璃）、高层建筑（如广州塔、玻璃栈道）等领域的产品需求。同时打破国外如美国杜邦（SGP等）的技术垄断，推进PVB膜相关产业的高端化、优质化发展，为实现制造强国的战略目标提供了有力支持。同时设计开发出一套复合膜涂覆/复合生产线，新研发的多层复合功能性PVB膜已实现产业化，为企业产业升级提供了坚实的技术后盾。

2019年，面向文教领域的重大需求，研究院和温州昌诚文化用品有限公司联合，对接各方资源，建设文教材料联合研发中心。该研发中心以温州昌诚文化用品公司产品研发为主线，并以未来市场需求为导向，按照技术开发、成果转化以及工程化应用的贯通式研发模式组建。通过校企联合攻关以企业需求为导向的制笔行业核心技术，搭建企业原材料及成品检测认证及企业技术人才培训公共服务平台，建设温州大学制笔创新人才培养和产、学、研基地，并通过加强国际交流合作、外资引入等手段，实现平台的造血机制。

多年来该团队在制笔及相关技术的研发过程中，充分挖掘行业特色，积极承担国家重大项目，通过重大需求分析、顶层战略谋划、提前跟踪培育等有效手段，全面提升承担国内重大科研项目的能力。目前通过“十二五”国家科技支撑规划项目、“十三五”国家重点研发规划项目、国家自然科学基金项目、省市重大科技攻关项目和企业横向项目的实施，已在笔用墨水制造技术、金属笔头专用不锈钢材料及笔头加工技术、新型环保高分子笔头制造技术、笔头与墨水匹配技术及应用等方面有了长期的积累，具备工程化和产业化基础，可实施重要科研成果的转化。团队以新型环保圆珠笔用易切削不锈钢应用性能研究、水性圆珠笔笔头与引水芯适配性开发研究和环保表面处理无铅黄铜笔头加珠工艺开发研究为研究方向，以攻克产业技术壁垒为目标，促进科技成果转化。

以“新型环保高分子笔头制造技术研发与产业化”项目为例，该项目在“十三五”国家重点战略规划的背景下，依托中国轻工业制笔材料重点实验室，以提升我国制笔新型环保基础材料产业科技创新能力和整体竞争力为出发点，秉承“全链条创新设计，一体化组织实施”的方针，通过行业关键基础材料的设计开发、制造流程及工艺优化等关键共性技术和国产化装备的创新突破，重点研发“制笔新型环保材料”，实现笔类产品的高性能和高附加值及绿色高效低碳生产，赶超制笔国际先进水平。此外，通过科技部国家重点研发计划项目的实施，作为高分子笔头产品衍生的引水芯的制造技术，已在关键技术方面获得突破，引水芯制造技术的整体水平已能满足产品应用需求，特别是吸水率、引水速率、溶胀率等关键指标已达到国外同类产品水平（见图8-7）。

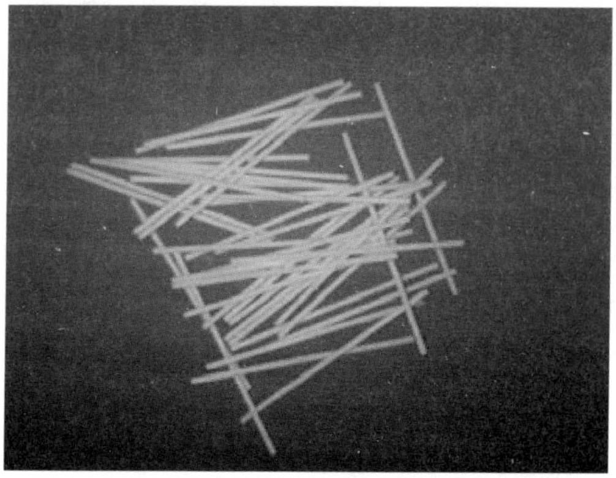

图8-7　引水芯

新型环保高分子笔头制造及与墨水的匹配技术是制约我国制笔行业记号笔类产品向中高端发展的核心关键技术之一，该技术是在高分子笔头组成、结构与性能关系理论应用研究基础上进行的，通过高分子笔头专用纤维结构及表面性能的设计、高分子笔头胶黏固化成型技术的研究开发，对适应不同记号笔类产品应用性能的高分子笔头制造工艺进行优化和调控，形成了较为完善的新型环保高分子笔头材料知识产权体系。研究院制笔及文教化学品材料团队研究了新型环保高分子笔头用纤维及胶黏剂制备关键技术，开发了笔头制造关键技术及专用装备，建成了年产1000万支高分子笔头生产线，提升了我国制笔行业新型环保高分子笔头国产化率，降低了对进口产品的依赖，推广应用前景广阔。目前已申请发明专利10项，编制及颁布两项中国制笔协会团体标准，研制开发出的笔头产品性能指标达到了国外同类产品先进水平。该技术经中国轻工业联合会成果鉴定，达到国际先进水平，有效提升了我国笔类产品制造的核心竞争力，对国内民生产业及区域特色经济的发展具有推动作用。

2. 针对难点，迎难而上

2016年，李克强总理发出的“圆珠笔头之问”如惊雷般出现在公众视野，引发行业热议。中国有着世界最大的圆珠笔生产规模，拥有制笔企业上千家，年产400多亿支圆珠笔，但在这亮眼的数字背后，却存在一个尴尬的现实：圆珠笔的笔头长期依赖进口，虽是制笔大国，但是从核心技术到材料却受国外掣肘，无法跻身世界一流行列。“笔头难题”绝不仅限于一支笔这么简单，还反映了精细制造、科技储备等国家科技硬实力。温州作为制笔大市，无论是企业、高校、科研院所都应担负起责任，交上一张完美的答卷。

针对环保笔用不锈钢材料应用技术开发的需求，研究院制笔及文教化学品技术团队与龙头企业联合攻关笔用不锈钢产品的开发。目前已经完成易切削元素成分、金相结构与笔头加工切削性能的关系研究、笔头耐磨性能的关系研究、线材耐腐蚀性能研究以及笔头应用试验，产品可望投放市场，代替国外进口，解决“卡脖子”难题（见图8-8）。

2020年，在全球新冠肺炎疫情暴发的情况下，医用口罩市场供不应求。有限供应的医用防护口罩成为保护医护人员安全的重要物资之一，其防护性能取决于核心过滤层的性能。无论是应对全球医用口罩市场供不应求的局面，还是普通医用口罩和现有的PTFE口罩存在的问题，都需要开展高透气性和舒适性、长寿命医用防护口罩的开发及其产业化的相关工作，其中尤以新高性能滤芯制备技术的开发最为关键和迫切。

图8-8　易切削金属笔头材料

研究院研发团队从社会需求出发，针对当时医用防护口罩短缺、核心过滤层中聚丙烯熔喷无纺布透气性和过滤性较差、使用寿命短等问题，精准突破，开发了高性能的聚四氟乙烯（PTFE）膜滤芯。PTFE膜是一种柔韧而富有弹性的多孔材料，具有孔隙率高、孔径分布均匀及透气不透水的优异性能，被广泛用作气体透析膜、各种溶剂的超净过滤膜等，因此基于PTFE薄膜滤芯的纳米口罩具有更高效的过滤性能和使用寿命，成为未来口罩发展的新方向。研究院改进双向拉伸膜技术，实现厚度均匀、孔隙可调、结晶度可控，从而获得厚度、孔径、密度均一的PTFE薄膜。将PTFE与无纺布等基底布进行热压，制备出PTFE膜滤芯，将其制成PTFE薄膜口罩，可以应用于儿童口罩、KN95口罩等。该款口罩降低过滤层厚度，减小气阻，减小孔径（$<0.3\ \mu m$），只用物理过滤，解决了传统口罩呼吸阻力与阻隔性同比增长的技术难题，实现高阻隔率的同时，兼具高透气性，佩戴时不再憋闷，工艺操作简便、环境友好、节能减排。本产品解决了市场上普通防护口罩阻力偏大，透气性较差，使用寿命短，时效性差，耐候性差的缺点。基于其高透气、强过滤、长寿命等特性，PTFE薄膜口罩将成为抗霾、抗菌、抗流感及冠状病毒的不二选择。

智能光控隔热膜是一种可以随着阳光强度的增加，智能调节自身透光率，起到柔化入射光照强度的作用，降低眩光，且具有高隔热率和透射力、高防紫外线能力的隔热窗膜（见图8-9）。

图8-9　智能光控隔热膜

智能光控隔热膜在阳光照射下，颜色会慢慢变深，同时红外线吸收材料可以选择性吸收太阳光中的近红外线和远红外线，阻隔了阳光的热量，把紫外线、红外线阻隔在外，让室内温度不会升高，同时可以起到节能的作用。和普通高隔热膜（太阳膜）不同的是，光控变色节能膜能够随太阳的强度增强而逐渐加深颜色，提供更好的节能效果，并有效调节室内或车内光照强度；高隔热膜则为一般隔热膜，无智能调节的功能。智能光控隔热膜是新一代膜材隔热产品，具有巨大的市场前景。

研究院采用精密涂布机，将紫外感应变色材料和红外线吸收材料一次性涂覆在PET膜上，然后通过复合工艺制备获得智能光控隔热膜，其在太阳光下能吸收特定波长的有害紫外线和使皮肤有灼热感的红外线，效果是光致变色和节能隔热。目前智能光控隔热膜广泛应用于商业大厦、住宅、学校、银行、医药、机场、宾馆等建筑的门窗、隔断、天棚玻璃以及汽车、高铁、飞机、游轮等交运工具的玻璃上。

3. 集中精力，精准突破

虽然反渗透（RO）海水淡化技术已经成为市场主流，但其小型化却遇到了挑战。目前市场上可获得的小型船用反渗透装置存在能耗过高，运行噪声过大，且成本居高不下的问题。另外，RO对原水的水质要求非常严格（进水浊度<1 NTU，SDI指数<5），只经小型装置预处理很难达到标准，因而其稳定性也存在问题。为此，研究院海洋新材料技术团队开发了基于特

种电渗析（ED）的小型海水淡化净水器。与RO相比，ED几乎工作在常压下，其脱盐过程完全由直流电压驱动，在小型化过程中效率几乎不损失，同样应用场景下其综合效率优于反渗透系统（见图8-10）。

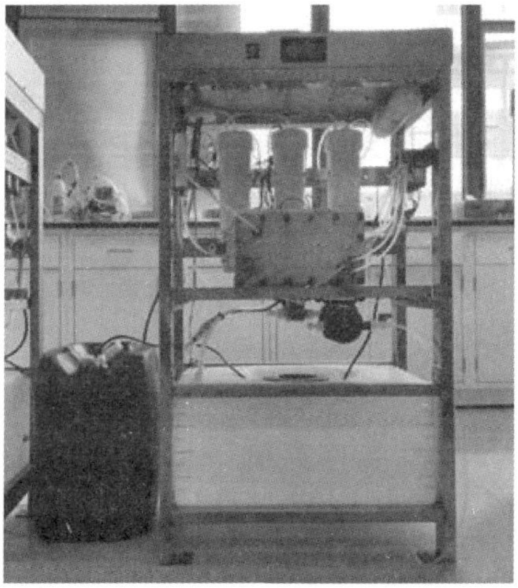

图8-10　全自动海水淡化净水器

该设备采用电渗析法对海水进行淡化处理，海水通过泵进入电渗析装置后，海水中的阴阳离子在电场和阴膜阳膜的共同作用下定向移动，浓室中会产生更浓的卤水，淡室中产生可以饮用的淡水。目前已实现以下创新点：①全自动正压供水，对用户而言只需打开水龙头即可得到饮用淡水。自动启/停，缺水/缺电自动保护。②24小时长期稳定运行，系统通过了600小时长期连续测试，解决了海水淡化过程中系统结垢及性能下降问题。③进水盐度范围为5‰~45‰（5000~45000mg/L），适合所有海况及部分咸水湖水质，产水质量稳定。④产优质饮用水，产水盐度≤350mg/L，无咸味及异味，符合优质饮用水标准。⑤淡水产量150 L/天，40 L大水箱储存，可在短时间大量用水。⑥系统占地面积小，整机尺寸仅为60cm×40cm×100cm。⑦低功耗低噪声，平均功耗120~150W，低压力运行。⑧多种供电方式可选：DC12~48V，AC110V/220V/380V。⑨低成本，可以广泛应用于小型远洋渔船、军舰及沿海家庭，作为主要/备用淡水来源。

水性聚氨酯树脂及水性聚氨酯油墨是温州大学新材料与产业技术研究院功能高分子材料技术团队研制的独特产品，用于凹版、柔性版的印刷。具有更好的柔韧性、耐水性、耐磨性、耐化学药品性、抗冲击性和可调的硬度，广泛应用于金、银卡纸，铜版纸，白板纸，塑料薄膜，瓦楞纸，不干胶纸，纸箱，制品包装，报纸杂志等凹版及柔印印刷（见图8–11）。

图8–11　水性聚氨酯油墨

随着手机、可穿戴设备等消费类电子产品逐渐向柔性方向发展，市场对于柔性电池的需求逐渐增加。柔性电池相比刚性电池，可以使电子产品向更美观、更加符合人体结构的方向发展，因此有着广阔的市场前景。

传统的锂离子电池产品在弯曲、折叠时，因为材料黏附性的问题，在多次弯折后，容易出现电极材料脱落甚至集流体断裂的问题，不仅影响电池的电化学性能，而且可能导致严重的安全问题。目前大部分柔性电池通过降低电池的厚度来提升电池的柔性，但该方式不仅会导致电池容量低，同时也限制了柔性电池的使用范围。研究院对电池内部的结构及材料进行了重新设计，摆脱了厚度对电池的限制，提高了电池的耐弯曲寿命，减小了弯曲对电池的影响。现产品容量可以达到628mAh，并且在弯折1万次后容量并不发生衰减（见图8–12）。

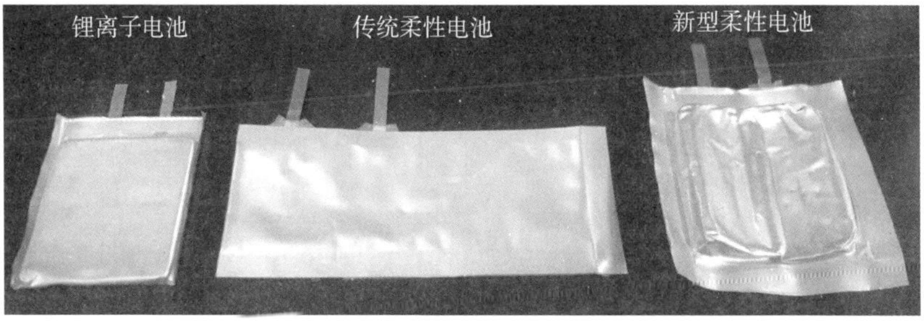

图8–12　锂离子电池、传统柔性电池、新型柔性电池比较

4. 潜心服务，多点开花

面对现代工业的快速发展和矿产资源的紧张，废水中的贵金属因拥有良好的性能，进入人们的视线。是“垃圾”还是“资源”？废水中贵金属用自身实力给出了答案。高附加值的贵金属废水经过处理，提取出贵金属，可以有效缓解矿产资源的紧张以及社会经济对其日益增加的需求，降低贵金属的资源开采和能源消耗，循环利用资源，控制贵金属成本，从而减少企业的运营成本，如果将其中含有高附加值的贵金属废水直接废弃，是一种极大的资源浪费。另外，如今生态文明思想已经深入人心，环保理念成为如今的主旋律。在这种情况下，减少工业发展对环境的污染、降低工业废水对生态的破坏程度成为亟待解决的问题。回收处理工业废水中的贵金属可以部分解决企业污水处理不当或乱排、乱放问题，改变人们的居住环境和城市形象，减少对地球的破坏。

在此背景下，针对福达合金材料股份有限公司面临的贵金属废水处理困难的问题，研究院海洋新材料技术团队为其定制开发了一套“银合金经铜置换工艺处理后的残留贵金属废水”专用处理设备，回收其中高价值的金属和HNO_3资源，并避免污染废物的排放。该设备现已服务于福达合金材料股份有限公司，可保证回收的$Cu(OH)_2$或CuO固体粉末产品纯度达95%（wt）以上，并确保含水率低于5%（wt），其他杂质含量不高于1%（wt），且符合火烧线的规范要求。该设备的应用不仅可以帮助企业回收废水中的贵金属，每年为企业回收废物价值约50万元，而且解决了企业污染物排放问题。

华峰集团是国内著名的聚氨酯生产企业，拥有温州、上海、福建、辽宁以及重庆五大生产基地。集团是超纤合成革和氨纶长丝行业标准的起草制定单位。2018年华峰集团实现销售收入超过300亿元，是目前我国最大的聚氨酯产品生产企业。基于华峰集团对热塑性聚氨酯产品的开发需求，研究院组建研发团队，为其开发出了一种高透防水透湿热塑性聚氨酯薄膜产品，在保证材料较高耐水压的同时提高膜的透湿率，保证其物理机械性能、工艺操作性能和应用性能等方面符合产品要求。该产品目前已实现产业化。

瑞浦能源有限公司是世界500强企业青山控股集团有限公司结合自身丰

富的矿产资源在新能源领域进行投资布局的首家企业。公司主要从事动力/储能锂离子电池单体到系统应用的研发、生产、销售，专注于为新能源汽车动力及智慧电力储能提供优质解决方案（见图8–13）。

图8–13 制作电池工艺

针对瑞浦能源有限公司的动力电池电极材料的质量评估需求，研究院环保新能源技术团队对电池材料中指定元素的含量进行了定性定量分析。目前该动力/储能锂离子电池单体拥有较广的应用范围，如乘用车、商用车、特种车等动力领域，以及风、光、电新能源电力储能接入等储能领域。

5. 遴选项目，沉淀人才

研究院依靠产、学、研相关工作的优势，从不同角度出发，辅助企业与研究院技术团队开展产、学、研合作，探索共赢的机制，创造更多的合作机会。同时研究院依靠高校、科研院所的资源优势，帮助企业申报各类项目，取得了显著成效。以2020年为例，研究院与浙江华基生物技术有限公司共同酝酿的“廉价金属催化在瑞德西韦合成新工艺和杂环药物分子合成中的应用”项目已申报温州市重大创新科技攻关项目，与温州泽铖科技有限公司向温州市科技局联合申请“蓄光自发光型微晶玻璃研究及产业化”的重大科技创新攻关项目，与温州嘉伟环保科技有限公司联合申报国家重点研发计划“科技助力经济2020”重点专项“基于厌氧消化技术的协同处理系统在餐厨垃圾的减量化、资源化中的应用及示范工程”，与温州嘉伟环保科技有限公司及长沙雷邦环保科技有限公司联合申报国家重点研发计划“绿色宜居村镇技术创新”专项“村镇生活垃圾移动式小型化处理关键技术与装备研发”项目。

只有科研院所自身综合实力强，在发展之路上才能走得更稳当。现今，站在“十四五”开局之年这一新起点上，新型研发机构作为科技成果转化的重要载体，如何可持续发展，是值得大家继续探讨的问题。

一是要以需求为导向，瞄准高、精、尖科技前沿。通过掌握关键核心技术，培育一批拥有自主知识产权的科技型中小企业，形成市场优势、资源优势和技术优势兼备的产业链。实行全面开放，整合国内外创新要素。一方面，研究院聚集政府、企业、高等院校、科研院所、投资机构及服务机构等资源要素，面向地方普通高校、企业与社会开放，为激发企业创新活力和提高市场竞争力提供技术支撑。另一方面，与国际知名新材料与新能源领域的研发机构合作，会聚国际高层次人才，冲破地区与国别的分界线，以“协同创新”的理念，有效整合、配置国际国内优质创新资源，构建全方位、多维度、立体化的创新服务体系。

二是要抓住契机，顺势而为，既可以让研发平台拾级而上，又能促进中小企业的发展。目前各政府部门已将种种利好创新、利好科技发展的政策落到实处，其中就包括创新券政策。小微企业，甚至一些中型企业都存在经济实力不足、科研能力薄弱的问题，创新券“以凭证抵真金”的形式，不仅有助于贯通科研院所与科技型企业的服务购买渠道，增强其联系，同时也对科研院所盘活创新能力、提高服务起到激发促进作用。

研究院作为创新载体，积极响应此政策，充分利用本院的设备、人员、技术等科技型资源，为有需求的企业提供检验检测等科技服务，针对性开发补足企业技术缺口，为企业搭建起创新研发的桥梁。如研究院对外开展检测检验服务以来，在此政策的助力下，企业、科研技术团队都得到了实惠，推动了科研院所开拓市场，科研技术资源得到了更加充分的利用，创新过程所需投入也得到了有效保障。研究院有效落实了本条政策，丰富了创新产业链的各个组成部分，推动科学技术资源共享、优化配置，形成政策为创新保驾护航、创新为发展提供助力的积极模式，目前已完成了龙湾地区多家企业创新券服务工作。

三是不忘初心，协助企业面对不测风云。面对当前疫情防控和经济社会发展两手抓的形式，研究院教师积极响应、奋勇争先，组建化工（化学纤维、新材料）方向“两专”服务团，团队成员10人，由院长牵头，以“平时接诊”“预约出诊”“远程问诊”“集中会诊”等方式，累计服务企业20余家，线上线下合力出击，用高新科技、专业技术促进企业复工复产。

针对企业需求，“两专”服务团专家教授紧急开通“远程问诊”，围绕贵金属废水回收工艺及成套设备开发改进的问题，在线为福达合金材料股份有限公司提供服务指导。面对疫情期间医用物资短缺，企业生产效率不足等问题，“两专”服务团专家教授先后走访了浙江世博新材料股份有限公司、浙江润江新材料科技有限公司、浙江码尚科技股份有限公司、康莱方医疗科技有限公司，在无纺布生产配方设计、口罩熔喷料的生产、医用塑料件的注塑工艺等生产工艺环节给予指导，为抗疫助力。针对企业在复工复产进程中面临的技术人员缺失、原材料供不应求等问题，“两专”服务团主动联系企业，先后走访了浙江俊尔新材料有限公司、浙江华基生物技术有限公司、一帆生物科技集团有限公司等16家企业，梳理并提供了相应的解决方案，助力企业落实安全生产、快速恢复生机活力。

随着科技不断发展、科技体系不断改善，科研机构的研究发展和社会经济之间形成了良性循环。考虑到地方经济状况，研究院将自身发展规划与社会发展目标相结合，立足科技创新，将目光投向更广阔的国际范围。在院长的领衔下，创办了极具国际影响力的期刊*Carbon Energy*，且连续协办国际碳材料大会暨产业展览会、世界青年科学家峰会。经过一系列举措以及多元主体共同介入，培育出一系列极具创造力的创新团队，加速实现自身价值，同时对市场需求也有了深刻认识，主动适应，拓宽服务沟通渠道，切实把握企业技术薄弱环节、人才缺口等，大力推进产、学、研深度融合，主动为社会提供形式多样的服务，提高与地方经济的相容性。

乘着国家科技体制腾飞之风，温州大学新材料与产业技术研究院立志成为一个高水平、高质量的新型研发机构，力图描绘产业发展新图景。

第八章

兼容并蓄，国外研发机构机制分析[①]

经济向创新驱动转型

我国用四十年的时间走完了西方百年的工业化和城市化进程，建立了世界上最完备的制造业体系。这个体系不但支撑着制造业本身，而且其强大的基建能力和巨量消费市场也奠定了中国经济发展的优势地位。但是，我们也要清楚地看到，我国建立世界工厂的工业化历程是在西方科学技术全球化背景下发生的。因此，发展核心技术的科技创新已成为当务之急。

科技部在其发布的《2019年我国R&D经费投入特征分析》中指出，2019年我国R&D经费总量首次超过2万亿元，仅次于美国，居世界第2位。科技拨款占公共财政支出的比重逐年加大，从2015年的3.98%增加到2019年的4.49%。2021年，全国“两会”将科技创新放在了核心位置。《人民日报》刊发的《中华人民共和国国民经济和社会发展第十四个五年规划和2035年远景目标纲要（草案）》（以下简称《纲要草案》）中提出，坚持创新在我国现代化建设全局中的核心地位，把科技自立自强作为国家发展的战略支撑。2021年是“十四五”规划开局之年，中国各类经济主体已经进入必须依靠创新才能发展的阶段，具有强大的内驱力。2020年，中国人均GDP接近1.1万美元，这为我国从“效率驱动”向“创新驱动”转型打下了坚实基础。政府工作报告中提出，“十四五”时期，社会研发经费投入年均将增长7%以上，力争投入强度高于“十三五”时期。2021

① 本章编写成员：魏迪，中国科学院北京纳米能源与系统研究所，北京市政府特聘专家，英国剑桥大学Wolfson学院高级研究员。

年，科技部部长王志刚在第十三届全国人民代表大会第四次会议“部长通道”上表示：“十三五”期间，整个中央财政科技投入增长了70%，但基础研究翻了一番。这说明在整个研发投入结构方面，基础研究投入的比重在加大。

数据分析公司科睿唯安（Clarivate Analytics）2021年1月公布的数据显示，中国内地326所大学有学科进入ESI[①]全球排名前百分之一。中国内地进入ESI全球学科排名前千分之一的大学有63所，进入前万分之一学科的大学有9所。如果把前万分之一学科当作国际领先的标准，那么这9所大学处于领先地位的学科仅为5个，分别是工程学、材料科学、化学、农业科学与计算机科学。上述5个学科中，能被归纳为基础研究的是化学和材料科学。由此可以粗略看出，我国在基础研究领域、核心技术方面与国际一流水平尚有不小的差距，基础创新还是相对落后。我国基础研究的现状可以描述为：学科覆盖面比较齐全，整体水平尚待提高，尤其是全面领先的基础研究并不多。

2021年2月，在国务院新闻办公室发布会上，科技部基础研究司司长叶玉江表示，科技部将根据中央要求制定《基础研究十年行动方案（2021—2030）》，对未来十年我国基础研究的发展做出系统部署和安排。要改革完善基础研究的体制机制，进一步加大基础研究投入，特别是要建立以学术贡献和创新价值为核心的评价导向，支持广大科研人员勇闯创新“无人区”。“十四五”期间，要争取基础研究占全社会研发投入的比重达到8%。《纲要草案》提出要形成以企业为主体、市场为导向，产、学、研、用深度融合的技术创新体系。政府工作报告指出，我国关键领域创新能力不强。在芯片、基础软硬件、部分领域的关键工艺、基础材料、一些产业链或供应链中核心装备等关键领域的创新能力还亟待提升。政府工作报告还强调要用税收优惠机制激励企业加大研发投入。长期以来，中国产、学、研合作存在主体水平不匹配的情况，很大程度上期望高校科研院

---

① ESI是由美国科技信息所（ISI）在2001年推出的衡量科学研究绩效、跟踪科学发展趋势的基本分析评价工具。经过多年的发展，这个原本用来跟踪衡量各学科发展情况的工具，已成为世界范围内用来评价各国大学乃至各国学术水平的重要指标之一。

所的知识溢出。但知识溢出需要相应水平的承接主体，企业的发展对高科技的需求不强烈，也难以提出基于市场前沿的科学问题。这导致了我们的产、学、研合作在能级上与发达国家依然存在差距。《纲要草案》提出，要着眼于抢占未来产业发展先机，培育先导性和支柱性产业，战略性新兴产业增加值占GDP比重超过17%，为实现以上目标，新型研发机构的建立意义重大。

创新需要经历原始创新（基础科学）、技术转化创新（技术应用研发）、将转化成果变成大规模产品销售能力（市场化）三个阶段（见图2-1）。在“科学—技术—市场”这三个“山峰”之间有两个“死亡之谷”。从科学发现到技术的转化是第一个“死亡之谷”；从技术到市场的商业转化是第二个“死亡之谷”。从原始创新出发，如何有效进行技术转化一直是一项世界难题。目前我国高端前沿基础研究成果不多，但是应用成果较多。因此，我国是制造业大国而非强国。基于我国既有的工程师红利，我国成立新型研发机构具备资源优势，有助于加速技术转化。他山之石，可以攻玉。科技是一个国家由存量竞争转增量竞争的基石，发达国家都经历过以科技战略和研发布局来提升科技产业的过程。本章希望通过分析芬兰、德国、日本和美国等具有代表性的国家创新体系和研发机构的结构、发展与运行机制等，为我国创新机制的探索提供借鉴。

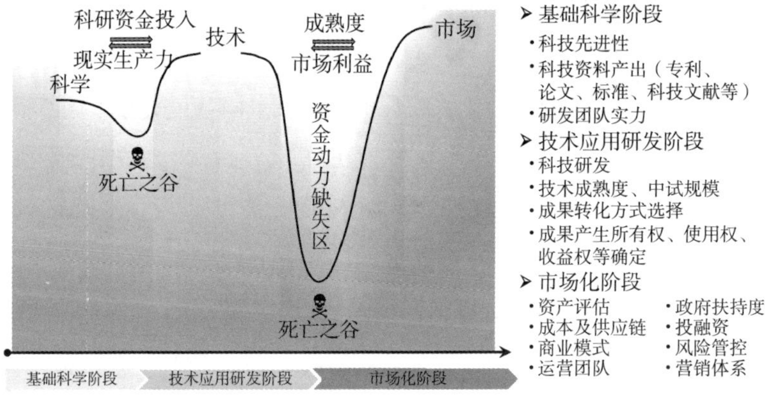

图2-1　基础科学、技术应用研发、市场化三个阶段以及每个阶段关注的主要指标

国外研发机构机制分析

1. 芬兰国家创新体系及芬兰国家技术研究中心（VTT）①

北欧人数不足欧洲人口数的3%，却孵化了欧洲50%的独角兽企业。其中，地处北欧的芬兰以科技立国，其教育水平、科技水平始终居于世界前列。在美国康奈尔大学、欧洲工商管理学院和世界知识产权组织发布的全球创新指数（GII）排行榜中，芬兰一直稳居世界前十，并在2009年被《经济学人》和《哈佛商业评论》评为世界领先的创新国家。

在芬兰，互联网和信息通信产业是重要的支柱产业，其主要产品包括无线通信设备、终端产品、通信网络设备、电子元器件和光纤电缆等。例如，诺基亚（Nokia）是芬兰的旗舰企业，曾是全球最大的手机设备制造商，也是网络运营设备、网络服务和解决方案的最大供应商之一。作为芬兰最大的科技公司，它在通信领域深耕多年，积累了巨大的专利资源，特别是在4G领域，它拥有的专利数量全球最多。因此，即使在2014年将手机业务全部出售给微软之后，诺基亚仍然保持盈利状态。20世纪90年代末，随着诺基亚等一批信息通信和电子设备制造商的发展壮大，芬兰从一个信息通信产业不发达的国家发展为世界信息通信强国。目前，芬兰信息通信产业约有6000多家公司，产值占芬兰GDP的比重已超过10%。在软件方面，免费开源的Linux打破了巨头垄断，并为之后软件领域的发展做出了巨大贡献。Linux已经被广泛应用于各个领域，比如在服务器领域，目前，Linux的使用占比达50%；在超级计算机领域，Linux的使用占比高达90%；全球广受欢迎的Android操作系统，也是得益于Linux的免费开源开发出来的产品。在传统手机游戏领域，芬兰拥有Supercell、Rovio等著名的手机游戏公司，并开发了风靡全球的《贪吃蛇》《愤怒的小鸟》《部落冲突》等手机游戏。芬兰也是欧洲生命科技领先的国家，在诊断、生物制药、生物材料和工业酶等领域具有很强实力。早

---

① 习近平访问的芬兰，为何科技创新能力如此之强，http：//www.sic.ac.cn/zt/zscq/zlzs/hydt/201704/t20170418_4777210.html；芬兰的“国家创新体系”，https：//www.sohu.com/a/214802398_99940061；芬兰科技发达的三大原因，https：//baijiahao.baidu.com/s？id=1691187808012365644&wfr=spider&for=pc.

在20世纪80年代，芬兰政府就开始重视生命科技产业，90年代初，芬兰政府制定了加速发展生命科学技术的战略，加大了对生命科技研发的投入，例如，芬兰生命科技产业每年公共研发投入约2亿欧元，相当于公共研发投入总量的13%。目前，芬兰约有150家生命科技公司，占欧洲生命科技公司总数的7%左右（芬兰人口仅为欧洲的1%）。同时，芬兰机械工业拥有世界顶级实力，其主要产品包括农业和林业机械、造纸机、电梯、起重设备、破冰船、船用设备等，如美卓集团（Metso）、通力公司（Kone）等世界一流企业。除此以外，芬兰还在森林工业、船用发动机、能源环保、起重机械、化学工业等领域拥有世界一流的技术和企业。这个只有500多万人的国家，在20项关键科技领域中，有17项排名前十。芬兰是如何成为世界公认的创新型国家的呢?

首先，芬兰政府极其重视教育。从1979年开始，芬兰国家教委就规定：中小学教师属于研究型人员，必须具备硕士以上学历，这几乎是世界上最为严苛的规定。正是由于严格的选拔和高质量的培养，教师在芬兰成为真正的精英职业。芬兰《赫尔辛基邮报》调查显示，芬兰年轻人最向往的职业就是教师。中小学教师受芬兰民众敬重的程度，甚至超过总统和大学教授。芬兰教育体系的特征之一是信任，教师评价采取自下而上的机制。政府在20世纪90年代对教师评价机制进行重大改革，将监督经费调改为引航经费用于支持教师的专业发展，为教师在教学和管理工作中提供支持和帮助。芬兰教育与文化部原部长李·安德森女士曾经说过："在评价机制中，信任是其核心价值，信任学校总体表现良好，评价体系为教师和学生提供的是支持，而非控制手段。我们不会列出最好学校的名单。学校和教师的自我评估代替了自上而下的考核。"因此教师能够全身心地投入教学工作，积极地做自己喜欢的事情，并且把进修、学习当作自己人生规划的重要组成部分。其次，芬兰让每一个孩子都能接受到平等的教育。1968年芬兰议会就通过了"不让一个孩子掉队"法案，致力于实现"无论你在哪里，都可以接受到相同质量教育"的目标。芬兰政府不断加大对教育领域的投入，为企业的技术创新创造了良好的条件与环境。其每年在教育方面的支出仅次于社会福利开支，在国家预算中占第二位。最后，芬兰教育界注重对学生创新意识与能力的培养，致力于为国家和企业培养出大批高素质的专业人才，成为芬兰创新体系的基石。

为了保持科技领先地位，芬兰政府不断加大研发投入。多年来，芬兰在研发方面的投入一直占其国内生产总值（GDP）的3% 以上，多次超过美国和日本。在芬兰每年的研发投入中，仅政府投入就保持在30%左右。政府还将重大科技发展项目纳入国家计划，与企业共同投资，成果归企业所有。

TEKES、SITRA（芬兰科技创新基金会）和VTT（芬兰国家技术研究中心）被誉为站在芬兰几万家创新企业背后的“三大巨人”。著名的TEKES（芬兰国家技术创新局）是支持企业和研究机构进行重大科研和产品研制的主要投资者，旨在创造新的知识、产品、工艺、服务和商业理念。TEKES是一个非营利性机构，隶属于芬兰就业与经济部，每年约有6亿欧元的预算支持约2100个项目的研发。这些研发项目中有1/3来自大学及科研机构，2/3来自企业。TEKES曾经资助过无数企业的研发创新，如诺基亚。对于需要扶持的创新企业，TEKES的门槛非常低。在获得资助的企业中，创业不足6年的新公司约占35%，有成长潜力、员工人数少于50人的中型企业约占35%，在市场中有价值的大型企业约占30%。

成功的创新体系离不开风险投资。芬兰科技创新基金会（SITRA），是芬兰第一个以科技为对象的风险投资基金，隶属于芬兰议会，依法独立运作，主要支持具有创新能力的高技术公司和中小企业。投资方式主要以种子和启动基金资助创新性活动，或为研发成果的商品化提供支持，项目成功后获取的回报用于扩大投资。基金已由成立之初的约1600万欧元（1亿芬兰马克）发展到现在6.5亿欧元的规模。芬兰有100多家风险投资公司和基金，投资总额超过20亿欧元，已有上千家企业获得资助。比如华裔学者张霞昌创办的Enfucell公司，就是得到了芬兰国有风投500万欧元的支持创立的。

总体来看，芬兰的国家创新体系分为三个层次：第一层次是芬兰的议会、内阁、科学与技术政策理事会，它们组成最高政治机构，属于国家顶层设计部门，决定芬兰科技创新发展的方向。第二层次是教育部、贸易与工业部等政策制定部门，负责将战略、政策、理念转化为能够落地实施的具体措施。第三层次包括隶属教育部的芬兰科学院、直属国家议会的SITRA和就业与经济部下辖的TEKES，是芬兰创新机构体系中的政策落实及协调部门，是推动科技成果向现实生产力转化的重要载体，实现政府创新政策与市场运作的有机结合。

基础科学、技术应用研发、市场化是科技转化的三个不同阶段。为了衔接科学端最原始创新的技术转化，TEKES和芬兰阿尔托大学及阿尔托企业家中心（Aalto Center for Entrepreneurship）共同成立了阿尔托大学校园内部的创业加速器Startup Sauna。Startup Sauna获得了包括Rovio公司创始人、游戏公司 Supercell 创始人等 57 位连续创业者、投资人以及各界精英的支持。导师们会不失时机地向 Startup Sauna 中的创业者传授经验，并提供资金及资源，帮助有潜力的初创团队进入全球市场。根据统计，2010 年至今，已经有超过 150 个创业团队从 Startup Sauna 毕业，累计融资金额达到 3700 万美元，在北欧、东欧以及俄罗斯举办了超过 100 场活动。

在技术应用研发到市场化的环节，隶属就业及经济部的芬兰国家技术研究中心（VTT Technical Research Centre of Finland Ltd.）是企业和研究机构进行重大科研和产品开发项目活动的资助者和促进者。VTT成立于1942年，任务被定为“为科学和非营利目的开展技术研究活动”，由芬兰政府注资启动，目前是北欧最大的应用技术研究组织。截至2021年，VTT拥有员工2129人，年预算2.44亿欧元，拥有440个专利家族。近30%的芬兰创新来源于VTT的专业知识。VTT目前已经派生出不同的子公司，包括技术投资公司和定位于中国市场的高端技术解决方案和创新服务的VTT中国公司，目前VTT45%的营业额来自芬兰国外。作为芬兰创新体系的重要组成部分，VTT除接受委托进行新技术的开发和研究工作外，还与其他学术机构和企业签署合作开发合同，为后者提供专业咨询、项目测试、认证、知识产权和商业化等服务。VTT凭借强大的科研实力，帮助合作对象提高技术研发的竞争力，同时也负责把新技术转变为产品，并分享收益。

VTT在芬兰各地设有开发中心，每年的服务对象有近3000家公司企业、50所高等院校、800多个研究机构。芬兰政府通过VTT对芬兰的技术开发进行投入。VTT通过提供研发资金和专家服务的方式，鼓励和加快新产品的研制工作，帮助企业将有开发价值的设想变成研发成果，并迅速将研发成果商品化。芬兰政府根据自己的国情，采取了直接支持企业进行研究开发的政策。目前，VTT主要资助与合作的是芬兰中小企业，同时支持芬兰大型企业开展具有挑战性的研发项目。企业、高等院校和研究机构的产、学、研三位一体是芬兰技术创新机制的突出特点。据统计，在芬兰，与高等院校、研究机构有合作项目的企业约占50%，大大高于欧洲其他国家。这种强调产、学、研结合的资助机制可以有效地使用有限的资金，促进国家创新体系各要素之间的密切联系。

2. 德国创新体系及弗劳恩霍夫协会（Fraunhofer Gesellschaft）①

在世界经济论坛公布的《2018年度全球竞争力报告》中，德国在创新能力方面位居世界第一，超过美国及其他发达国家。自2006年以来，通过交叉学科跨部门合作，在德国高科技战略的研究项目中诞生了许多原创性的研发成果。这些高科技战略最初优先面向具有市场潜力的技术领域，2010年起逐步聚焦社会需求，支持面向未来挑战的技术解决方案。近年来，德国政府和企业界的研发经费持续增加，2016年达到922亿欧元，占GDP的比例接近3%。2017年德国科研支出进一步增加，实现了科研经费GDP占比超过3%的目标。德国政府预期到2025年实现研发支出GDP占比达到3.5%。整个经费的分配比例大概是14%投入各大研究协会，16%投入大学，70%投入企业。

德国拥有一套结构完整、分工明确、相互协同的科技创新体系。如图2-2所示，由德国政府部门承担立法、规划投资、管理监督等职能，由高等院校、国立和非营利性科研组织、企业研究机构共同承担科技研究和开发工作，由技术服务中介提供与技术转移及创新相关的服务。高校定位在科学技术研究方面，更多是面向未来，探知未知科学领域。研究所定位在应用技术研究方面，将高校的科学研究成果转移转化到某个具体应用领域，从而实现技术可能的应用价值；同时面向企业承接具体的技术研究任务，一般采用“合同科研”模式，针对企业产品研发遇到的具体技术难点，提供专业的技术研究服务。企业则主要面向市场产品的创新，更强调技术风险可控、成本可接受、时间可预期，以及各个应用技术的集成。

① 创新不止于发明：德国产学研体系四大金刚详解，https://www.sohu.com/a/433333693_777213 DT新材料。

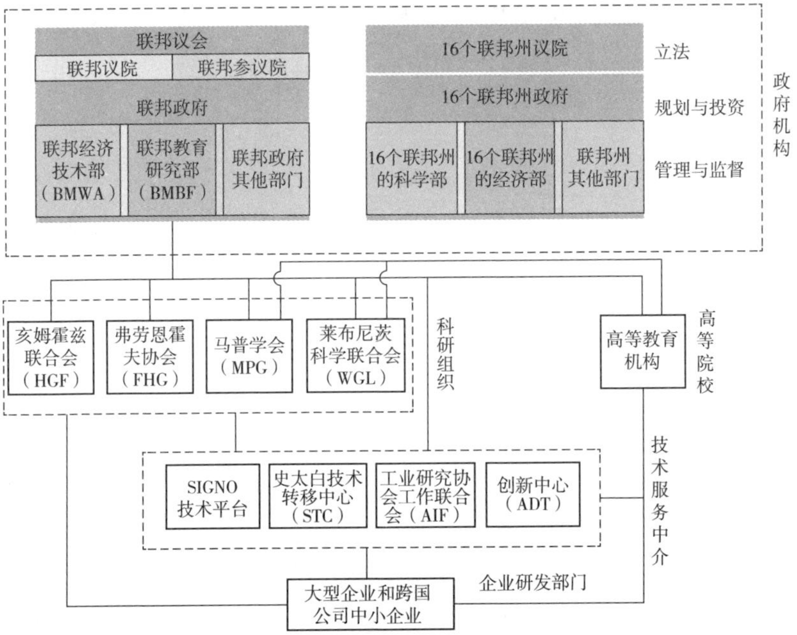

图2-2　德国的科技创新体系

德国的大型企业（雇员数>500人）普遍设有研究部门和开发部门，可以开展不同层次的科研活动。研究部门进行科学研究并且与其他企业、科研机构或高校合作，立足于探索具有战略意义的科技创新；而开发部门负责利用现有技术实现自主创新和新产品开发。与大型企业相比，德国中小企业的研发投入相对较少，每年约为80亿欧元，但德国各级政府和资助机构，如德国联邦工业研究协会工作联合会（AIF）等为它们提供了多种资助或联合研发项目。1986年，赫尔曼·西蒙在研究德国出口数据时发现，德国60%~70%的出口都是由中小企业贡献的，这一比例远高于其他发达国家。这些企业虽然营收规模小，但市场份额却很高，往往能占该行业世界份额排名的第一或第二，被赫尔曼·西蒙称为隐形冠军。赫尔曼·西蒙收集了全世界2734家隐形冠军企业的数据，其中美国有366家，日本有220家，中国有68家。德国拥有1307家隐形冠军，是世界隐形冠军数量最多的国家。

无论是德国大型企业还是中小型企业，合作科研都是从技术到市场的一个有效渠道。在德国国家科技创新体系中，有四大研究协会起着重要作用，分别为：亥姆霍兹国家研究中心联合会（Helmholtz Gemeinschaft Deutscher

Forschungszentre)、马普学会（Max Planck Gesellschaft）、莱布尼茨科学联合会和弗劳恩霍夫协会。

亥姆霍兹联合会注重应用的前瞻式基础研究，由近20个国家著名研究中心组成，覆盖了六大主要研究领域：能源、地球与环境、医学健康、航空航天与交通、关键技术和物质结构。马普学会以前沿的基础自然学科研究为主，下设了众多马普所（Max Planck Institut）。与企业开展合作科研最多的是莱布尼茨科学联合会（Wissenschaftsgemeinschaft Gottfried Wilhelm Leibniz）和弗劳恩霍夫协会。莱布尼茨科学联合会从事其他长期性科研任务与课题，是德国各专业方向研究机构的联合会，旗下有93个独立研究机构，涵盖广泛的文理和工程学科。

与以上聚焦前沿科学和基础研究的协会不同，弗劳恩霍夫协会高度聚焦应用导向型的研究。弗劳恩霍夫协会成立于1949年，总部位于德国慕尼黑，以德国科学家、发明家和企业家约瑟夫·弗劳恩霍夫（Joseph von Fraunhofer，1787—1826）的名字命名，是德国乃至欧洲最大的应用科学研究机构之一。弗劳恩霍夫协会在德国有80多个研究机构、2万多名员工，年度研究总经费超过20亿欧元，聚焦于微电子、生产制造、信息通信技术、材料与零部件、生命科学、表面电子与光电子、国防安全七大领域。与芬兰VTT公司的法人主体不同，弗劳恩霍夫协会是民办非营利科研机构，致力于为企业，特别是中小企业开发新技术、新产品、新工艺，并协助企业解决自身创新发展中的组织、管理问题。这种法人主体形式既突出了在法律地位上的独立性，从而有效保证了协会在许多情况下拥有较大的决策自主权，又帮助其找准了自身在国家创新链中的位置。尽管是民办非营利性机构，弗劳恩霍夫协会在具体管理模式上却具有非常浓厚的现代企业化管理色彩，实行非中心化的管理模式。

弗劳恩霍夫协会各研究所主要采取合同科研的方式向企业及相关机构提供科研服务。针对具体的技术改进、产品开发或者生产管理的需求，企业委托研究所开展专有的研发，并支付研发费用，研发完成后成果转交委托方。实践证明，合同科研模式是帮助知识转化为生产力的捷径，通过合同科研的方式，客户享有弗劳恩霍夫协会各研究所雄厚的研发科技积累和高水平的科研服务，通过各研究所之间的跨学科交叉合作，各企业可较快地得到为其量身定做的解决方案和科研成果。弗劳恩霍夫协会拥有健全的知识产权保护机制，保护发展过程中所形成的知识产权、发明和专利。此外，弗劳恩霍夫协会不遗余力地推动中小企业制造业创新，致力于通过合同科研等形式，使中小企业客户能够充分享受其包括知识产权在内的各类科技创新资源。同时，弗劳恩霍夫协会具有持续发展的技术转移机制。技术转移主要有以下五个途径：合同科研、孵化公司、技术许可、技术人才流动以及创新集群。

从基础研究成果到实际应用之间存在着“死亡之谷”，弗劳恩霍夫协会所提供的应用研究及技术转移方案恰好起到了桥梁作用，显著缩减了基础研究与应用之间的距离。这种桥梁作用的发挥基于其多元化研发经费来源及配置机制。弗劳恩霍夫协会年经费超过20亿欧元，主要来自三个方面：大约1/3依靠政府拨款、1/3依靠政府（竞争性）科研项目、1/3为企业委托项目。其中，由企业等客户直接出资委托进行量身定制的应用研发，是弗劳恩霍夫协会存在和发展的核心和决定性任务。德国政府只有在认可弗劳恩霍夫协会的贡献度的前提下，才会无偿提供其1/3的基本经费支持，而另外1/3政府科研经费则需要弗劳恩霍夫各研究所通过公开竞争的方法获得。具体到每个研究所，弗劳恩霍夫协会总部会通过“弗劳恩霍夫财务模式”分配研究经费。按照这一模式，协会将政府下拨事业基金的一部分无条件分配给各研究所，用于保证研究所进行前瞻性、基础性的研究，而将大部分与研究所上年的合同科研收入挂钩，按比例分配。更具体来讲，这些经费大概由四部分组成：第一部分是政府每年拨付的基础经费，第二部分与上一年该所的科研业绩情况挂钩，第三部分和上一年企业的委托收入挂钩，第四部分和上一年承担的欧盟项目收入挂钩。通过这种分配机制，总部引导着各研究所健康稳定地发展，确保公助、公益、非营利性质。

弗劳恩霍夫协会不断推出的科技创新主要来源于三个渠道：一是各个研究所内部的创新流程，会筛选出一批优秀的项目。二是通过与客户合作，了解客户对行业未来趋势的看法，进而帮助客户把这些想法变为现实。三是与高校等学术研究机构合作挖掘开放式创新的项目，通过这些创新性项目，弗劳恩霍夫协会在已有的技术能力上拓展科学技术的前沿。

弗劳恩霍夫协会还支持自己的研究团队创立孵化公司，市场化所开发的技术。比如，太阳能所基于其研究的聚光太阳能电池就成功设立了公司。通常，弗劳恩霍夫协会会以技术入股的方式在公司成立初期给予支持，但这只体现在孵化企业的早期发展中，他们可以免费使用弗劳恩霍夫协会的某项技术，到了一定期限后，弗劳恩霍夫研究所就要退出，不允许继续在公司内持股。这种内部创新支持方式，有多个优点：第一，项目可以灵活成长为成熟的技术公司和市场应用；第二，科研人员可以进一步在研究所与实际市场中得到锻炼和培养；第三，弗劳恩霍夫协会获得了更多的技术转移需求和专利许可需求，这些资金将反哺各项研究。德国政府还专门制定政策，鼓励弗劳恩霍夫协会面向企业运营的创新行为。弗劳恩霍夫协会的技术发明人，可以无偿使用发明创办企业，将科研成果商业化。同时弗劳恩霍夫协会对创新型企业扶持2~5年，一般入股只占总股份的20%左右，如果企业开发创新产品获得成功则转股退出。

弗劳恩霍夫协会还经常以自身的号召力主导创新聚集区，整合局部地区关键企业、技术、高校等机构，针对某个核心技术进行研发和推广。创新集群将代表价值链集群所有环节的不同公司组合在一起，开发共同标准和系统解决方案。这会促进研究机构所在地区针对特定、关键的技术进行研发和推广。同时，为适应当今经济和社会飞速发展对工艺技术的需求，弗劳恩霍夫协会组建了若干科研联合组。创新集群参与者包括当地高校、研究机构及知名企业，这种科研和应用推广活动，就是德国的产、学、研结合。与美国在硅谷和各大高校的科技创新集群类似，2015年起弗劳恩霍夫协会在创新集群基础上开始推行能力中心建设，其选择倾向于具有产业优势的地区。通过这些能力中心，弗劳恩霍夫协会将实现其研究优势的可持续性，将高校与高校外研究工作有效结合，为参与研究、教学、培训、职业规划和后继人才培养、基础设施、创新和技术转让的各类合作伙伴提供可行的路线图。从具体功能来看，弗劳恩霍夫协会的能力中心不只进行技术转让，还支持中小企业创新，帮助其建立学徒、培训体系，促成其与科学、经济和政府相关参与者制定共同的路线图。例如，卡尔蔡司所在地的耶拿被誉为“光之城”，光子学中心选址于此就是利用其区域产业优势，在光子学领域实现信息通信技术、生产、汽车、航空航天、安全与防御的跨行业合作。

为保持在全球范围内的竞争力和影响力，弗劳恩霍夫协会高度重视国际交流与合作，秉持开放包容的发展理念。弗劳恩霍夫协会活跃于全球，在欧洲、北美洲、南美洲、亚洲、非洲的各个国家以及澳大利亚都拥有多个分支机构、办事处和合作项目。通过开展国际交流与合作，弗劳恩霍夫协会带动当地研究中心的科技和工程知识水平实现了有效提升，并发掘了创新潜力，为在德国的弗劳恩霍夫协会和它的合作伙伴提供了新的机遇和市场。同时，通过全球化布局，为科研人员拓展科学技术知识广度、体验不同的管理风格和运营文化提供了更多的机遇。

弗劳恩霍夫协会拥有全面、系统的人才培养机制，其科研人员主要来源于大学教授和在校学生，其科研人才队伍呈现出多元化、年轻化、流动性和项目化的特点。协会旗下的研究机构多设在大学内部，并实行流动岗和固定岗相结合的用人制度，为科研队伍保持高效竞争力和有序流动提供了制度基础。在弗劳恩霍夫研究所的科研团队中，既有长期固定的资深核心研究人员，能够把弗劳恩霍夫协会的优秀技术、研发能力和专业诀窍传承下来，也有具有一定流动性的合同制研发人员。他们在合同期内并不依附于某一个具体项目，即使没有项目，他们还是全职为弗劳恩霍夫协会工作。由此，雇佣双方彼此存在信任和约束，既保证了应用研究工作的质量和持续性，也保证了人才素质的培养。另外，弗劳恩霍夫协会常常会要求人员常驻企业内部开发项目，从而保障了创新人才的培养和转移其中，由技术人才流动所带来的技术转移机制影响较为广泛，协会每年有15%~25%的人员会携带技术进入企业开展工作交流。通过上述方式，弗劳恩霍夫协会成功将技术转移到企业手中，使资深的研究人员融入企业的创新团队。这样的人才流动形式带来了品牌效应，使弗劳恩霍夫协会的发展形成了一个良性循环。此外，弗劳恩霍夫协会各研究所的所长以及所内主要负责人，通常都同时担任合作大学的全职教授（Lehrstuhl），有的资深核心人员甚至同时兼管大学教学、基础科研和弗劳恩霍夫协会某个研究所。这种机制的最大好处在于资源共享：一方面保障了研究所的人才供给，另一方面也为大学的基础科研提供了一个直接面向客户的实践平台和大量的企业项目。

在培养有竞争力人才方面，弗劳恩霍夫协会也有其特殊的模式。为培养应用研究领域后备军，弗劳恩霍夫协会在MINT（数学、信息技术、自然科学和技术，类似于美国的STEM）教育链层面设立了诸多核心项目，从最初幼儿园的“创新儿童竞赛”开始，到小学、中学直至大学阶段。自2006年以来已经有2400个青少年进入了“弗劳恩霍夫人才学校”，“人才起飞”项目也迎来了第800名大学生。硕士生与博士生成为企业与大学开展协同创新的联系纽带，以此带动大学和企业间的沟通与交流，实现产、学、研的结合。利用学校和企业的条件和优势，强化理论与实践相结合，培养既具有专业理论知识又具有专业技术和技能的高素质技术人才，使得大规模的研究所、大学、企业之间的交叉协作成为可能。弗劳恩霍夫模式展示了培养创新人才的一种有效途径：国家进行职业教育引导，高校开展基础教育培训，应用技术研究机构提供实践指导。这种模式类似于硅谷模式，所不同的是学生可以申请博士学位，使职业教育和学历教育有机结合。这一人才培养模式可以说是德国自19世纪洪堡德教育改革以来200多年发展的结晶。

最后在绩效考核评估体系方面，协会拥有一套独特的绩效评估体系，基本方式是同行专家评议。弗劳恩霍夫协会每年对研究所进行一次评价，评价工作由研究所从外部聘请的学术委员会承担。来自学术界与产业界的专家各占一半，每个研究所学术委员会专家人数约10人，一半的专家来自国外。评价的程序包括阅读研究所状态报告与到研究所实地考察两个部分。实地考察主要考察研究所的科技竞争力以及完成战略计划的情况；专家撰写的评价报告主要用于指导研究所的发展。协会每5年会组织专门力量对各研究所进行一次综合评估，考核工作主要由外部独立的委员会负责。另外，协会绩效考核体系将发表科技论文的数量及质量作为参考，主要评价的是项目承担情况、经费利用效率，特别是科技成果的商业化应用，考核结果作为日后制定战略规划、分配有限资源、考核院长和激励成员的重要依据。

从德国这四个著名研究机构的经费来源比例上看，弗劳恩霍夫协会更多定位于应用技术创新，面向未来0～5年的技术研发，所以科研经费的1/3来自企业委托项目、1/3来自政府竞争性科研项目、1/3来自联邦和各州政府拨款；而马普学会则主要从事基础研究，主要定位于未来20～30年的技术研究，所以80%的科研经费来自联邦和各州政府资金。通过控制各个研究机构的经费来源，就能确保业务与机构的定位保持一致，这其实是典型的目标引导优先的管理模式。在国际比较中，受公共财政资助的非高校研究协会显示了德国独有的特征。以应用技术为目标的研究机构，使中小企业有机会分享高端科学研究成果。弗劳恩霍夫协会大部分资金来自与工业企业签订的研究项目，这是研究机构筹措资金的基础，也是其获得世界关注的主要原因。弗劳恩霍夫协会聚焦于支撑产业发展的共性技术研发，在国家创新链条中处于基础研究与产品直接相关的技术开发工作之间，努力成为连接两者的关键环节，使政府、企业双方都愿意为其提供支持。弗劳恩霍夫协会与德国另外三大科研机构（亥姆霍兹联合会、马普学会、莱布尼茨科学联合会）肩负不同使命，通过协调互补、相互配合，形成德国研究开发的整体力量。毫无疑问，在德国有着“科技搬运工”之称的弗劳恩霍夫协会是很多国内研究机构和企业应用型研发的典范。从理论推导到技术开发，再到产品落地，直至最后解决方案的实施，覆盖了科学研究到技术转化的全流程。对于真正的创新而言，资本、人才甚至模式都不一定是最重要的，德国能更好地将发明成果转化到产业中，并将其推广至相关企业得益于一个完善的协同系统。

3. 日本科学技术振兴机构（JST）①

日本科学技术振兴机构（Japan Science and Technology Agency，JST）成立于2003年，其前身是日本科学技术振兴事业团，是依据《国立研究开发法人技术振兴机构法》成立的国立研究开发法人单位，隶属于日本文部科学省。作为实施《日本科学技术基本计划》的核心机构，JST为独立行政法人，实行理事长负责制，重大事项由理事会讨论决定、2015年JST被指定为国立研究开发法人，在业务内容以及决策层面上具有更大的自主性。JST的设立背景是日本将“技术立国战略”转化为“技术创新立国战略”，宗旨是通过科技情报交流和其他科学技术基础建设振兴科学技术。JST作为国家级科学技术管理组织，在日本的科技成果转化体系中发挥着重要作用，也是亚洲最

① 日本JST国内网站介绍，https://www.jst.go.jp/inter/beijing/yewu.html.

具活力的科技成果转移转化机构之一。

JST经费来源以政府拨款为主，主要用于战略性原创研究、新技术成果转化、政府间合作研究、促进科技情报交流、资助研究交流及科普等支出。JST主要成果体现于所开展的众多研究课题、建立的多个数据库、未来科学馆及研究人员的交流等方面。JST在全面推进作为创新源泉的知识创造到利用研究成果回报社会和国民这一过程的同时，提供保障这些工作顺利实施所需的科学技术信息以增进国民对科学技术的了解，并开展战略性国际合作。JST的设立背景和运行机制，既保证了机构能够依法行事，也使机构灵活有效地执行预算，具有自主的人事权，一方面使机构的运行更具自主性、灵活性、竞争性；另一方面强化评估和监管，有利于推动科技创新事业，兼顾了国家利益和市场需求。

为完成日本的科技创新战略目标，JST具体工作的实施遵循由JST制订并得到国家批准的中期计划。JST每五年为一周期制订计划，内容包括业务与事业发展、财务状况改善、服务水平提高和经营管理机制转换等，并尽可能采用量化指标形式，同时还要拟订各个年度业务推进计划。文部科学省评价委员会根据中期计划和年度计划对JST进行定期评价和考核。国家根据文部科学省评价委员会的评价意见，在财政预算中列支JST运营所需资金以及列入中期计划的固定资产建设项目资金。JST业务经营所需流动资金可由向金融机构申请短期贷款获得。JST职员的录用程序、任用标准、考核方式、奖惩措施等由理事长根据有关法规和本机构具体情况自行决定；职员的工资和福利标准在参照国家公务员工资水平和民间企业工作水平的基础上制定，并在文部科学省评价委员会备案。

JST的运行机制兼具公益性和经营性。JST具有政策执行职能并向全社会提供服务。如图2-3所示，其主要职能分为五个方面：第一，集中产、学、政各方力量，大力推进原创科技的基础研究；第二，高新技术的产业化开发，推进技术转移转化；第三，建立牢固的科研基础设施和信息网，促进科学技术信息交流；第四，招聘国内外高水平的学者到国立研究机构工作，促进国际合作；第五，增进民众对科学技术的了解，培养肩负下一时代责任的人才，广泛传播科学技术。JST在日本国家战略目标的引领下，在推动科学技术创新，构筑科学技术创新的平台，开展新技术的产业化开发，实现研究成果应用，推进国际化，促进产、学、研合作基地建设及人才培养上起到了至关重要的作用。

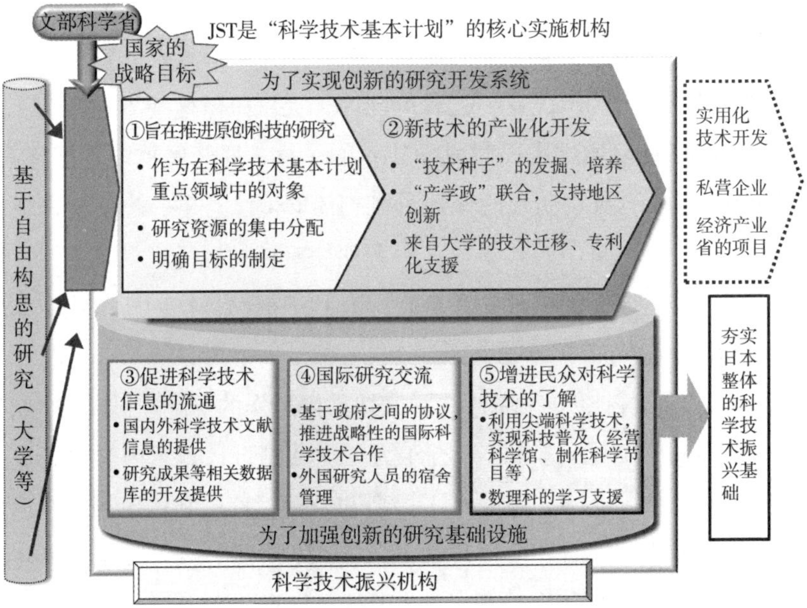

图2-3　日本科学技术振兴机构（JST）的职能

资料来源：日本JST国内网站介绍，https：//www.jst.go.jp/inter/beijing/yewu.html 。

JST由国家主导承载了基础科学、技术应用研发和市场化三个阶段的全链条开发任务，以创造技术为目的，促进从基础研究到技术产业化全过程的研究开发，建设包括促进科学技术信息流通在内的振兴科学技术所必需的基础环境。在建立支持原始创新和研发的基础设施方向上，JST的研发立项申请关注以下几个方面的能力建设：第一，鼓励开发新颖、原创性强的前沿科技；第二，支持前沿研究和底层制造需求的平台建设，包括应用软件、数据库平台等；第三，进行应用开发，通过用户测试使用，验证、提升和优化原型系统性能。开发到潜在商业化阶段（在开发结束时，可以按订单生产）。第三阶段是前期研究成果商业化和实用化的关键阶段，是最终的产品和服务的出口。JST鼓励建立以团队领导者为核心的产、学、研协同开发团队。项目主管负责支持开发项目的进展，商业组织者负责从商业化的角度支持项目并协助开发团队。同时，JST为促进学术研究成果尽快向产业转移，设立了竞争性的计划A-STEP（Adaptable and Seamless Technology Transfer Program through Target-driven R&D）。这个计划以高质量的基础研究的成果、知识产权等为基础，旨在拉近学术研究成果与产业需求之间的差距，支持产、学、研协同研发，实现高效率和高效益的创新，以确保研究成果服务于日本社会。A-STEP根据研发阶段和每个具体项目的目标，确定最优的研发资金和研发周期，实现中长期研发的无缝衔接。A-STEP计划分为三个阶段，覆盖了从基础研究成果到产业成果的各个阶段。研究者可以在任何一个开发阶段申请资助，获得资助的研究者可以在当前研究阶段结束前，申请下一个研发阶段的支持。JST还可以指定外部专家为每个在研项目提出建议。日本政府认为，要实现经济复苏并在未来的国际竞争中继续生存，就必须不断进行根本性的创新。因此，文部科学省于2013年启动了一个创新创业计划。该计划不仅要实现产业或学术界难以实现的根本性创新，而且要在日本建立创新平台。JST负责计划中的创新中心（COI）建设任务，组建并支持产、学、研合作团队，使他们能够应对基本的、多学科的、跨学科的、受到社会极大关注的研发挑战。COI聚焦于三大愿景：第一，确保日本进入少子高龄化社会后的可持续发展；第二，构筑更加多样化的生活环境；第三，构筑具有活力且可持续发展的社会。合作团队活动的主要地点被称为COI site。每个COI site都有一个从企业来的项目负责人和一个从研究机构来的研发负责人，项目负责人负责COI site的管理和研究活动，研发负责人负责COI site总部的日常工作和研发战略计划制订等。每个COI site每年最多获得10亿日元的资金支持（包括管理费用），期限最长为9年。9年后，COI site应能实现自运行，成为产业创新中心，在一个领域进行根本性创新。

JST促进形成内部产、学、研一体化创新链，围绕国家发展战略，建立了从基础研究、技术研发、工程化研究、产业孵化到技术推广完成的科技成果转移转化链条。在这一链条中，政府、大学、企业既各司其职，又紧密衔接，弥补因企业不愿做或不能做而留下的研究空白。JST通过董事会、执行委员会、学术委员会等管理机构，吸纳了政府官员、企业界人士，形成“外部顾问委员会”并参与管理。同时，JST的网络遍及全国大学，并向大学免费提供他们的网络资源。JST也为企业提供样机制造、产品测试、可行性研究、新技术研发与推广、专利保护等服务。JST还无偿地为科研人员代理申请专利，为科研成果的持有者联系有意合作的企业，并鼓励高校利用科研成果自主经营。JST的产业化开发业务大致分为三个阶段：推动高校和公立研究机构技术专利化；“技术种子”的发掘和培养；“产学政”联合，支持地区创新。这三个阶段的工作主要围绕专利的获得、授权和产业化开发展开。JST通过基础研究项目获得具有较高产业价值的技术，为这样的技术提供国内和国际专利申请和授权服务，为技术的转移转化寻找合作企业，提供产业化研究资金、投资等，形成产、学、研一体化的创新链。

JST推动开展有助于产生新技术的研究。作为振兴科技和促进新技术创新的中枢组织，JST业务活动的一个重要方面就是进行有助于产生新技术的研究。该方面的业务主要由其研究开发战略中心、社会技术中心和战略性创造事业部等部门来完成。首先，研究开发战略中心通过举办研讨会、专题讨论会等形式，为科学技术政策及战略的制定者和研究人员提供能够交换意见的平台，从宏观层面对研究领域进行展望，并系统地梳理出今后的重要领域、方向、课题以及实施办法等。其次，社会技术研究开发中心通过邀请多方面参与者，深入探讨社会问题。根据探讨的结果设定有助于社会问题解决的、有具体目标的研究领域、研究课题，并向社会招募研究开发方案，推进研究开发活动。战略性创新事业部通过研究国内外开发动向，制定研究开发战略，为政府相关部门提供参考信息，为战略性创造研究计划提供建议。最后，JST通过建立、提供由国内外科学技术文献情报组成的数据库，为日本科学技术活动和科学技术情报交流做出贡献。JST数据库的信息来源于日本国内及全世界多达16000种的期刊、技术报告、会议资料、公共资料、征集意见稿等。JST还通过《科学技术文献快报》《情报管理》等出版物向社会公布其所收集到的国内外的科技情报。在科普方面，JST通过开放科技馆促进公众理解科学。日本科学未来馆（Miraikan）于2001年开馆，宗旨是通过与社会全体成员共享各领域的尖端科技，使科技成为丰富生活的文化。科学未来馆每个展厅都有科学交流员以及志愿者进行现场讲解，并与观众进行多种互动实验，使参观者在亲身体验尖端科技的同时，思考科技的意义并展望科技的未来。

在日本，科学研究和技术工程化、产业化有着清晰的定位和区分。大学和隶属于文部科学省的理化学研究所（RIKEN）侧重基础研究；产业技术主要依靠大型企业研发，而日本产业技术综合研究所（AIST）是产业技术开发领域的领军机构，在日本产业技术发展中扮演着重要角色。AIST是国立研究开发法人机构，收集产业技术需求，联合大学以及企业共建实验室，对于共性产业技术研发、提升产业技术能力有着不可替代的作用。为使研究成果迅速产业化，AIST除了推行严格的知识产权管理制度外，还设立了AIST创新中心，积极推动孵化公司，进而实现技术到市场的转化，对日本技术的落地应用起到了重要的推动作用。隶属于文部科学省的科研基金管理机构JST，则串联着科学向技术转化的全过程。它们以公开募集的方式，委托大学以及国立科研机构开展应用型研究，并提供所需的研发费用，最终相关研发成果归国家所有。JST的优势在于能够搜索且识别出未来对社会产出产生巨大冲击的“从0到1的原创性科研成果”并以长期资助的方式为技术发展提供一个稳定的环境。JST的组织结构及其委托开发等运行机制对我国制定科技政策与提升科技管理能力有重要的参考价值。

在20世纪80年代以前的文献中，日本的学术体制曾被称为“学—政—产”（“学”指高校，“政”指政府，“产”指企业）。这种提法突出了高校在科研方面的作用，日本政府在初期起到的是连接学术机构与企业的作用，相较之下，企业的地位较低。在日本的“学—政—产”合作体制中，政府处于主导地位，政府和民间成立了一些科技中介机构，在科研成果和企业间牵线搭桥。后来随着民间企业研发活动在日本经济社会发展战略中地位的提升，“学—政—产”变成了“产—学—政”，这意味着民间企业的学术研究活动在日本经济社会发展战略中的地位有所提升，由企业主导的科研创新成为主流。例如，“三菱综合研究所”“三井物产战略研究所”等民间研究机构，就是由日本大企业建立和扶持起来的，但其研究范围早已超出本企业的范围，涉及日本经济、科技、福利、教育等方面，被称为日本社会经济发展的“智囊团”。经过几十年的摸索和发展，日本政、产、学、研合作取得了一定的成效。

4. 美国未来产业研究所[①]

拥有58位诺贝尔奖得主的斯坦福大学是硅谷的智慧之源，是当之无愧的硅谷孵化器，其技术转化模式为全球树立了标杆。据统计，1988—1996年，斯坦福大学孵化的相关企业实现的总收入达到了硅谷总收入的六成。1951年，斯坦福大学为了将专利变现，为科研和生产搭桥，就成立了一个高技术工业园区，并在1970年成立了专门的专利许可办公室（OTL）。OTL协助大学的项目申请专利，并对外签订专利许可协议，甚至帮助团队寻找投资人。OTL会聘请专利技术经纪人，负责专利技术从披露到转让的全过程，开启了技术转化的大门。1980年，美国《拜杜法案》诞生，更是打破了政府垄断，为大学技术转化扫清了障碍。在该法案制定之前，由政府资助科研项目产生的专利权一直归政府所有，科研成果转换乏力，许多成果被闲置。该法案将知识产权收益一分为三，即1/3归学校或公司，1/3归研发团队，1/3归负责转化成果的中小创新企业，这一政策极大地激发了高校专利技术转化的热情。根据《拜杜法案》，美国大学保留专利权，只能使用专利许可而非专利权转让进行技术转化；同时美国大学的技术转移手段以非独家许可为主，一个专利可与多个企业缔结合约，这一点极大地放大了技术转化的收益。随后，美国各大学也纷纷效仿斯坦福大学，建立了自主专利技术转移机制。如今的斯坦福大学管理着有效专利2000余件，技术许可率在25%左右，技术许可收益累计超19亿美元，每年披露的技术发明约500件，对外签署许可协议100多件。以斯坦福大学为典范，知识产权转化的商业行为在全球高校如火如荼地进行着，这一技术转化模式也迅速辐射全世界。各地纷纷成立了技术转移公司，使专利技术不再停留在实验室和论文中。截至2020年，英国牛津大学管理着4793个专利项目，孵化了200多家公司，吸纳融资近9亿英镑，牛津大学拥有的股份价值超过1.3亿英镑。以色列的高校在商界也十分活跃，希伯来大学拥有9826项专利，创造出2753项发明，其下属技术转移机构伊萨姆（Yissum）通过技术转化产生的销售额在2020年已经超过20亿美元，全球170多家公司每年为其带来至少10亿美元的销售额，其中最耀眼的自动驾驶辅助系统龙头Mobileye就是由希伯来大学两名教授创办

① 王雪莹. 未来产业研究所：美国版的“新型研发机构”[J]. 科技智囊，2021（2）：12–17.

的，被英特尔收购之后，成为其明星业务。这些技术转化、知识产权许可、转移转让的基础就是完备的知识产权保护体系。

2021年1月，美国总统科技顾问委员会（PCAST）提交了标题为《未来产业研究所：美国科学与技术领导力的新模式》的咨询报告。PCAST认为即使有斯坦福大学教科书般的技术转移体系，美国科研体制内部仍存在严重影响美国未来产业技术创新的效率和活力的两大结构性问题。一是创新链上不同部门与环节的割裂。美国国家实验室引领了众多前沿科技，但其在推动研究成果向规模经济转化方面动力不足，国家实验室与产业界之间的技术转移过程仍然漫长而充满阻碍。大学等学术机构推动成果转化的试错成本高昂，影响了机构积极性。产业界往往只注重后期应用性研究，而对前端的基础性、开创性研究缺乏投入兴趣。二是科研管理中的行政和监管负担过重。政府资助的研究往往需要科研人员花大量时间从事行政工作，其管理模式已不适应现代高效和快节奏的科研需求，扼杀了科研人员的创造积极性。

PCAST提出要创建一种新的世界级、多元参与的研究所——未来产业研究所（Industries of the Future Institutes），其是美国为实施未来产业发展战略设计的新型创新主体。未来产业研究所是面向国家战略需求组建的，充分利用美国国家实验室的力量，整合多个研究领域，多部门参与、公私共建、多元投资、市场化运营的研发机构，具有独特的组织模式和管理机制。未来产业研究所建设的主要目标是促进从基础科学、应用研究到新技术产业化的创新链全流程整合，推进交叉领域创新，促进创新效率提高。每个未来产业研究所将通过多个相关部门的紧密协同，形成一条将实验室科学发现转化为产业领域实际应用的清晰途径，进而实现国家和所有参与投资者的高效率回报，并在管理结构、人员配置、知识产权、资金以及管理流程和要求方面具有最大的灵活性。如图2-4所示，PCAST从资金来源和创新两个角度对未来产业研究所和其他世界著名研究机构进行了比较。未来产业研究所的独特之处在于与产业创新相关的全社会所有公共和私营部门都作为核心合作伙伴参与其中，同时覆盖了从基础研究到产品开发和推广的全过程。

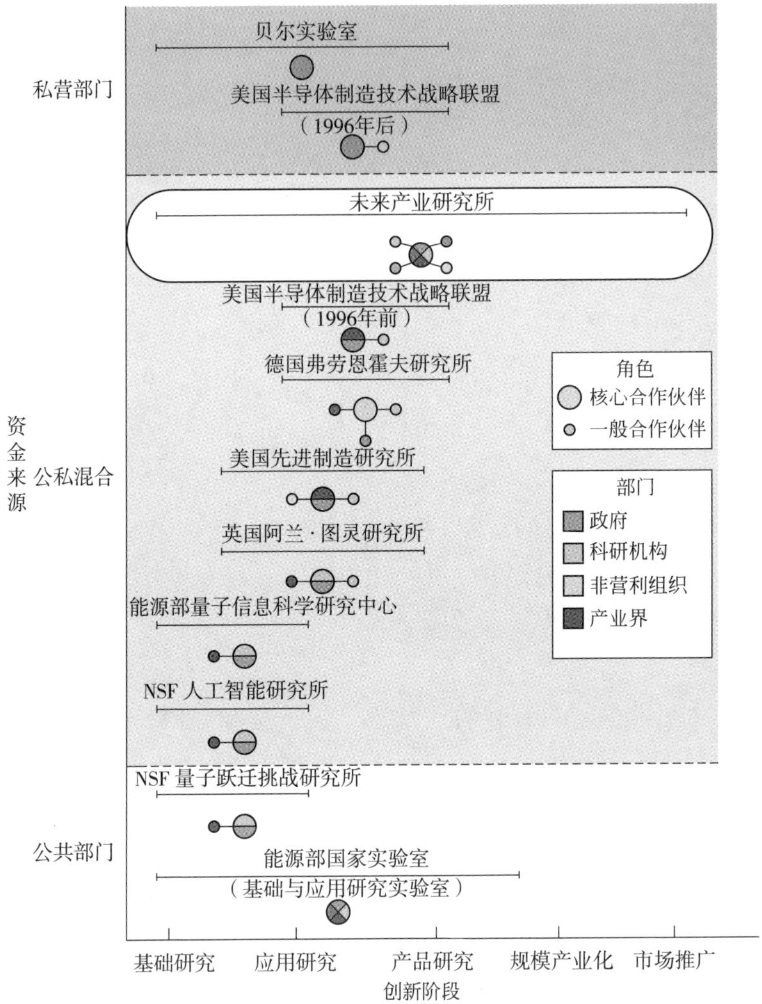

图2-4　美国未来产业研究所和其他研究机构的定位比较

资料来源：王雪莹. 未来产业研究所：美国版的“新型研发机构”[J]. 科技智囊，2021（2）：12–17.

PCAST建议未来产业研究所以有限责任公司（LLC）形式组建，与美国国家实验室现行的公办民营模式相类似。公司制具有财务管理严谨和运营灵活的优点。未来产业研究所也可以选择设立独立但平行的非营利基金会，用于接受可作税收抵免的公益捐赠和社会资助。与传统科研机构不同，未来产业研究所的治理应突出使命导向、精益管理、灵活研发、多元协同和功能评价五大特点。设立国家未来产业研究所办公室，对未来产业研究所的建设发展进行顶层设计规划指导，以确保未来产业研究所的发展方向符合国家战略需求，并促进研究所之间的交叉、互补和协同。研究所根据重要方向和领域下设相对独立的研究部门，并授予部门主管充分的自主权。未来产业研究所应将短期、中期和长期研究项目进行组合，并注重项目大规模创新商业化的潜力。同时，完善多元协同的资源配置和用人机制。在用人机制方面，未来产业研究所允许科研人员在其原本归属的机构和未来产业研究所之间自由流动，身份无缝转换。研究所在用人方面可以采取双重聘用、联合聘用、阶段性任职、学术休假（反向休假）等多元方式。此外，形成基于功能实现的机构评价机制，以对国家需要的领域（例如增强经济能力、创造高薪就业机会、支持国家安全、改善民众健康和福祉）的广泛贡献为导向。对于未来产业研究所的评价指标见表2-1，各个机构可量身定制具体评价指标。PCAST建议实施研究所内部年度自评估和以5年为周期的联邦机构外部审查相结合的评价机制，尽量避免对研究人员造成干扰并减轻其时间压力。和德国弗劳恩霍夫协会类似，在未来研究所中，大学可以给科研人员、研究生提供空间，企业可以提供资本、工程开发条件和产业数据等资源。

表2-1　PCAST建议的未来产业研究所评价指标：科学、技术、工程、数学（Science、Technology、Engineering、Mathematics，STEM）

组织绩效	专利数量（申请、授予、许可）
	转让和成功产业化的技术数量
	参与组织成果转化数量
	缩短从创新到应用的过渡时间
	创建初创公司和其他转化活动
	生态系统的多样性和包容性
STEM教育和劳动力培训	促进创新教育项目的设计和提供
	增加STEM支持的劳动力规模
	支持传统弱势群体更多地参与STEM
	为科研受训者提供指导经验

续表

政策影响	在减少研究人员行政负担方面发挥示范作用
	新的知识产权战略赋予创新充分权利并推动国家政策变化
	研发部门之间合作与协调的新模式

资料来源：王雪莹. 未来产业研究所：美国版的“新型研发机构”[J]. 科技智囊，2021（2）：12–17.

在PCAST建议成立未来产业研究所2个月后，2021年3月美国总统拜登在匹兹堡公布了总额达2.25万亿美元的大规模基础设施建设和就业计划。该计划内容涉及广泛，包含基础设施和网络建设、制造业、交通、教育、科研和促进就业等多个方面。其中，拜登要求在科技研发领域投入1800亿美元的经费，以维持和强化美国的全球创新领导者地位。拜登认为当前美国在人工智能、量子信息科学、先进制造、生物技术和先进通信网络五大未来产业的全球创新领导地位正受到以中国为代表的新兴国家的挑战。

目前，科技创新领域的竞争愈演愈烈，尤其在当前大国博弈的背景下，产业链安全已严重依赖于其背后的科技链安全。

新型研发机构中的开放式创新

如果没有新技术带动经济发展，全世界就会困在存量竞争中。目前我国经济社会发展已经进入新阶段，对科技创新提出了重大需求。任何国家的创新体系都覆盖着基础科学研究、技术应用研发、市场化三个重要阶段。以芬兰、德国、日本和美国的具有代表性的国家科技创新机构为案例，我们可以借鉴科技创新型国家不同的创新发展模式。芬兰采用不同机构分工的方式，将整个国家变成一个大孵化器：TEKES资助企业及科研院所创新，VTT为企业创新服务搭建技术向市场转化的桥梁，SITRA提供创新资本支持实现芬兰的整体国家创新。德国各有分工的四个协会机构贯穿整个国家的创新体系，亥姆霍兹联合会和马普学会聚焦前沿及基础科学研究，莱布尼茨科学联合会和弗劳恩霍夫协会侧重应用技术开发。从基础科研到产品的市场转化，是所有科技转化都需要跨越的“死亡之谷”。弗劳恩霍夫协会提供了一个跨越鸿沟的经典模式，一方面为企业提供科研服务；另一方面创造了一个人才流动的通道，将高校和企业等资源有机地整合在一起，这种无缝的资源流动与连接机制，正是推动工业创新的根本性力量。日本从科技立国向科技创新立国转变，通过JST实施国家科技战略，统一协调基础科学、技术应用研发及市场化的相互衔接，同时对日本国民进行科学普及。美国PCAST提出的未来产业研究所与我国近年来推行的新型研发机构，在目标、思路、机制设计方面都有一定的相通之处，可见世界大国在促进创新发展中面临着相似的问题和瓶颈。因此，美国未来产业研究所规划出了串联不同成熟度的技术开发一直到市场化整个创新阶段的方案，这一切的基础就是全民科技普及以及对教育的重视。新时代的科技创新迫切需要新形态的创新主体、新的科技组织模式和治理机制。

2016年汤森路透（Thomson Reuters）发布了全球最具创新力政府研究机构25强榜单。法国原子能与可替代能源委员会、德国弗劳恩霍夫协会和日本科学技术振兴机构在该榜单上名列三甲。中国科学院作为中国大陆入榜的政府研究机构，名列该榜单第16位。我国基础科学的研发已经取得了长足进步，如何聚焦原始创新以及有效进行科学技术转移转化是目前中国经济转型升级期急需解决的关键问题。一般来讲，科技创新型国家的研发强度（研发经费支出占国内生产总值GDP的比重）都在3%左右。中国的研发强度从1997年的0.64%提升到2019年的2.23%左右。中华人民共和国商务部报道，2019年，欧盟成员国研发投入超过3060亿欧元，研发强度从2018年的2.18%上升至2.19%，远低于韩国（2018年为4.52%）、日本（2018年为3.28%）和美国（2018年为2.82%），与中国（2018年为2.06%）基本持平，高于英国（1.76%），远高于俄罗斯（2018年为1.03%）和土耳其（2018年为1.03%）。企业仍然是欧盟研发支出的主要部门，其支出占2019年研发支出总额的66%，其次是高等教育部门（22%）、政府部门（11%）和私人非营利部门（1%）。

不可否认，我国在科技研发上的投入比例越来越大。一方面，大学、科研院所以及国家重点实验室等是中国组织开展基础研究、应用基础研究与前沿技术研究，产出重大原创成果的重要科技创新基地。其中国家重点实验室对标美国国家实验室体系（劳伦斯伯克利国家实验室等）以及德国马普学会等。其专项经费的投入已经从当初每年14亿元逐渐增加到2019年的63.9亿元。另一方面，我国技术成果转化主要采用国家把创新资源投入大学和科研机构的实验室，形成专利等知识产权成果，然后通过产业推销技术实现技术成果向生产力的转化。但值得注意的是，绝大多数利用手中专利技术开始创业的公司都会陷入“技术陷阱”。创业者很容易相信开发的技术会给他们带来独特的市场优势，而事实可能是他们手中的技术在限制并阻碍他们的市场机会。尼古拉·特斯拉（Nikola Tesla）发明了日光灯、收音机、遥控装置、激光以及无线通信，但临终时却身无分文而且几乎被人遗忘。不幸的是，特斯拉绝非孤例。发明活字印刷的古登堡（Gutenberg）、发明柴油发动机的狄塞尔（Diesel）、发明橡胶硫化的古德伊尔（Goodyear）都是如此。因此，把一项发明成功商业化绝非易事。创造一个新技术要耗费大量的时间和资金，但是为所创造的技术找到匹配的市场，可能要比他们之前已经完成的开发更为困难且更耗费资金。实质上，技术转化这件事大公司做得并不比初创企业更好。以贝尔实验室为例，它拥有一系列举世无双、震撼世界的发明，包括第一个晶体管、太阳能电池以及高分辨率电视，但并不是从这些技术突破中收获最大利润的公司。真正获利的是那些从贝尔实验室获得技术使用授权，并围绕新技术创立了新的产业的创业者。

从这个角度讲，创新本质上是一种经济活动，从1912年熊彼特第一次定义“创新”到今天，国际范围内围绕创新的讨论都是基于经济学的观点。但长期以来，很多人将科研当作最高级的创新，甚至将科研等同于创新的全部，这种认知对我国科技资源的配置方式和评价方式也产生了深刻的影响。在我国，深圳是把创新从纯科研活动转变为经济活动比较成功的城市。在深圳，大多数研发人员集中在企业，大多数研发资金来源于企业，研发机构设立在企业，大多数职务发明专利来自企业，因此，不存在游离于经济系统之外的科技研发系统，这使得它的资源配置和政策设计都围绕市场主体进行，使企业很自然地成了创新的主体。回顾历史，深圳成功的技术公司大都不是依靠某个技术转化的成果，而是先做一个适合市场的、能够产生利润的产品，以让企业生存下去为优先目标，然后通过产、学、研合作的方式选择合适的技术不断提升产品的性能和品质。华为、中兴等最初都是从代理做起，在销售过程中了解产品的性能、市场机会，然后尝试自己做制造，以自己的能力研发并优化产品，能力不足时借助产、学、研合作来开发这些技术，逐步形成自己的研发体系。同时大多数技术市场化创新的成功都不只是依靠技术本身，而是整合或者是融入了产业生态链。2007年第一部iPhone的推出，改变了人机交互的界面，揭开了手机从功能机到智能机转变的新篇章。但是远远早于iPhone的、第一批发明和使用触摸屏技术的摩托罗拉和诺基亚并没有像苹果那样带动革命，因为苹果的成功不是因为某项技术，而是依靠开放式平台——苹果商店（Apple Store）建造了一个全新的生态系统与开放式创新平台。

在以企业为主体的技术创新及技术转化过程中，需要跨越基础科学到技术应用研发，尤其要跨越技术应用研发到市场化的“死亡之谷”。传统创新模式中，企业自身的众多技术经过技术开发、层层筛选之后，能够成功进入现有市场成为新产品和新技术的案例寥寥无几，研发失败的概率非常大。基于此，欧美国家的企业尤其是大型企业，近40年来一直在实行开放式创新模式。如图2-5所示，在开放式创新模式下企业既可以开发自己的技术，也可以从外部技术项目库中引入技术，而且可以通过多种途径进行市场化转化。企业在开放式创新模式下除自己开发技术进入现有市场外，还可以通过技术许可进入其他公司的市场，也可以通过技术孵化开辟新的市场。开放式创新模式可以为技术转化进入市场提供多种选择路径，有助于跨越技术创新的“死亡之谷”。从诺基亚、IBM、日本东丽到中国的华为和海尔，越来越多的企业采取了这样的创新模式进行技术创新和业务开发。开放式创新超越企业内部的生态系统，让合作伙伴参与进来。大型企业可以通过开放式创新提高科技转化的成功率。同时，无法构建整个创新链的中小微企业可以通过“积木式”创新来进行匹配合作与资源互补。

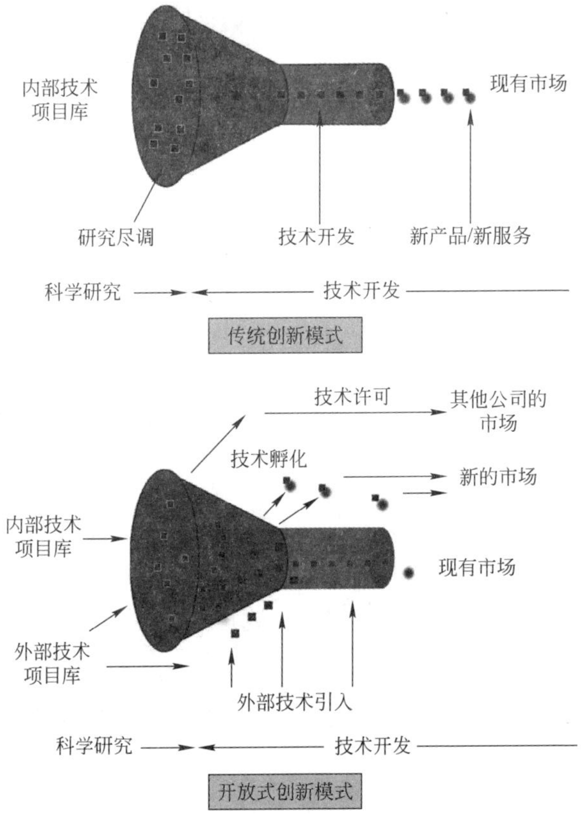

图2-5　传统创新模式和开放式创新模式对比

2014年 6 月，习近平总书记在两院院士大会上强调，“传统意义上的基础研究、应用研究、技术开发和产业化的边界日趋模糊，科技创新链条更加灵巧，技术更新和成果转化更加快捷，产业更新换代不断加快”，“科技创新活动不断突破地域、组织、技术的界限，演化为创新体系的竞争”。2015 年 8 月，中共中央办公厅、国务院办公厅发布《深化科技体制改革实施方案》（中办发〔2015〕46号），提出要“推动新型研发机构发展，形成跨区域跨行业的研发和服务网络”。在地方层面，广东、福建和重庆等省市出台了专门支持新型研发机构发展的政策文件，江苏、陕西、山东、安徽、天津、上海和北京等省市也出台了相关支持政策。根据广东省科学技术厅等10部门联合印发的《关于支持新型研发机构发展的试行办法》（粤科产学研字〔2015〕69 号），新型研发机构是指在某一地注册设立的，主要从事研发及其相关活动，投资主体多元化、建设模式国际化、运行机制市场化、管理制度现代化，创新创业与孵化育成相结合，产、学、研紧密结合的独立法人组织；是自主经营、独立核算、面向市场，在科技研发与成果转化、创新创业与孵化育成、人才培养与团队引进等方面特色鲜明，具有可持续发展能力，产、学、研协同创新的独立法人组织。同时，各地政府迫切需要转变经济发展方式、加速产业升级。产业发展与经济发展的结合更紧密，导致对科技创新的需求增加，这为新型研发机构的发展提供了土壤、创造了机遇。

借鉴科技发达国家经验，我国可以从以下几个方面对新型研发机构进行顶层设计：①以国家战略需求为导向加强顶层设计，聚焦重点产业，锚定国家发展阶段性需求与特定技术周期下关键科技领域的有限目标，高端引领、高效协同新型研究型大学、新型研发机构等多类型研究力量开展国家重大科技任务攻关，为拓展国家未来发展空间、塑造大国竞争优势做好战略铺垫。②以科技创新与体制创新双轮驱动，内生发展与对外开放双向联动，同时扮演区域创新生态系统的设计者、组织者与实施者多重角色，激发多创新主体内生动力、多类型要素循环活力，推动国家战略科技力量与区域战略科技力量协同构建内向发展格局，共同融入全球创新体系。③加强知识产权保护，探索建立国家战略重点领域新型研发机构发展基金，统筹财政资源、行业资源和社会资源，将高科技中小微企业纳入国家创新主体序列，引导、推动领军企业、科研机构、高校等多元主体合作，培育出贯通上下游，协同产、学、研的中坚力量进一步发挥国有企业、民营企业特别是高科技民营企业在国家战略科技力量布局中的骨干作用。通过对比分析国内外先进发达地区政府在发展新型研发机构中所起的作用和做法，我们看到，发达国家技术市场化过程中最具活力创新的主体是中小微企业。如果将中小微企业纳入国家创新主体序列，通过新型研发机构加强扶持中小微企业技术创新，尽快出台“中小微企业创新研究计划”“中小微企业技术转移计划”等，将会更大激发我国科技创新活力。④加强教育投入，与大学及科研院所联动，开启多元的用人机制，充分体现创新价值贡献的薪酬激励机制，科研经费自主使用、自主选题和组建团队机制，多途径突破行政管理限制，充分发挥资源投入效率，深度释放机构创新活力。强化国家对新型研发机构的纵向垂直管理。

我国的新型研发机构发挥自身研发优势，通过政府主导、高校主导、科研院所主导和企业主导等不同模式组建，在技术、人才、科研条件、资金、市场导向、可持续发展等方面具有不同特点。

总之，新型研发机构有别于传统研发机构，不仅专注于上游科学研究，也不是只针对工程技术开发或成果转化，而是建立开放式创新平台，打通其中的壁垒，汇集政、产、学、研、资、介，合理融合原始创新、技术研发、成果转化、人才培养和企业孵化等功能，建立一套从上游创新源头到下游产业化的科学—技术—市场化全产业链对接体系，是我国科研机构在发展模式、管理体制、运作机制、协同创新等领域的拓展，将逐步成为协调经济与科技发展的重要途径，是中国解决科技和经济“两张皮”的一个有益探索。孕育新型研发机构的国家创新体系更将是一个有效的协同整体，从基础教育、公民科学普及、人才培养、国际交流、基础科学、技术应用研发与市场化的有效衔接，到最终整体科技转型升级的良性循环，都将会是承载国家战略需求和顶层设计指导下的系统化工程建设。